図解 鉄道の教科書
しくみと走らせ方

昭和鉄道高等学校［編］

創元社

まえがき

　昭和鉄道高等学校は1928（昭和3）年に神田三崎町に昭和鉄道学校として創立され、以来約100年にわたり鉄道業界を中心に卒業生を送り出しています。

　鉄道は巨大なシステムであり、線路施設などのインフラの整備、複雑かつ精緻な機器の適切な運用はもとより、各専門分野のプロフェッショナルがそれぞれの役割を果たすことで、「安全」「安定」した運行を実現しています。

　このような性格をもつ鉄道について専門的な知識や考え方を得るのはそう簡単なことではありませんが、本校にはそのための専門課程があり、鉄道会社での勤務経験をもつ教員を中心に実務を意識した教育に取り組んでいます。また、実際に使われていた機器類を教材とする実習授業や、鉄道会社をはじめさまざまな企業の協力によるインターンシップなど独自のカリキュラムを組み、実践的な学習を重視しています。

　テキストもまた独自のものを使用しており、2007年にはそれを『〈図解〉鉄道のしくみと走らせ方』（かんき出版刊）として上梓し、本校でも長らく基本テキストとして使用してきました。

　ただ、技術の進歩は著しく、とりわけパワーエレクトロニクスや通信技術の発達による技術革新には目を見張るものがあります。また、利用客の減少により路線の存続が危ぶまれ、新たなしくみが導入されているケースもあるなど、この20年でさまざまな変化がありました。

　こうした状況に対応するため、上記のテキストを大幅に改訂・増補したのが本書です。基本的には本校の専用教本として編まれていますが、図解を多用しなるべく平易な説明を心がけました。鉄道に関心のある一般の方々にも鉄道の面白さや奥深さを知っていただければ幸いです。

　本書編集に際しては、鉄道各社や関係機関の皆様にご協力をいただきました。記して御礼申し上げます。

執筆者を代表して
昭和鉄道高等学校

鉄道専科専任教諭　樋口昌明

目 次 contents

まえがき 003

序章 鉄道とは何か 011

第1節 鉄道とは ……………………………………………… 012
 ① 鉄道とはどのようなものか 012
 ② 鉄道の起源 013

第2節 鉄道を構成する要素とその変遷 …………………… 014
 ① 車両 014
 ② 線路 014
 ③ 動力源とエネルギー 015
 ④ 鉄道信号・保安装置 016
 ⑤ 停車場 017

第3節 鉄道にかかわる法規 ………………………………… 018
 ① 鉄道営業法 018
 ② 鉄道事業法 020
 ③ 鉄道に関する技術上の基準を定める省令 026

第4節 鉄道と軌道 …………………………………………… 027
 ① 鉄道と軌道の違い 027
 ② 鉄道と軌道の混在 032

第5節 新幹線と在来線 ……………………………………… 034
 ① 新幹線と在来線の違い 034
 ② 踏切の設置 035
 ③ 軌間 035
 ④ 線路の形状 035
 ⑤ 騒音に関する規則 036
 ⑥ 新幹線に対する「べからず」 037
 ⑦ 急ブレーキに必要な距離と最高速度 037

第6節 さまざまな鉄道の種類 ·· 039

① 特殊鉄道の仲間　039

② モノレール　040

③ ケーブルカー（鋼索鉄道）　043

④ ロープウェイ、リフト（索道）　046

⑤ 新交通システム、ゴムタイヤ式地下鉄（案内軌条式鉄道）　047

⑥ トロリーバス　049

⑦ リニアモーターカー　051

第1章 線路のしくみ 055

第1節 線路の構造 ··· 056

① 道床　056

② まくらぎ　058

③ レール　061

第2節 軌間（ゲージ） ··· 065

① 標準軌　065

② 広軌　065

③ 狭軌　066

第3節 軌道構造の種類と軌道管理 ································· 067

① 軌道構造の種類　067

② 軌道管理　070

第4節 分岐器・転てつ機 ··· 072

① 分岐器の構造　072

② 普通分岐器の種類　073

③ 特殊分岐器の種類　073

④ 転てつ機（転てつ装置）の構造　075

⑤ 転てつ機（転てつ装置）の種類　076

第5節 曲線と勾配 078

① 曲線の種類　078

② カント　078

③ スラック　080

④ 勾配　082

第6節 線路に関係する施設 084

① 土構造　084

② トンネル　084

③ 橋梁　087

第2章 電気鉄道の電路設備 091

第1節 電気の通り道 092

① 電気の流れ方　092

② 電路設備　095

③ 代表的な電車線路　097

④ 電鉄用変電所　102

第2節 直流電化と交流電化 105

① 直流と交流　105

② 直流電化区間の電車線路の特徴　108

③ 交流電化区間の電車線路の特徴　109

④ 交流電化の問題点　110

⑤ デッドセクション（死電区間）　111

第3章 車両のしくみ 113

第1節 車体 114

① 車体の構造　114

② 車体の材料　115

③ 車体の大きさ　117

④ 車体に標記される事項　120

⑤ 車両の定員　121

⑥ 運転席にある機器　122

第2節　車両をつなぐ連結装置 ·· 127

① 旧式の連結器　127

② 現在使われている主な連結器　127

第3節　電気の取り入れ口──電気車の集電装置 ················ 134

① 集電装置の種類　134

② 集電装置のしくみ　138

第4節　車両の足回り──走り装置 ··································· 140

① 車輪と車軸　140

② 台車の構造　142

③ 台車の種類　145

第5節　ブレーキ装置 ·· 152

① ブレーキ装置の基本形　152

② 空気ブレーキの種類としくみ　154

③ 電気ブレーキの種類としくみ　161

④ 回生電力エネルギー有効利用の取り組み　164

⑤ 空気ブレーキと電気ブレーキの使い分け　165

⑥ 特殊なブレーキ　166

⑦ ブレーキ時に車輪がレール上をすべらなくする方法　169

第6節　電気車の速度制御 ·· 171

① 電気車を動かすための主電動機　171

② 直流電動機の速度制御法　176

③ 直流電動機を使う交流電気車の速度制御の方法　191

④ VVVF（可変電圧可変周波数）インバータ制御　195

第7節　鉄道車両の新造と検査 ·· 201

① 車両製造の計画から完成まで　201

② バリアフリー法による基準　203

　　③ 車両の検査　205

第8節　近年の鉄道車両の傾向 ———————————————— 208

　　① 鉄道車両の標準化　208

　　② 鉄道車両のエコロジー　210

第4章　駅の構造　215

第1節　駅の構造と種類 ————————————————————— 216

　　① 営業面から見た駅の分類　216

　　② 駅が行う運転業務　218

　　③ 駅の運転業務に欠かせない連動装置　219

　　④ 「駅」を含めた「停車場」の種類　224

　　⑤ 「駅」と「停留場」　226

　　⑥ 旅客駅の構造上の分類　227

　　⑦ 駅（停車場）の配線　229

　　⑧ プラットホームの配置　231

　　⑨ 線路配置　233

第2節　駅務機器のいろいろ ————————————————————— 234

　　① 自動券売機　234

　　② 自動集改札機　236

　　③ 自動精算機　237

　　④ 定期券発行機　237

　　⑤ 指定券発行機　238

第3節　新しい乗車券　ICカード ———————————————— 239

　　① ICカードのしくみ　239

　　② 増えるICカードの相互利用と残る問題点　240

第4節　これからの駅づくり ————————————————————— 242

　　① バリアフリー新法による駅の基準　242

　　② 駅の複合施設化・多機能化　243

③ 駅の安全対策　243

第5章 鉄道信号と保安装置 247

第1節 列車同士の衝突を避ける ································ 248
① ブレーキ距離と列車間の間隔　248
② 閉そく　250
③ 閉そく方式　252
④ 非自動の閉そく方式のしくみ　253
⑤ 特殊自動の閉そく方式のしくみ　259
⑥ 自動の閉そく方式のしくみ　261
⑦ 列車間の間隔を確保する装置による方法　263
⑧ 通信技術の進化と新しい閉そく方式　264

第2節 鉄道信号 ································ 266
① 信号　266
② 合図　277
③ 標識　277

第3節 保安装置 ································ 280
① ATS（自動列車停止装置）　280
② ATC（自動列車制御装置）　294
③ ATO（自動列車運転装置）　302
④ TASC（定位置停止支援装置）　303

第4節 これからの列車制御と支える技術 ················ 304
① 自動運転　304
② 無線式列車制御　306
③ 携帯無線通信網の活用　308

第6章 高速鉄道と地方鉄道 309

第1節 高速鉄道網の発達 ································ 310
① 新幹線と航空機の競争　310

② 新幹線網の発達　311

③ 新幹線と在来線の直通運転（新しい形の新幹線）　314

④ リニアモーターカー（中央新幹線）　316

第2節 国鉄改革と第三セクター　320

第3節 地方鉄道　325

① 地方鉄道（第三セクター鉄道）の現状　325

② ローカル線や地方鉄道の存続問題　326

第7章 鉄道の運転取扱いと鉄道係員　329

第1節 鉄道の運転取扱いに関する規則　330

① 鉄道事業者に求められること　330

② 鉄道に関する技術上の基準を定める省令　331

③ 鉄道の運転取扱い　332

第2節 鉄道係員の使命　343

① 鉄道係員に求められる心構え　343

② 乗務員の職務と乗務形態　345

③ 運転士になるには　347

参考文献　350

※本書は、昭和鉄道高等学校編『〈図解〉鉄道のしくみと走らせ方』
（2007年、かんき出版）を大幅に改訂・増補したものです。

装丁・組版：寺村隆史　図版：河本佳樹（編集工房ZAPPA）

序章 鉄道とは何か

第1節 鉄道とは
第2節 鉄道を構成する要素とその変遷
第3節 鉄道にかかわる法規
第4節 鉄道と軌道
第5節 新幹線と在来線
第6節 さまざまな鉄道の種類

世界初の鉄道、ストックトン・アンド・ダーリントン鉄道の開業(1825年)

鉄道とは

第1節

序章
鉄道とは何か

① 鉄道とはどのようなものか

　鉄道の一般的な定義は「2本の鉄製レールの上を車両が走行するもの」であろう。しかしあとで見るように、鉄道にはさまざまな種類があり、この定義ではケーブルカー（鋼索鉄道）やモノレールなどの特殊な鉄道は含まれないことになる。鉄道全般を狭義に定義するなら、「陸上交通機関として一定の敷地を占有し、レール・まくらぎ・道床などによって構成される軌道上に、機械的・電気的動力を用いた車両を運転して、旅客や貨物を運ぶもの」ということになろう。

　もう少し広くとるなら、「一定のガイドウェイに沿って車両を運転して、旅客や貨物を運ぶもの」ともいえる。いずれにせよ、鉄道は一定のガイドウェイないし軌道を走るもので、この点でバスや航空機、船舶などのほかの交通機関と大きく異なる。

　鉄道では、人や物を輸送するために車両を用いる（法令では「運搬具」とされる）。車両を動かすには動力源（モーターなど）が不可欠であり、動力源にエネルギーを供給する専用の設備（架線、変電所など）も必要とする。また、車両の乗り降りのための専用の施設（駅）や、安全かつ安定した運行のための設備（信号所、信号機）もなくてはならない。さらに、こうした施設や設備を維持するための業務（保線、清掃など）、組織全体を円滑に運営するためのルール（営業規則や業務規則）も必要である。

　このように細かく見ていくと、鉄道はさまざまな分野が関わる巨大なシステムという見方もできよう。

② 鉄道の起源

　鉄道の起源は見方により諸説あるが、公共輸送を目的とした世界初の本格的な鉄道は、1825年にイギリス北東部に開業したストックトン・アンド・ダーリントン鉄道とされる。これは産業革命期に発達した蒸気機関を動力とする蒸気鉄道であり、その後、欧米各地でも蒸気鉄道がさかんに建設された。

　日本の鉄道建設のはじまりは新橋（現在の汐留）～横浜（現在の桜木町）間における官営鉄道の建設で、1870（明治3）年に東京・汐留付近と横浜・野毛浦海岸埋め立て地において測量が開始された。

　この鉄道の大きな特徴は、もともとは海であった場所を走ったことである。途中の本芝から品川、神奈川青木町から野毛浦海岸にかけて、海中に築堤（土を盛った構造物）をつくり、その上に線路が敷かれた（このうち「高輪築堤」とよばれる構造物の石垣が、2019年4月にJR品川駅改良工事の際に発見され、2021年に「旧新橋停車場跡及び高輪築堤跡」として国史跡に指定された）。わざわざ海を埋め立てたのは、地形上の問題と鉄道建設反対派との衝突を避けるためであったといわれる。

　まず、1871年9月に神奈川～横浜間の線路が完成し、イギリスから輸入した車両による試運転が始まった。翌1872年6月12日（旧暦5月7日）に品川～横浜間が仮開業し、同年10月14日（旧暦9月12日）に新橋～横浜間が正式に開業した。

　日本の鉄道開業は、イギリスでの鉄道開業から数えて約50年、アジアではインド、パキスタン、スリランカ、ミャンマーに続いて5番目の開業となった。アジアで5番目というと遅い印象があるが、先行の4ヵ国はいずれも当時イギリスの植民地であり、イギリスの主導で鉄道が建設された。日本の場合、イギリスからの技術支援や資金援助を受けながらも、日本人が主体となって鉄道建設が進められた点に留意すべきであろう。

　なお、新橋～横浜間が正式開業した10月14日は「鉄道の日」とよばれる記念日になっており、この前後の日を含め、各地でさまざまな鉄道イベントが行われている（もとは、1922年に旧鉄道省により「鉄道記念日」として制定されたが、1994年に旧運輸省により「鉄道の日」に改称された）。

第2節
鉄道を構成する要素とその変遷

　前節でみたように、鉄道はさまざまな分野の技術や知見を結集した巨大なシステムである。ここでは、鉄道を構成する要素を個別に見てみよう。

① 車両

　鉄道の最大の役割は、「人や物をある地点からある地点まで移動させること」である。したがって、それらを輸送するための運搬具である「車両」が不可欠である。

　車体は、昔は木製であったが、現在では鋼鉄製またはアルミ合金製が主流である。動力は、草創期には蒸気機関が利用されていたが、現在は電動機（モーター）が主流であり、非電化路線などではディーゼル機関が用いられている。また、運転操作はかつては複雑であったが、現在では高度な制御機器により、比較的簡単な操作で運転できるようになっている。

　車両を走行させる装置（走り装置）は、最初期は車体と車軸が一体化した固定車軸であったが、車体に直結しない自由度の高い台車が考案されて以来、台車方式が主流となった。固定車軸では曲線の通過が困難であるが、台車は曲線にしたがって回転することができるため、曲線をスムーズに走ることができるようになった。

② 線路

　鉄道車両の走行には、通常、車輪を誘導するための2本の鉄製レール（軌条）が用いられる。一般にはこのレールを指して線路ということもあるが、ここではレールそのものとレールを固定・支持する構造物一式を「線路」とする。

線路の上を走る鉄道車両は、道路を走る自動車のように自由に進路を選ぶことができないが、線路を走るのは鉄道車両のみであるため、ほかの車両の影響を受けずに人や物を大量かつ高速に輸送することができる。ここに鉄道の強みがあるといえよう。

　レールを用いた輸送は古くからあり、16世紀にはイギリスやドイツの炭鉱などで、石炭を貨車で運ぶのに木製レール（と木製車輪）が使われていた。木製レールは材料の入手が容易で加工がしやすいという利点があったが、耐久性に欠けるため、18世紀になると鉄製レールが用いられるようになった。

　2本のレールの間隔を「軌間（きかん）」という。1435mmが事実上の世界標準で「標準軌」とよばれるが、日本では「狭軌（きょうき）」とよばれる1067mmが主流である。JR在来線がこのサイズであり、標準軌は新幹線や一部の私鉄で採用されている。

③ 動力源とエネルギー

　車両を動かすための動力は、鉄道の登場以前は人力や家畜が用いられてきた。なかでも馬車は古くから使われ、紀元前2800 〜 2700年の古代メソポタミアでは2頭立ての二輪戦車が使われていた。蒸気機関による鉄道の登場以前は馬車が陸上交通の主力であり、18世紀の炭鉱鉄道でも馬による貨物輸送が行われていた。

　前節で見たように、世界初の本格的な鉄道は1825年に誕生したストックトン・アンド・ダーリントン鉄道であるが、蒸気機関車そのものはそれより少しまえに発明されており、1804年にイギリスのリチャード・トレビシックが製作したものが最初といわれる。鉄製のレールを動力付きの車両が走るという鉄道の原形は、この時すでに出来上がっていたといえよう。

　ただし、一気に蒸気機関車の時代になったわけではなく、ストックトン・アンド・ダーリントン鉄道でも馬車鉄道が併用されており、依然として馬車鉄道が優勢であった。蒸気機関車のみによる公共鉄道は、1830年に開業したイギリスのリヴァプール・アンド・マンチェスター鉄道が世界初で、時刻表に基づいた定期運行が行われるようになった。

　以降、蒸気機関車が主力の時代が長く続いたが、19世紀末から20世紀

初頭にかけて蒸気機関以外の動力も導入された。電動機（モーター）を回転させ動力とする「電気車」、ガソリン機関またはディーゼル機関を動力とする「内燃動車」などが考案され、20世紀後半には蒸気機関車に取って代わった。

　さらに現在では、省エネルギーと脱炭素化が進められ、新たな動力形式が登場している。ディーゼルエンジンと発電機を搭載し、蓄電池の電力によりモーターを駆動させる「ハイブリッド気動車」や、ディーゼルエンジンと発電機で発電した電力によりモーターを駆動させる「電気式気動車」、蓄電池の電力によりモーターを駆動させる「蓄電池駆動電車」などが一部の線区で使用されている。

　また、水素と酸素の化学反応から得た電気でモーターを駆動させる「燃料電池車」も開発されており、2022年からJR東日本の鶴見線などで実証実験が行われている。

④ 鉄道信号・保安装置

　通常、線路上では複数の列車が双方向に運転される。このため、運行のためのルールやしくみがないと、追突や衝突など重大な事故が起こりかねない。鉄道信号や保安装置はそのしくみのひとつであり、鉄道の最大の使命である「安全輸送」のカギといえる。

　「鉄道信号」は信号・標識・合図の総称である。前方を走る列車がどの位置にいるのか、前方からこちらに向かって走ってくる列車はないか、この区間ではどれくらいの速度を出してよいのか、いま発車させてもよいの

JR西日本岩徳線から錦川鉄道が分岐する森ケ原信号場

神戸電鉄粟生線の見津信号所

かなど、あらゆる情報・指示を運転士や車掌などの鉄道係員に伝える。

鉄道係員は、これらの信号に従って安全を最優先として業務にあたっているが、それでも人間に100%完璧ということはなく、信号の見落としなどの"うっかりミス"により重大事故が発生してしまうおそれもある。この万が一に備えるのが「保安装置」であり、係員が信号などの指示に従わなかったときに自動的に列車を停止させたり、速度を低下させたりする機能がある。

⑤ 停車場

駅・信号場・操車場を総称して「停車場」という。「駅」は旅客の乗降や貨物の積み卸しをする場所であるが、近年は旅客の乗降のみならず、大規模な商業施設と一体化した駅や、小売店を集めた「駅ナカ」とよばれる商業施設を併設する駅が都市部を中心に増えている。また、バリアフリー推進のため、エレベータやエスカレータ、ホームドアの設置などのガイドラインが国土交通省により定められ、より安全かつ利便性の高い駅づくりが進んでいる。

「信号場」は、列車を停めて列車の行き違いや追い越しをする場所で、鉄道事業者によっては「信号所」と呼称しているところもある。

「操車場」は、列車の編成両数を調整したり、車両を入れ換えたりする場所である。

信号場、操車場が駅と根本的に異なる点は、旅客や貨物に対する営業の場所ではないということである（列車と車両の定義については第7章参照）。

停車場のほかにも、鉄道では多数の地上施設を必要とする。車両の留置や検査をする「車両基地（車庫）」、車両の大がかりな検査や修繕をする「車両工場」、膨大な本数の列車と何ヵ所にもまたがる施設との連絡を迅速に行うための「通信施設」などである。また、電気鉄道の場合には、電気車に電気を送るための「送電施設」も不可欠である。

ここでは主に施設や設備を取り上げたが、これらの要素を規制する法令や、鉄道を円滑に運用するための業務規則も多数あり、それらを含めて鉄道というシステムが成り立っている。

第3節

鉄道にかかわる法規

　鉄道を利用する人々が安全かつ適正なサービスを受けられるように、国は鉄道の事業内容について法令で細かく規定している。法令には階層があり、上から順に、国会審議を経て成立する「法律」、法律に基づいて内閣が制定する「政令」、各省庁が制定する「省令」「告示」がある。おおまかに言えば、上位の法令によって全体の概要が定められ、具体的な規則や手続きは下位の法令によって定められている。

　ここでは、鉄道にかかわる法令のうち最も重要な3つの法令——鉄道営業法、鉄道事業法、鉄道に関する技術上の基準を定める省令について見てみよう。

① 鉄道営業法

　「鉄道営業法」は1900（明治33）年に公布された古い法律で、漢字カナ交じりの文語体が使われているが、現在でも鉄道の営業や運転に関係する規則の大元になっている。

　鉄道営業法の第1章「鉄道ノ設備及運送」では、鉄道の建設、車両・施設の構造、運転の取扱い、運輸に関して、それぞれ省令など別の規定によって定めるとしている。

　同様に第2章「鉄道係員」では、職務上の制度、職務上の規程、資格、罰則などが定められている。

　ところで諸外国では、鉄道係員が私服で勤務しているケースがめずらしくないが、日本の鉄道はどの会社でも制服を着用している。これは第22条において、旅客や公衆に対して職務を行う鉄道係員は、一定の制服を着用しなければならないと定められているからである。夏になると、一部のリゾート地最寄り駅の鉄道係員がアロハシャツのような服を着ていることがあるが、あれも会社が定めた「制服」にあたる。

鉄道係員が職務を怠った場合の罰則も定められている。たとえば、鉄道係員が旅客を無理やり定員を超えた車中に乗り込ませたときは2万円以下の罰金または科料にするという規定がある（第26条）。なお、都市部の朝夕のラッシュ時は明らかに定員以上の乗客で混雑しており、条文を文字どおりに解釈すると罰則の対象になりそうであるが、これについては、あくまでも定員を超えた車中に入ろうとする意思を持った旅客を助けるものと解釈されており、罰則の対象にはならない。

第3章「旅客及公衆」では、旅客を対象とする罰則が定められている。旅客とは鉄道会社と運送契約を結んだ人、つまり乗車券などを購入して乗車する意思を示した人を指し、公衆とはそれ以外の一般大衆である。どのような行為が罪になるのか、**表0-1**に主な違反事項をまとめた。普段鉄道を利用しているときに知らずに行っていることや、自分ではその意識がなくてもじつは規則違反ということがあるかもしれない。鉄道係員はこれらの行為に対して毅然とした態度を取らなければならないのである。

表0-1 鉄道利用時に罪となる行為（鉄道営業法第3章）

- 鉄道係員の許可を受けずに次の行為をしたとき（第29条）
  有効な乗車券を持たずに乗車したとき
  券面に指示されたものより優等の車に乗車としたとき
  券面に指示された停車場で下車しなかったとき

- 鉄道運送に関する法令に背き、火薬類や爆発する恐れのある危険品を荷物で送ったり車内に持ち込んだとき（第31条）

- 列車の警報器類を濫用したとき（第32条）

- 列車の運転中に乗降したり、扉を開いたり、旅客のために作られた以外の場所に乗りこんだり（主に運転席を指す）したとき（第33条）。

- 制止に背き、喫煙禁止の場所や車内で喫煙をしたり、女性専用の待合室や車両に男子が妄りに立ち入ったとき（第34条）

- 鉄道係員の許可を受けずに車内や停車場内で寄付行為、物品の販売、演説や勧誘行為をしたとき（第35条）

- 車両や停車場などの標識や掲示類を書き換えたり、捨ててしまったり、ランプ類を消してしまったりしたとき（信号機類に対して行った場合は拘禁刑になる）（第36条）

② 鉄道事業法

1 鉄道事業の運営に関する法律

　前項で見たように、鉄道営業法では、鉄道の設備に関する規制のほか、鉄道係員や旅客、公衆に対する禁止行為などが定められている。これに対し、鉄道事業者を対象として鉄道事業全般について規定しているのが「鉄道事業法」である（索道事業も同法の対象）。

　鉄道事業法は1986（昭和61）年12月、日本国有鉄道（国鉄）の分割民営化を控えて公布された法律である。鉄道事業法の公布以前は、国鉄を規制する法律と私鉄（民鉄）を規制する法律は別々であったが（国鉄は日本国有鉄道法、国有鉄道運賃法、私鉄は地方鉄道法など）、鉄道事業法の制定により、国鉄事業を承継するJR各社と私鉄を規制する法律が一本化された。

　鉄道事業法では、鉄道事業の定義、事業内容、鉄道事業における各種申請、列車の運行と安全管理、運賃などが定められ、鉄道事業を行ううえでの根幹となっている。ほかの法律と同様にこれまでに何度か改正されており、たとえば2006（平成18）年には、鉄道事業者の安全に対する取り組みや、組織・役職などについて定めた内容が追加されている。

　また、鉄道事業者だけでは実施が困難と思われる事案に対して、国や地方自治体が助成できるような改正も行われている。経営状況が厳しい路線や区間の旅客運賃等についても、沿線の都道府県や市区町村、地方運輸局長、鉄道事業者による協議会ができたときは、その旨を国土交通大臣に届け出ることにより、当該旅客運賃等を定めることができるようになっている。

　鉄道事業法に定められた事柄は、「鉄道事業法施行規則」（省令）によってさらに詳細に規定されている。

2 鉄道事業の定義

　鉄道事業法では、鉄道事業を第一種鉄道事業、第二種鉄道事業、第三種鉄道事業の3種類に区分し定義している（第2条）。

　「第一種鉄道事業」は、自らが鉄道線路を敷設・所有し、その線路を使用して他人の需要に応じ、旅客・貨物を運送する事業をいう（「他人」とは自分＝自社以外の存在、すなわち利用者を指す）。最も一般的な事業形態であり、ほとんどの鉄道会社が第一種鉄道事業者となる。

「第二種鉄道事業」は、ほかの鉄道事業者（第一種・第三種鉄道事業者）が敷設・所有する鉄道線路を借用して、他人の需要に応じて旅客・貨物を運送する事業をいう。第一種鉄道事業者が自社ビルで営業する会社、第二種鉄道事業者は賃貸ビルで営業する会社と考えればよい。

京成電鉄成田スカイアクセス線の成田湯川駅を通過する「スカイライナー」。この付近の線路施設は成田高速鉄道アクセスが保有している

「第三種鉄道事業」は、第一種鉄道事業者に譲る目的で鉄道線路を敷設する事業、または第二種鉄道事業者に使用させる目的で鉄道線路を敷設・所要する事業である。第一種・第二種鉄道事業者との大きな違いは、自らは運送業務を行わない点である。先のビルのたとえで言えば、第三種鉄道事業者はビルの建設会社か大家に近い存在といえよう。

こうした事業種別は、鉄道事業法ではじめて示されたもので、旧法の日本国有鉄道法や地方鉄道法にはなかった。なぜ、このような種別ができたのか。これにはJR貨物（日本貨物鉄道）の存在が大きく関係している。

1987（昭和62）年4月、国鉄分割民営化によりJR貨物が誕生したが、同社が貨物を運送する線路は、ほとんどがJR旅客鉄道会社の所有となった。このため、JR貨物は旅客各社から線路を借用することになったが、これは従来にはない形式であったため、第二種鉄道事業を設定する必要が生じたのである。

余談であるが、第三種鉄道事業は、都市部の私鉄・JRの新線建設にとって都合の良いものとなった。というのも、大都市周辺では地価や建設費の高騰などにより、民間会社による鉄道新線の建設が難しくなってきている。こういうとき、自治体などの公的機関が設立した第三セクター（半官半民の企業体）が第三種鉄道事業者となって新線を建設し、鉄道会社がその線路を第二種鉄道事業者として借用すれば、鉄道会社の負担は大きく減る。

たとえば、大阪都心の地下を走るJR東西線は、第三セクターの関西高速鉄道＝第三種鉄道事業者が建設したもので、線路の所有者も同社である。

表0-2 線路・施設の所有者と列車の運行会社が異なる営業路線一覧

営業会社／営業線名	該当区間	第一種鉄道事業者	第二種鉄道事業者
JR貨物／JR各線	JR貨物が線路施設を所有する一部の貨物支線を除く全線（第二種鉄道事業区間全線）	JR旅客鉄道各社	JR貨物
JR貨物／道南いさりび鉄道線	函館貨物（五稜郭）〜木古内道	道南いさりび鉄道	JR貨物
JR貨物／青い森鉄道線	目時〜青森	―	JR貨物
JR貨物／いわて銀河鉄道線	盛岡〜目時	IGRいわて銀河鉄道	JR貨物
JR貨物／しなの鉄道線	西上田〜篠ノ井	しなの鉄道	JR貨物
JR貨物／しなの鉄道北しなの線	長野〜妙高高原	しなの鉄道	JR貨物
JR貨物／えちごトキめき鉄道妙高はねうまライン	妙高高原〜直江津	えちごトキめき鉄道	JR貨物
JR貨物／えちごトキめき鉄道日本海ひすいライン	市振〜直江津	えちごトキめき鉄道	JR貨物
JR貨物／あいの風とやま鉄道線	倶利伽羅〜市振	あいの風とやま鉄道	JR貨物
JR貨物／IRいしかわ鉄道線	大聖寺〜倶利伽羅	IRいしかわ鉄道	JR貨物
JR貨物／ハピラインふくい	敦賀〜大聖寺	ハピラインふくい	JR貨物
JR貨物／名古屋臨海高速鉄道線	名古屋〜名古屋貨物ターミナル	名古屋臨海高速鉄道[西名古屋港線]	JR貨物
JR貨物／おおさか東線	神崎川信号場〜正覚寺信号場	―	JR貨物
JR貨物／肥薩おれんじ鉄道線	八代〜川内	肥薩おれんじ鉄道	JR貨物
青い森鉄道／青い森鉄道線	目時〜青森	―	青い森鉄道
JR東日本／只見線	只見〜会津川口	―	JR東日本
JR東日本／成田線	成田線分岐点〜成田空港	―	JR東日本
京成電鉄／本線	駒井野分岐部〜成田空港	―	京成電鉄
京成電鉄／成田空港線（成田スカイアクセス線）	京成高砂〜小室	北総鉄道[北総線]	京成電鉄
	小室〜印旛日本医大	―	京成電鉄
	印旛日本医大〜成田空港高速鉄道接続点（成田高速鉄道アクセス接続点）	―	京成電鉄
	成田高速鉄道アクセス接続点（成田空港高速鉄道接続点）〜成田空港	―	京成電鉄
北総鉄道／北総線	小室〜印旛日本医大	―	北総鉄道
東急電鉄／こどもの国線	長津田〜こどもの国	―	東急電鉄
東京都交通局／三田線	目黒〜白金高輪	東京メトロ[南北線]	東京都交通局
名古屋鉄道／空港線	常滑〜中部国際空港	―	名古屋鉄道
名古屋鉄道／小牧線	上飯田〜味鋺	―	名古屋鉄道
名古屋市交通局／上飯田線	平安通〜上飯田	―	名古屋市交通局
JR東海交通事業／城北線	勝川〜枇杷島	JR東海	JR東海交通事業

第三種鉄道事業者	備　考
―	JR旅客鉄道各社も当該区間を自社線の一部として旅客列車を運行（一部の貨物線を除く）
―	道南いさりび鉄道も同区間を自社線として旅客列車を運行
青森県	
―	IGRいわて銀河鉄道も同区間を自社線として旅客列車を運行
―	しなの鉄道も同区間を自社線の一部として旅客列車を運行。なお、現在、西上田〜坂城間に定期貨物列車の設定はない
―	しなの鉄道も同区間を自社線の一部として旅客列車を運行。なお、現在、北長野〜妙高高原間に定期貨物列車の設定はない
―	えちごトキめき鉄道も同区間を自社線の一部として旅客列車を運行。なお、現在、定期貨物列車の設定はない
―	えちごトキめき鉄道も同区間を自社線の一部として旅客列車を運行
―	あいの風とやま鉄道も同区間を自社線として旅客列車を運行
―	IRいしかわ鉄道も同区間を自社線として旅客列車を運行
―	ハピラインふくいも同区間を自社線として旅客列車を運行
―	名古屋臨海高速鉄道も同区間を自社線の一部として旅客列車を運行
大阪外環状鉄道	
―	肥薩おれんじ鉄道も同区間を自社線として旅客列車を運行
青森県	
福島県	
成田空港高速鉄道［成田空港高速鉄道線］	
成田空港高速鉄道［成田空港高速鉄道線］	
―	北総鉄道も同区間を北総線の一部として自社列車を運行
千葉ニュータウン鉄道［北総線］	
成田高速鉄道アクセス［成田高速鉄道アクセス線］	
成田空港高速鉄道［成田空港高速鉄道線］	空港第2ビル〜成田空港間は京成電鉄・本線（成田空港高速鉄道線）と線路を共用
千葉ニュータウン鉄道	
横浜高速鉄道	
―	東京メトロは同区間を南北線の一部として自社列車を運行
中部国際空港連絡鉄道	
上飯田連絡線［上飯田連絡線］	
上飯田連絡線［上飯田連絡線］	
―	JR東海の自社運行列車は設定なし

序章 鉄道とは何か

営業会社／営業線名	該当区間	第一種鉄道事業者	第二種鉄道事業者
のと鉄道／七尾線	七尾～和倉温泉	JR西日本	のと鉄道
	和倉温泉～穴水	―	のと鉄道
養老鉄道／養老線	桑名～揖斐	―	養老鉄道
四日市あすなろう鉄道／内部線	あすなろう四日市～内部	―	四日市あすなろう鉄道
四日市あすなろう鉄道／八王子線	日永～西日野	―	四日市あすなろう鉄道
近江鉄道／本線	米原～貴生川	―	近江鉄道
近江鉄道／多賀線	高宮～多賀大社前	―	近江鉄道
近江鉄道／八日市線	近江八幡～八日市	―	近江鉄道
伊賀鉄道／伊賀線	伊賀上野～伊賀神戸	―	伊賀鉄道
信楽高原鐵道／信楽線	貴生川～信楽	―	信楽高原鐵道
嵯峨野観光鉄道／嵯峨野観光線	トロッコ嵯峨～トロッコ亀岡	JR西日本（山陰本線）	嵯峨野観光鉄道
近畿日本鉄道／けいはんな線	生駒～学研奈良登美ケ丘	―	近畿日本鉄道
JR西日本／JR東西線	京橋～尼崎	―	JR西日本
JR西日本／おおさか東線	新大阪～久宝寺	―	JR西日本
JR西日本／関西空港線	りんくうタウン～関西空港	―	JR西日本
南海電気鉄道／空港線	りんくうタウン～関西空港	―	南海電気鉄道
南海電気鉄道／和歌山港線	県社分界点～和歌山港	―	南海電気鉄道
大阪メトロ／4号線（中央線）	大阪港～コスモスクエア	―	大阪メトロ
大阪メトロ／南港ポートタウン線	コスモスクエア～トレードセンター前	―	大阪メトロ
京阪電気鉄道／中之島線	中之島～天満橋	―	京阪電気鉄道
阪神電気鉄道／阪神なんば線	西九条～大阪難波	―	阪神電気鉄道
阪急電鉄／神戸高速線	神戸三宮～新開地	―	阪急電鉄
阪神電気鉄道／神戸高速線	元町～西代	―	阪神電気鉄道
神戸電鉄／神戸高速線	新開地～湊川	―	神戸電鉄
神戸六甲鉄道／六甲ケーブル線	六甲ケーブル下～六甲山上	―	神戸六甲鉄道
WILLER TRAINS（京都丹後鉄道）／宮福線	宮津～福知山	―	WILLER TRAINS
WILLER TRAINS（京都丹後鉄道）／宮津線（宮舞線・宮豊線）	西舞鶴～豊岡	―	WILLER TRAINS
若桜鉄道／若桜線	郡家～若桜町若桜線接続点（八頭町若桜線接続点）	―	若桜鉄道
	八頭町若桜線接続点（若桜町若桜線接続点）～若桜	―	若桜鉄道
井原鉄道／井原線	総社～清音	JR西日本［伯備線］	井原鉄道
JR九州／長崎本線	江北～諫早	―	JR九州
平成筑豊鉄道／門司港レトロ観光線（北九州銀行レトロライン）	九州鉄道記念館～瀬戸町車庫信号場	―	平成筑豊鉄道
皿倉登山鉄道	山麓～山上	―	皿倉登山鉄道
南阿蘇鉄道	立野～高森	―	南阿蘇鉄道

024

第三種鉄道事業者	備　考
—	JR西日本も同区間で自社の特急列車を運行
JR西日本	
養老線管理機構	
四日市市	
四日市市	
近江鉄道線管理機構	
近江鉄道線管理機構	
近江鉄道線管理機構	
伊賀市	
甲賀市	
—	JR西日本の自社運行列車は設定なし
奈良生駒高速鉄道	
関西高速鉄道	
大阪外環状鉄道	
新関西国際空港［空港連絡鉄道線］	
新関西国際空港［空港連絡鉄道線］	
和歌山県	
大阪港トランスポートシステム	
大阪港トランスポートシステム	
中之島高速鉄道	
西大阪高速鉄道	
神戸高速鉄道［東西線］	高速神戸〜新開地間は阪神電気鉄道・神戸高速線と線路を共用
神戸高速鉄道［東西線］	
神戸高速鉄道［南北線］	
阪神電気鉄道	
北近畿タンゴ鉄道	
北近畿タンゴ鉄道	
八頭町	
若桜町	
—	JR西日本も同区間を伯備線の一部として自社列車を運行
一般財団法人佐賀・長崎鉄道管理センター	
北九州市特定目的鉄道事業	
北九州市	
一般社団法人南阿蘇鉄道管理機構	

JR西日本はこのおかげで線路建設の負担を減らすことができたといえる（ちなみに同線は、JR線のなかで唯一、正式な路線名称に「JR」を冠する路線である）。

　線路や施設等を所有している事業者と、列車を運行している鉄道事業者が異なる営業線は**表0-2**のとおりである。

③ 鉄道に関する技術上の基準を定める省令

　「鉄道に関する技術上の基準を定める省令」は鉄道営業法第1条に基づく国土交通省令で、2001（平成13）年に制定された。施設や車両の構造を規定した旧3省令（普通鉄道構造規則、新幹線鉄道構造規則、特殊鉄道構造規則）と鉄道の運転に関係する旧2省令（鉄道運転規則、新幹線鉄道運転規則）などがひとまとまりになったものである。

　この省令では、線路・停車場・電気設備・車両などが備えるべき性能や、運転関係に従事する係員に対しての規則、運転に関係する規則、施設・車両の保全などが定められている（運転関係に従事する係員に対する規則、鉄道の運転に関係する規則については第7章で説明）。

　旧省令の普通鉄道構造規則などでは、各施設や車両装置の形状・寸法などの仕様がかなり詳細に定められており、それらは「仕様規定」とよばれた。これに対して新しい省令では、どのような性能を備えていなければいけないのかといった基本的な内容だけが規定されており、「性能規定」とよばれる。

　ひとつ例をあげて比べてみよう。軌間について、旧普通鉄道構造規則では、762mm、1067mm、1372mm または1435mm とされていたが（第9条）、鉄道に関する技術上の基準を定める省令では「軌間は、車両の構造、設計最高速度等を考慮し、車両の安全な走行及び安定した走行を確保することができるものでなければならない」（第12条）と変更されている。

　現行の省令は細かな規定をなくし、鉄道会社自身で判断できる部分が増えたといえるが、その分、責任も重くなっているという見方もできる。

　ただし、すべてを鉄道各社に委ねると、鉄道会社が判断に迷うことも考えられるため、おおよその数値を定めた「鉄道に関する技術上の基準を定める省令等の解釈基準」が別途に定められており、鉄道各社はこれを判断材料としている。

第4節

鉄道と軌道

　前節で取り上げた、鉄道営業法、鉄道事業法、鉄道に関する技術上の基準を定める省令は、いずれも鉄道事業の根幹にかかわる法令で、大多数の鉄道事業者が対象となる。

　一方、この3つの法令の対象とならない鉄道事業者（路線）もある。広島電鉄、東京都交通局荒川線（都電）、東急電鉄世田谷線などがそうで、これらの事業者または路線は「軌道」であり、広義の鉄道ではあるが、狭義の鉄道ではない。「鉄道」と「軌道」は何が異なるのか、その違いを見てみよう。

①　鉄道と軌道の違い

　鉄道事業者には、「鉄道営業法」「鉄道事業法」が適用される事業者と、「軌道法」が適用される事業者がある。狭義では、前者の路線は「鉄道（railway）」、後者は「軌道（tramway、tramline）」となる。

　第3節で見たように、鉄道営業法および鉄道事業法の適用事業者は、鉄道に関する技術上の基準を定める省令によって、線路や構造物、車両の構造などの性能が規定されている。

　ただし、これらの鉄道事業者の線路・施設は、そのほとんどが2001（平成13）年以前に建設されたもので、その線路・施設などの規格は「普通鉄道構造規則」など、古い法令に基づいている。

　一方、軌道には「軌道法」（1921年公布）が適用される。構造物や車両の構造などは、軌道法に基づく「軌道建設規定」で取り決められている。また、軌道の運転・営業に関しては、「軌道運輸規程」「軌道係員規程」「軌道運転規則」などの省令で定められている（ただし軌道であっても、条件によっては鉄道営業法と鉄道事業法が準用される）。

027

要するに、法的には「鉄道」と「軌道」はまったくの別物で、軌道の事業者には、鉄道のような第一種、第二種、第三種の種別もない。

以下、鉄道と軌道の違いを細かく見ていこう。

1 線路を敷設する場所

鉄道事業法では「鉄道線路は道路法による道路に敷設してはならない」（第61条）とされている。つまり、道路に敷設される以外のものを鉄道という。

一方、軌道は「特別の理由がある場合を除いて道路上に敷設すること」（軌道法第2条）とされている。つまり、道路上に敷設されるものが軌道である。その代表が、いわゆる路面電車である。

2 監督省庁の違い

鉄道・軌道の監督省庁は、現在は国土交通省である。ただし2001年の省庁再編以前は、鉄道は運輸省（前身は鉄道省）が、軌道は運輸省と建設省（前身は内務省）が監督官庁となっていた。

その名残からか、鉄道を経営する場合には国土交通大臣の「許可」が必要であるのに対し（1999年以前は「免許」）、軌道を経営する場合は国土交通大臣の「特許」が必要とされ、両者はいまでも扱いが異なる。

3 列車・車両の運転

鉄道は、原則として道路以外の場所に敷設された専用の線路上を走るので、比較的高速度で運転できる。一方、軌道は、道路上を自動車と一緒に走るので、鉄道並みの高速運転はできない（軌道運転規則第53条では、機械によって強力なブレーキがかかる車両の場合でも、最高速度は40km/h以下と規定）。したがって運転の規則なども、おのずと両者で異なる。

鉄道の運転の取扱いは、鉄道に関する技術上の基準を定める省令によって定められており、ある決められた空間（区間、範囲）を1本の列車に占有させるという「閉そく（塞）」の考え方が原則になっている（ただし近年では「列車間の間隔を確保する装置」によるものが増えている）。通常は、先行列車との距離を、信号機類の信号現示（鉄道では信号を出すことを「現示」という）によって運転士に知らせて安全を確保している（第5章と第7章を参照）。

軌道の運転の取扱いは「軌道運転規則」によって定められている。鉄道の運転では「閉そく」が原則であるが、軌道は運転速度が低いため、運転士の目視による運転が前提とされている。たとえば軌道運転規則では、先行車両との距離が100m以下となったときには15km/h以下に速度を落とすように規定されているが、この距離の把握も、運転士の目測による。

京津線を走る京阪電鉄800系

列車・車両の長さ（連結した車両全体の長さ）の規定にも違いがある。鉄道では、列車の運転に支障がない長さ（最大連結量数という）であればよいが、軌道の場合は、原則として連結した車両の長さを30m以下としなければならない（軌道法には「列車」という概念がなく、「車両」となる）。

しかし、軌道線とされる京阪電気鉄道京津線では、4両連結で編成全体の長さが50mをゆうに超える車両が堂々と道路上を走っている。また、広島電鉄の連接車も全長30mを超えている。これは国土交通大臣の特認を受けたものと思われる。

4 軌間

軌間（ゲージ）の値（ゲージサイズ）についての規定も、鉄道（普通鉄道）と軌道では異なる。第3節でも見たように、鉄道の軌間は、旧普通鉄道構造規則第9条では762mm、1067mm、1372mm、1435mmとされていた。一方、軌道の軌間は762mm、1067mm、1435mmと規定されている（軌道建設規定第5条）。したがって、鉄道に1372mmがある以外は同じである。

しかしながら、軌道には1372mm軌間を採用する路線が目立つ。東急電鉄世田谷線、東京都交通局、函館市交通局の路面電車の軌間は1372mmである。逆に鉄道で1372mmを採用しているのは、京王電鉄各線（井の頭線を除く）と都営地下鉄新宿線のみである。京王電鉄の前身は京王電気軌道という「軌道」であり、都営新宿線は京王線と相互直通運転を行うため、泣く泣く1372mmを採用したという経緯がある。

じつは1372mm軌間は、もともと軌道で多用されていた。現在の京成電鉄は1435mmであるが、1959（昭和34）年に改軌するまでは1372mmを採用していた（京成電鉄も発祥は京成電気軌道という軌道であった）。

1372mm軌間は、軌道のルーツともいえる馬車鉄道での標準軌間であったといわれている。軌道建設規程第5条は1930年に一部改正されており、おそらくこの時に、なんらかの事情により1372mmがはずされたのであろう。国としては1372mm軌間の鉄道を作らせたくなかったのではないかと考えられる。

ちなみに、かつて軌道を除く私鉄を規制していた「地方鉄道法」やそれに基づく「地方鉄道建設規程」でも、軌間は原則1067mm、特別な場合は1435mmまたは762mmとされ、1372mmは出てこない。このことからも、1372mm軌間は監督省庁に好まれていなかったことが窺える。

なお、地方鉄道法において軌間が原則1067mmとされたのは、国有鉄道にならったものと思われる。有事（戦争や災害などの非常事態）の際、私鉄の軌間が国有鉄道と同じであれば、国内の津々浦々まで人や物資を輸送することができる。軌間が異なると、こうは行かない。

1435mm軌間は、当初は郊外電鉄型の高速軌道での採用が多かった（軌道法準拠の軌道であるが、道路に敷設された区間はごくわずかで、それ以外の区間では鉄道並みの高速運転を行っていた）。一般に、軌間が広いほうが大型の主電動機（モーター）を搭載することができ、高速運転には有利である。当時は国有鉄道に対抗するかたちで路線が敷かれるケースが多く、国有鉄道に対抗するために到着時間の短縮、つまり高速運転をする必要があり、国有鉄道の1067mmを上回る軌間が採用された。

なお762mm軌間は、地方の軽便鉄道（地方鉄道法以前の「軽便鉄道法」に準拠）が好んで採用していた軌間である。

こうした経緯があるため、ゲージサイズを見れば、それが「鉄道」として建設されたのか、「軌道」として建設されたのか、ある程度推測できる。

5 鉄道、軌道の敷設禁止箇所の例外

本節第1項で、鉄道事業法に「鉄道は道路法による道路に敷設してはならない」とあることを紹介したが、実際には「鉄道」が道路上に敷設されているケースがある。

代表例は江ノ島電鉄線の江ノ島〜腰越間で、ここでは電車が商店の軒先

をかすめるようにして走っている。かつては名古屋鉄道犬山線・犬山遊園〜新鵜沼間の犬山橋も鉄道と道路の併用橋で、パノラマカーやJR高山本線直通特急「北アルプス」号などの列車が、自動車と一緒に橋を渡っていた。

腰越商店街を走る江ノ電1000形

　一見、鉄道事業法に反するように見えるが、じつは同じ61条のつづきに「やむを得ない理由がある場合、国土交通大臣の許可を受けたときは、この限りではない」という但し書きがあり、法律違反ではない。要するに正当な理由があり、それを国土交通大臣が認めて許可すれば、「鉄道」も堂々と道路上を走ることができる。

　軌道は、原則として道路上に敷設されると述べたが、例外もある。たとえば東京都内の代表的な軌道線である都電荒川線や東急電鉄世田谷線などは、道路の区間は少しで、道路以外の専用の線路を走っている。このような区間を、軌道法や関係省令では「新設軌道」とよぶ。

　車両の運転方法は、新設軌道区間では「鉄道」と同じ運転規則が適用されるが（鉄道に関する技術上の基準を定める省令の一部を準用）、専用軌道と道路併用軌道が交互にある線区などでは、届け出をすることによって全線で「軌道運転規則」を用いてもよいとされている（軌道法第4条の2）。

6 軌道から鉄道への変更

　軌道を経営する事業者は、国土交通大臣の許可を受けることで、その事業内容を「軌道」から「鉄道」に変更することができる（鉄道事業法第62条）。

　実際のところ現在の私鉄には、京王電鉄のように開業当初は「軌道」で、のちに「鉄道」に変わった会社がかなりある。先に1372mm軌間のくだりで紹介した京成電鉄もそうであるが、京浜急行電鉄、阪急電鉄、阪神電気鉄道、京阪電気鉄道、近畿日本鉄道（一部の線区は1067mm）、山陽電気鉄道なども同様である。これらの会社は、路線の全部または一部がもとは「軌道」（新設軌道を主体とした高速軌道）であった。また、道路上を走る「鉄

道」である江ノ島電鉄も、じつは昭和20年までは「軌道」であった。

　今後、もし「軌道」から「鉄道」への変更の許可を受ける鉄道事業者が出るとしたら、その鉄道事業者は第一種鉄道事業者の許可を受けたものと見なされよう。

② 鉄道と軌道の混在

■ 地下鉄は軌道か鉄道か

　ところで、地下鉄は軌道・鉄道のどちらに分類されるのであろうか。その話をするまえに、「地下鉄」という用語について説明しておきたい。もともと「地下鉄」は行政上の正式な用語ないし区分ではなく、行政上は「都市高速鉄道」に区分されている。"高速"とあるが、これは新幹線のような高速鉄道を意図したものではなく、路面電車と比較して"高速"という意味である。細かな指摘のように思われるかもしれないが、こうしたことから、地下鉄が路面電車の代替輸送手段として建設されたことが窺える。

　地下鉄は通常、道路の真下を走っている。このことから、旧建設省（前身は内務省）は、道路下の地下鉄は「鉄道」ではなく「軌道」とするのが正しいと主張していた。大阪メトロの全線（第二種鉄道事業区間を除く）が「軌道」として特許を受け、開業から今日にいたるまで一貫して「軌道」とされているのは、地下鉄建設に際して当時の監督官庁である内務省の指導が強かったためといわれている。

　ところが、大阪メトロ以外の地下鉄は、いずれも鉄道事業法（同法施行以前は地方鉄道法）による「鉄道」として免許（規制緩和後は許可）を受けている。また、鉄道事業法第61条による鉄道線路の道路への敷設の許可を受け、線路は道路下に敷設されている。

　このようなことになった理由としては、旧運輸省と旧建設省との綱引きなどさまざまな説があるが、最も大きな理由は、軌道法の諸規定が路面電車のような低速なものを前提として設けられているためではないかと思われる。なにしろ、地下鉄は「都市高速鉄道」なのである。

　道路上に敷設される都市モノレールについても同様の問題がある。これについては、旧運輸省・建設省時代に両省間で「都市モノレールに関する覚え書き」が結ばれ、「都市モノレールの整備の促進に関する法律」でいう都市モノレー

ルは、線路の支柱が道路面を占めていることから「軌道」と定められた。

ただ、湘南モノレールの江の島線のように、道路上に敷設されていても、覚書以前に「鉄道」として免許を受けたものはそのままとしたので、その結果として全国のモノレール路線に「鉄道」と「軌道」が混在している。

ゆりかもめでは、鉄道区間と軌道区間が混在している

2 鉄道と軌道の区間が混在する路線

最近建設された新交通システムには、「鉄道」区間と「軌道」区間が混在しているものがある。

ゆりかもめを例にあげると、新橋〜日の出間は「軌道」、その先の日の出〜お台場海浜公園間は「鉄道」といった具合で、その区間以遠も軌道区間と鉄道区間が交互になっている。なぜこういう状況になったのであろうか。

ゆりかもめは、ほぼ全線が道路上を走っている。ここで、その道路の管理者が問題になってくる。「軌道」の区間は旧建設省が管理する一般道路上に建設され、「鉄道」の区間は旧運輸省が管理する臨港道路上に建設されている。つまり、建設当時の監督省庁が異なったため、「鉄道」と「軌道」の区間が混在しているのである。

都市モノレールやそれに準じる新交通システムは、国の補助を受けて建設されている。その補助は、一般道路上では旧建設省の道路整備特別会計から、臨港道路上では旧運輸省の港湾整備特別会計から出たものである。したがって、金を出す監督省庁が「ここは軌道だ」といえば「軌道」になるし、「鉄道だ」といえば「鉄道」になる。

このような現象は、大阪メトロ南港ポートタウン線（ニュートラム）や、神戸新交通ポートアイランド線（ポートライナー）・六甲アイランド線（六甲ライナー）、広島高速交通広島新交通1号線（アストラムライン）などでも見ることができる。もっとも、軌道（線路）の構造はまったく同一なので、現場に行っても実際に目で確かめられるわけではない。

第5節

新幹線と在来線

新幹線といえば、世界でそのまま名前が通用するほど高速鉄道の代名詞であり、日本の鉄道技術の象徴でもある。従来の鉄道（在来線）と新幹線とでは法的に見てどのような違いがあるのか、具体的に見てみよう。

① 新幹線と在来線の違い

新幹線は、在来線と同じ普通鉄道に分類される。ただし、かつては、在来線の規則として「普通鉄道構造規則」「鉄道運転規則」があり、新幹線の規則として「新幹線鉄道構造規則」「新幹線鉄道運転規則」があったように、法令上でも性格の異なる鉄道として認識されてきた。

「全国新幹線鉄道整備法」では、「新幹線鉄道とは、その主たる区間を列車が200km/h以上の高速度で走行できる幹線鉄道をいう」（第2条）と規定されている。したがって、最高速度130km/hの山形新幹線・福島〜新庄間や秋田新幹線・盛岡〜秋田間は、この定義からすると新幹線ではない。

この2つの区間は、新幹線列車が直通できるように在来線を改良したもので、新幹線開業後も正式な線名は「奥羽本線」「田沢湖線」のままである。新幹線区間と在来線区間にまたがって運転される列車のことを「新在直通特急」とよぶことがあるように、新幹線と在来線は明確に区別されているのである。

同じように、新幹線の車庫回送線を転用した線路上を新幹線車両が走る博多南線や上越線の越後湯沢〜ガーラ湯沢間も、見た目は限りなく新幹線であるが、200km/h以上ではないため在来線として扱われている。

② 踏切の設置

鉄道に関する技術上の基準を定める省令では、「鉄道は、道路と平面交差してはならない。ただし、新幹線または新幹線に準ずる速度で運転する鉄道以外の鉄道であって、鉄道およびこれと交差する道路の交通量が少ない場合または地形上などの理由によりやむを得ない場合はこの限りではない」と規定されている（第39条）。つまり、在来線では道路との平面交差に当たる踏切の存在が認められているが、新幹線では踏切は一切認められない。前述の山形新幹線や秋田新幹線には踏切がいくつもあるので、この規則からも新幹線ではないことがわかる。

ただし、東海道新幹線には踏切が1ヵ所だけある。浜松工場への引き込み線の踏切である。これは旧新幹線鉄道構造規則において「新幹線鉄道の本線は踏切を設置してはならない」と定められていたため、例外的に認められたものである。

③ 軌間

新幹線の軌間は、鉄道の技術上の基準を定める省令ではとくに規定されていないが、旧新幹線鉄道構造規則では「軌間は1435mm」と規定されていた（第6条）。新幹線車両は、長さ・高さ・幅のすべてが在来線車両よりひとまわり大きく（新在直通車両は在来線サイズ）、それが高速運転を行うので、安定性の面からも広い軌間を採用する必要があったのである。

④ 線路の形状

鉄道線路の曲線（カーブ）の緩急は、その曲線を円の外周の一部とみなしたときの半径で表し、「半径600mの曲線」のような言い方をする。旧普通鉄道構造規則では、在来線の本線路（列車の運転に常に使用される線路）における曲線半径について、110km/h以上で設計されたものは600m以上、地形上などの理由でやむを得ない場合は160m以上と規定していた（第10条）。

これに対して新幹線は、旧新幹線鉄道構造規則では、曲線半径2500m

以上、地形上などの理由によりやむを得ない場合は列車の速度を考慮して400m以上とされていた（第9条）。高速運転を行う新幹線では、在来線にあるような急な曲線はつくれないというわけである。

本線路の勾配（坂の傾きの程度）についても、在来線と新幹線では規定が変わってくる。ちなみに鉄道線路の勾配の程度は千分率で示し、単位には「パーミル（‰）」が使われる。たとえば、1000m進んだときに20m上がる（下がる）坂は20‰となる。

旧普通鉄道構造規則では、在来線の勾配は1000分の35（35‰）以下とされていた（第17条。ただし、機関車牽引の列車を運転する線路は制限がより厳しかった）。一方、旧新幹線鉄道構造規則では、1000分の15以下とされていた（第15条）。延長2.5km以内の区間に限り1000分の18、延長1km以内の区間に限り1000分の20とすることもできたが、いずれにしても在来線より厳しい規定であることに変わりはない。

なお、1988（平成3）年、新幹線の勾配に関する規則の一部が改正され、地形上などの理由で規定以上の勾配をつくらなければならないときは、列車の動力性能やブレーキ性能などを考慮し、1000分の35以下まで許可されることになった。これはおそらく、山岳区間を走る北陸新幹線（当時は長野新幹線）を想定した改正であろう。

⑤ 騒音に関する規則

新幹線は高速で運転するため、在来線よりも騒音が大きい。旧新幹線鉄道構造規則では、「施設及び車両は、列車の走行に伴い発生する著しい騒音の防止について特に配慮がなされた構造としなければならない」とされていた（第5条の5）。鉄道に関する技術上の基準を定める省令でも、「新幹線の線路には、沿線の状況に応じ、列車の走行に伴い発生する著しい騒音を軽減するための設備を設けなければならない」（第25条）、「新幹線の車両は、列車の走行に伴い発生する著しい騒音を軽減するための構造としなければならない」（第71条）など、新幹線の騒音に関する規則がある。

在来線は騒音を発してもよいというわけではないが、新幹線は高速運転をする分だけ、騒音に対しても厳しく規制されているのである。

表0-3 処罰の対象となる新幹線への妨害行為

妨害行為	罰則
● 新幹線鉄道の列車運行の安全を確保するための設備を壊したり、機能を損なう行為をした者	5年以下の懲役または5万円以下の罰金
● 上記の設備をみだりに操作した者 ● 列車運行の妨害になる方法で線路に物を置いたり、これに類する行為をした者 ● 新幹線の線路内にみだりに立ち入った者	1年以下の懲役または5万円以下の罰金
● 走行中の新幹線列車に向かって物を投げたり発射した者	5万円以下の罰金

⑥ 新幹線に対する「べからず」

　新幹線は高速運転を行うため、ちょっとしたいたずらでも大事故につながるおそれがある。仮に事故が起これば、その被害や損害は在来線の比ではない。このため、新幹線に対する妨害行為については、「新幹線鉄道における列車運行の安全を妨げる行為の処罰に関する特例法」に基づいて、ほかの鉄道に対する行為よりも厳しく罰せられる。

　どのような行為が処罰の対象となるのか、**表0-3**に主な項目の要約を示した。軽率な行為はくれぐれも慎まなければならない。

⑦ 急ブレーキに必要な距離と最高速度

　列車は非常制動（急ブレーキ）をかけてから止まるまでに何mくらい走るのか。その距離が長くなればなるほど、危険度も高い。では、在来線や新幹線に、このブレーキをかけてから止まるまでの距離（制動距離）の制限はないのであろうか。じつは、列車の最高運転速度と制動距離には密接な関係がある。

　現行の鉄道に関する技術上の基準を定める省令では、列車の制動力（ブレーキ力）は「線路のこう配及び運転速度に応じ、十分な能力を有するものでなければならない」（第96条）とされているだけで、条文には制動距

離などの数値は示されていない。

　ただし、旧鉄道運転規則と旧新幹線鉄道運転規則では、列車の制動距離に関する具体的な数値が示されていた。現在の鉄道もほとんどがこの旧規則に合わせて施設や車両装置の性能を定めているので、参考までに見てみよう。

　制動距離について旧鉄道運転規則では「非常制動による列車の制動距離は、600m以下としなければならない」（第54条）とされた。見方を変えれば、列車の最高速度は、非常制動の際に600mで止まれる最大の速度ということになる。現在のJR在来線車両の最高速度はおおよそ130km/hといったところである。したがって、最高速度をさらに高めようとすれば、いま以上に強力なブレーキ力が必要になる。

　しかし現実には、ブレーキ力はほぼそのままなのに、130km/hを超える速度で運転している列車もある。京成「スカイライナー」は成田スカイアクセス線内では160km/h運転である。また、かつて越後湯沢と金沢を結んだ特急「はくたか」も、北越急行ほくほく線内で160km/h運転を行っていたし、新青森〜函館間の特急「スーパー白鳥」「白鳥」も青函トンネル内で140km/h運転を行っていた。これらの線区は、その当該区間内に踏切がまったくない、人の立ち入ることのできない線路環境のため、特例として認められているものである。

　新幹線の場合はどうか。制動距離600m以下の規制を新幹線列車にまで適用すると、新幹線など成り立たなくなってしまう。200km/hから非常制動をかけ、600m以内で止まるなど不可能である。仮にそれが可能な強力なブレーキが開発できたとしても、実際に使用すれば車内の乗客の安全は保障できない。

　このため新幹線については、旧新幹線鉄道構造規則において、制動距離ではなく減速度（1秒間に時速何kmずつ低下するか）を規定していた（第55条）。新幹線には踏切が存在しないという前提があるからこその規定であるが、200km/h以上で走る新幹線に在来線と同じ基準を当てはめるのが難しいことを示す、最も端的な例といえよう。

　なお、列車の最高運転速度については、線路状態や車両構造などを考慮しながら、それぞれ定められることになっている。

_第6_節
さまざまな鉄道の種類

　ここまでは、いわゆる「普通鉄道」について述べてきた。第6節では、普通鉄道に含まれない「特殊鉄道」について見てみよう。

① 特殊鉄道の仲間

　鉄道事業法では、第一種〜第三種の鉄道事業のほかに「索道事業」「専用鉄道」が定義されている（第2条）。

■ 索道（普通索道、特殊索道）

　「索道」は、ロープウェイやリフトなどの類である。このうち、ロープウェイ、ゴンドラリフトなど扉のある閉鎖式の搬器を使用するものは「普通索道」といい、スキーリフトなど外部に開放された座席で構成される椅子式の搬器を使用するものは「特殊索道」という。ロープウェイの構造については、特殊鉄道の仲間とともにのちほど詳しく説明する。

■ 専用鉄道

　「専用鉄道」は、鉄道事業法において「専ら自己の用に供するため設置する鉄道」（第2条）と定義されている。「専ら自己の用に」がポイントで、第一種・第二種の鉄道事業のように、「他人の需要に応じ」ることを目的としていない。企業の工場内などからJRや私鉄の駅につながる貨物用の引込線（専用線）などがこれに該当する。

■ 特殊鉄道

　「特殊鉄道」は、鉄道事業法施行規則の第4条（鉄道の種類）に示されている鉄道のうち、「普通鉄道」以外の鉄道をいう。

039

- 普通鉄道
- 懸垂式鉄道（モノレール）
- 跨座式鉄道（モノレール）
- 鋼索鉄道（ケーブルカー）
- 案内軌条式鉄道（新交通システム、ゴムタイヤ式地下鉄）
- 無軌条電車（トロリーバス）
- 浮上式鉄道（リニアモーターカー）
- 前各号に掲げる鉄道以外の鉄道

　ただし、本章第4節で見たように、モノレール、新交通システムには「軌道」扱いのものがあるので、すべてのモノレールや新交通システムが「特殊鉄道」というわけではない。また、リニアモーターカーも、現在営業中の路線は軌道のみである。トロリーバスもかつては軌道扱いのものが多かった。

　なお軌道法には、普通軌道、特殊軌道といった種別はない。「軌道」「軌道（懸垂式モノレール）」「軌道（跨座式モノレール）」「軌道（案内軌条式）」「軌道（浮上式）」という区別はあるが、法的にはすべて「軌道」である（ちなみにトロリーバスには軌道法が適用されていたが、「軌道」そのものではなく「軌道に準ずべきもの」とされていた）。

　以下、特殊鉄道について個別に見ていこう（説明の便宜上、それぞれの特殊鉄道に相当する構造を有する「軌道」も含める）。

② モノレール

　モノレールに該当するのは、省令でいうところの「跨座式鉄道」「懸垂式鉄道」と、その構造に相当する構造を有する「軌道」である。

　モノレールの"モノ"は、「1つ」という意味で、1本のレールを敷設して車両を走らせるものをいう。普通鉄道に比べて建設費が安く、走行音が少ないという長所がある。また、鉄輪式の鉄道に比べて急な勾配にも対応できるため、バス輸送に代わる交通整備計画において採用されることが多い。

　「跨座式」は、コンクリート製レールの上に車両が跨がるタイプである。ドイツ発祥のアルウェグ式、アメリカ発祥のロッキード式がある。「懸垂式」

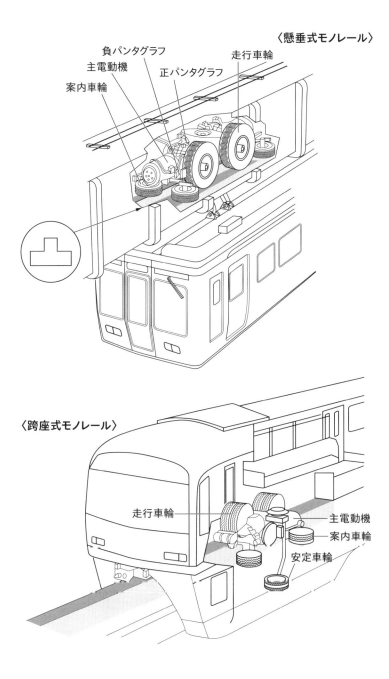

図0-1 モノレールの構造

は、車両の上にレールがあり、車両が吊り下げられるかたちになる。台車
も車両の上にあり、鋼製の箱形レール（下面中央部が開いている）内を台車
が走行するしくみである。フランス発祥のサフェージュ式が実用化されて
いる（**図0-1**）。

　モノレールの歴史は意外に古く、蒸気機関車が実用化される前後の
1821年にはイギリスのヘンリー・パーマーが考案していたといわれる。
世界初のモノレールは、彼がロンドン埠頭内に貨物輸送用として敷設した
ものである。

　日本では、上野動物園の東京都交通局上野懸垂線（0.3km）が1957（昭
和32）年に開業した。最初のモノレール営業路線であったが、2023（令和5）
年12月27日に廃止されている（2027年にジェットコースター型の新しい乗り
物として復活する予定）。ちなみに、遊園地内の遊具としては、1951年に東

表0-4　日本のモノレール路線

事業者名	路線名（区間）	営業キロ	方式	開業年	種別
東京モノレール	都協モノレール羽田線（羽田空港第2ビル〜モノレール浜松町）	17.8km	跨座式	1964年	鉄道
多摩都市モノレール	多摩都市モノレール線（多摩センター〜上北台）	16.0km	跨座式	1998年	鉄道
舞浜リゾートライン	ディズニーリゾートライン（リゾートゲートウェイ・ステーション〜ベイサイド・ステーション〜リゾートゲートウェイ・ステーション）	5.0km	跨座式	2001年	鉄道
千葉都市モノレール	1号線（千葉みなと〜県庁前）	3.2km	懸垂式	1988年	軌道
	2号線（千葉〜千城台）	12.0km			
湘南モノレール	江ノ島線（大船〜湘南江の島）	6.6km	懸垂式	1970年	鉄道
大阪モノレール	大阪モノレール線（大阪空港〜門真市）	21.2km	跨座式	1990年	軌道
	国際文化公園都市モノレール線（万博記念公園〜彩都西）愛称：彩都線	6.8km			
北九州高速鉄道	小倉線（小倉〜企救丘）	8.8km	跨座式	1985年	軌道
沖縄都市モノレール	沖縄都市モノレール線（那覇空港〜首里）	12.9km	跨座式	2003年	軌道

註：開業年は、第1期区間の開業年。

京の豊島園に懸垂式モノレールが設置されており、当時「空飛ぶ電車」と謳われた。

モノレールは、比較的堅実な営業実績を上げている事業者が多いが、前述の東京都交通局上野懸垂線以外にも廃止された路線があり、2001（平成13）年には小田急向ヶ丘遊園モノレール線（1.1km）が、2008年には愛知県の名古屋鉄道・モンキーパーク・モノレール線（1.2km）が廃止されている（いずれも遊園地へのアクセス路線）。また、2024年5月には、モノレールとロープウェイの技術を合わせた広島短距離交通瀬野線（スカイレール）が廃止されている。

日本のモノレール路線一覧は**表0-4**のとおりである。

③ ケーブルカー（鋼索鉄道）

ケーブルカー（鋼索鉄道）は山岳などの急斜面の輸送に適した鉄道で、2本の鉄製レール上を車輪が走行する点は「普通鉄道」と同じであるが、車両そのものには動力装置がなく、車両につないだ金属製のロープ（鋼索）を巻き上げ機（電動機）で巻き上げることによって車両を動かす。大きく分けて、交走式と循環式とよばれる形式がある。

「交走式」（つるべ式ともいう）では、金属製ロープ（鋼索）の両端に車両をつなぎ（2台の車両は山のふもと側にぶら下がっているような格好）、つり合いを取りながら鋼索を巻き上げる。中間地点には、鋼索両端の車両がすれ違うための行き違いの設備があるのが一般的である。また、万が一鋼索が切れても、自動的にブレーキがかかるようになっている（**図0-2**）。

「循環式」では環状の鋼索が常時動いており、車両側のレバーを操作することで、車両がこの鋼索をつかんだり放したりして走行する。サンフランシスコのケーブルカーが有名である。日本では、横浜博覧会（1989年）に同方式を採用したケーブルカーが登場したが（期間限定ながら、鉄道事業として免許を取得）、現存するケーブルカーはすべて交走式である。

現存する世界最古のケーブルカーは、1873年に建設されたサンフランシスコのケーブルカーで、馬車に代わる輸送機関として技術者アンドリュー・スミス・ハレディーによって考案された。

日本初のケーブルカーは、1918（大正7）年開業の生駒鋼索鉄道であり、

現在も近畿日本鉄道生駒鋼索線の一部（宝山寺線）として運行されている。

日本のケーブルカーの一覧は**表0-5**のとおりである。

表0-5　日本のケーブルカー路線

事業者名	路線名（区間）	営業キロ	軌間	開業年
青函トンネル記念館	青函トンネル竜飛斜坑線（青函トンネル記念館～体験坑道）	0.8km	940mm	1988年
筑波観光鉄道	筑波山鋼索鉄道線（宮脇～筑波山頂）	1.6km	1067mm	1954年
御岳登山鉄道	（滝本～御岳山）	1.0km	1049mm	1944年
高尾登山電鉄	（清滝～高尾山）	1.0km	1067mm	1927年
大山観光電鉄	大山鋼索線（追分～下社）	0.8km	1067mm	1965年
箱根登山鉄道	鋼索線（強羅～早雲山）	0.3km	983mm	1921年
伊豆箱根鉄道	十国鋼索線（十国登り口～十国峠）	0.3km	1435mm	1956年
立山黒部貫光	鋼索線（黒部湖～黒部平）	0.8km	1067mm	1969年
	鋼索線（立山～美女平）	1.3km	1067mm	1954年
比叡山鉄道	比叡山鉄道線（ケーブル坂本～ケーブル延暦寺）	2.0km	1067mm	1927年
京福電気鉄道	鋼索線（ケーブル八瀬～ケーブル比叡）	1.3km	1067mm	1925年
鞍馬寺	鞍馬山鋼索鉄道（山門～多宝塔）	0.2km	800mm	1957年
丹後海陸交通	天橋立鋼索鉄道（府中～傘松）	0.4km	1067mm	1951年
京阪電気鉄道	鋼索線（八幡市～男山山上）	0.4km	1067mm	1955年
近畿日本鉄道	生駒鋼索線［宝山寺線］（鳥居前～宝山寺）	0.9km	1067mm	1918年
	生駒鋼索線［山上線］（宝山寺～生駒山上）	1.1km	1067mm	1929年
	西信貴鋼索線（信貴山口～高安山）	1.3km	1067mm	1930年
南海電気鉄道	鋼索線（極楽橋～高野山）	0.8km	1067mm	1930年
神戸六甲鉄道	六甲ケーブル線（六甲ケーブル下～六甲山上）	1.7km	1067mm	1932年
こうべ未来都市機構	摩耶ケーブル線（摩耶ケーブル～虹）	0.9km	1067mm	1925年
四国ケーブル	（八栗登山口～八栗山上）	0.7km	1067mm	1964年
帆柱ケーブル	（山麓～山上）	1.1km	1067mm	1957年
岡本製作所	別府ラクテンチケーブル線（雲泉寺～乙原）	0.3km	1067mm	1950年

044

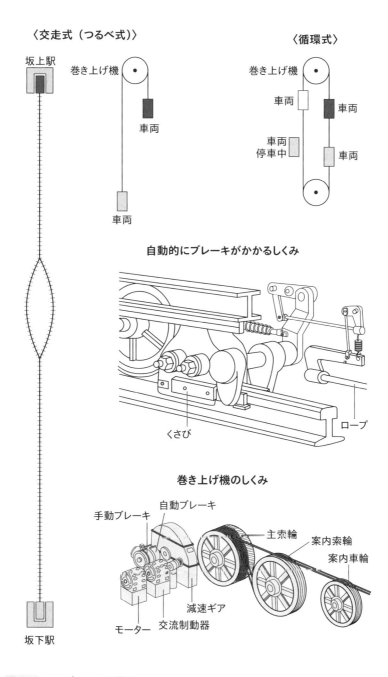

図0-2 ケーブルカーの構造

④ ロープウェイ、リフト（索道）

　スキー場や山岳観光地などで見られるロープウェイやリフトは「索道」に分類される。ロープウェイ、リフトは、主に急な勾配のある斜面や深い峡谷に架設される。空中に張った金属製のロープ（支索）にゴンドラなどの搬器を吊り下げ、搬器を別のロープ（曳索）で引いて動かす**（図0-3）**。

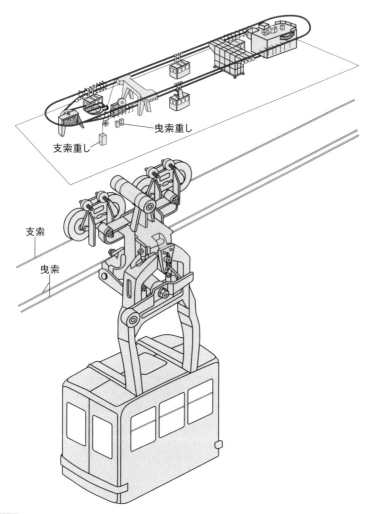

図0-3　ロープウェイの構造（循環式）

代表的な形式として、2台のゴンドラが交互に往復する「交走式」と、一定の間隔でゴンドラが循環する「循環式」がある。このほか、スキー場などで乗客が支索・曳索に吊された搬器を股のあいだに挟んだり、腰に当てたりして、自分の足に装着したスキー板などを滑らせながら運送する「滑走式」などもある。

世界初のロープウェイは、1644年にオランダのダンツィヒに貨物用として架設された循環式ロープウェイである。もっとも当時は現在のような鋼索ではなく、麻縄と小桶からなる簡素なものであった。鋼索を使用し、人力以外を動力源としたロープウェイは、1868年にイギリスのバーデンヒルに架設された蒸気動力によるロープウェイが最初である。

日本では、1870年代に簡易的なロープウェイが架設されているが、最初の本格的なロープウェイは、1890（明治23）年に足尾銅山の細尾峠に登場した貨物用ロープウェイといわれる。

⑤ 新交通システム、ゴムタイヤ式地下鉄（案内軌条式鉄道）

「案内軌条式鉄道」とは、新交通システムによる鉄道とゴムタイヤ式の札幌市営地下鉄のことである。また、これに相当する構造を有する軌道として、新交通システムによる軌道と名古屋ガイドウェイバスがある。ここでは代表格の新交通システムについて説明する。

新交通システムは、簡単にいえば、鉄道技術（電動機、集電装置、車体など）と自動車技術（ゴム車輪の駆動）を組み合わせ、さらにコンピュータ制御を加えたシステムといえる。ゴムタイヤを電動機により駆動させ、コンクリート製の専用軌道上をガイドウェイに誘導されて無人走行するのが一般的なスタイルである（**図0-4**）。

案内軌条式鉄道の方式には、走行路中央に案内軌条（ガイドウェイ）がある「中央案内軌条式」と、側方に案内軌条がある「側方案内軌条式」がある。

新交通システムでは側方案内軌条式が多く、中央案内軌条式を採用したのは、山万ユーカリが丘線（千葉県）と桃花台新交通桃花線だけであるが、後者は残念ながら2006（平成18）年に廃止されている。

最初の案内軌条式鉄道は、アメリカのダラス・フォートワース空港（1974

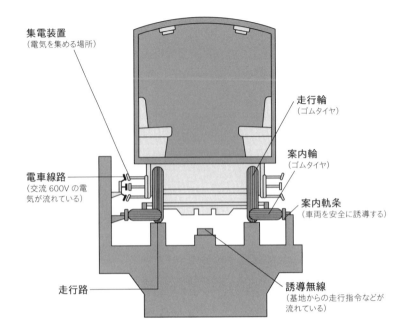

図0-4 新交通システムの構造

年開港）で実用化された。日本では、1975（昭和50）年に沖縄国際海洋博覧会の観客輸送用に仮設されたのが始まりで、1981年開業の神戸新交通ポートアイランド線（ポートライナー）、大阪市交通局（現・大阪メトロ）南港ポートタウン線（ニュートラム）で実用化されている（**表0-6**）。

表0-6 日本の新交通システム路線

事業者名	路線名（区間）	営業キロ	開業年	備考
ゆりかもめ	東京臨海新交通臨海線［ゆりかもめ］（新橋〜豊洲）	14.7km	1995年	日の出〜お台場海浜公園、テレコムセンター〜東京ビッグサイト：鉄道、上記以外：軌道
東京都交通局	日暮里・舎人ライナー	9.7km	2008年	軌道
山万	ユーカリが丘線（ユーカリが丘〜中学校〜公園）	4.1km	1982年	鉄道

埼玉新都市交通	伊奈線［ニューシャトル］（大宮～内宿）	12.7km	1983年	鉄道
西武鉄道	山口線［レオライナー］（西武遊園地～西武球場前）	2.8km	1985年	鉄道
横浜新都市交通	金沢シーサイドライン（新杉田～金沢八景）	10.6km	1989年	軌道
名古屋ガイドウェイバス	ガイドウェイバス志段味線［ゆとりーとライン］（大曽根～小幡緑地）	6.5km	2001年	軌道
大阪市交通局	南港ポートタウン線［ニュートラム］（コスモスクエア～住之江公園）	7.9km	1981年	コスモスクエア～トレードセンター前、中ふ頭～フェリーターミナル間：鉄道、上記以外：軌道
神戸新交通	ポートアイランド線［ポートライナー］（三宮～中公園～市民広場～南公園～中公園、市民広場～神戸空港）	10.8km	1981年	ポートターミナル～中公園、南公園～北埠頭～中公園間：鉄道、上記以外：軌道
	六甲アイランド線［六甲ライナー］（住吉～マリンパーク）	4.5km	1990年	南魚崎～アイランド北口間：鉄道、上記以外：軌道
広島高速交通	広島新交通1号線［アストラムライン］（本通～広域公園前）	18.4km	1994年	本通～県庁前間：鉄道、上記以外：軌道

⑥ トロリーバス

　トロリーバスは、その名のとおりバス車体であるが、鉄道事業法施行規則では「無軌条電車」、軌道法では「軌道に準ずべきもの」と位置づけられており、鉄道の仲間といえる。

　通常のバスは、ディーゼル機関またはガソリン機関によって動くが、トロリーバスは電動機（モーター）を動力源とする。電気の供給はバッテリーからではなく、通常の電気鉄道のように架空電車線（架線、トロリ線）を用い、トロリーポールという集電装置を介して電動機に送るため、トロリーバスとよばれる（図0-5）。したがって、架線のあるところでしか走れない。

　トロリーバスのはじまりは、1882年にドイツで540mの区間を試験運行したことにさかのぼる。日本では、日本無軌条電車が最初で、1928（昭

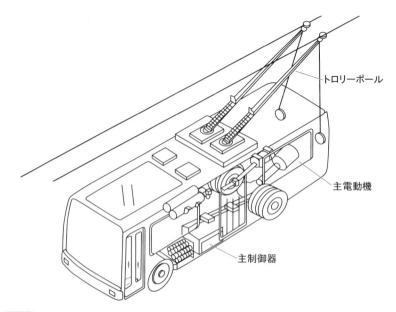

図0-5　トロリーバス（無軌条電車）の構造

和3）年に阪神急行電鉄（現・阪急電鉄）宝塚本線・花屋敷駅（現・雲雀丘花屋敷駅。ただし駅統合により場所を移転）と新花屋敷を結ぶ1.3kmの区間で運行を開始している。その後、一般道路を走るトロリーバスは、京都市、名古屋市、川崎市、東京都、大阪市、横浜市などでも運行された。

　モータリゼーションの進展につれ、一般道路を走るトロリーバスは姿を消していったが、1964年、専用の通路だけを使って走るトロリーバスが関西電力の大町トンネルに導入された。ちなみに、それまで一般道路を走るトロリーバスは「軌道」として扱われていたが、関西電力トロリーバスは道路外に敷設される「鉄道」とみなされた。

　なお、現在国内で運行されているトロリーバスはない。富山県と長野県に跨がる黒部ダムへのアクセスを受けもつ2路線が長らく運行していたが、2024（令和6）年11月30日、立山黒部貫光の立山トンネルトロリーバス（室堂〜大観峰間、3.7km）が全車引退し、電気バスに置き換えられた。また、同じく黒部ダムの南側にある、関西電力が運行していた関電トンネルバス（扇沢〜黒部ダム、6.1km）も2018（平成30）年に運行を終了し、翌年からは電気バスが使われている。

⑦ リニアモーターカー

　リニアモーターカーは、リニアモーター（通常のモーターのように回転運動をせず、直線運動をする）を用いる鉄道の総称である。省令でいう「浮上式鉄道」のほか、「鉄輪式リニアモーターカー」とよばれるものがある（図0-6）。

　JR東海が建設を進めているリニア中央新幹線は、磁気の反発・吸引力で車両を浮上させて推進させるもので、超電導磁気浮上式リニアモーターカーとよばれる（図0-7）。強力な超電導電磁石を使用し、浮上高は約10cmとされる。完成すれば、最高速度500km/h、東京〜大阪間を約1時間で結ぶ超高速鉄道となる。

　国内初のリニアモーターカーの実用路線は、愛・地球博の交通アクセスとして敷設された「リニモ」こと愛知高速交通東部丘陵線である。同線は軌道法準拠の「軌道（浮上式）」で、常電導吸引型（HSST）磁気浮上・リニアインダクションモーター推進方式を採用する。浮上高は1cm程度で、最高速度は100km/h。また、ATO（自動列車運転装置）により無人運転を行う。

　鉄輪式リニアモーターカーは、動力としてリニアモーターを採用するが、車両を浮上させずに鉄輪で走行するものをいう。東京都交通局の大江戸線や大阪メトロの長堀鶴見緑地線・今里筋線などで実用されている。法令上は「普通鉄道」または「軌道」に分類される。

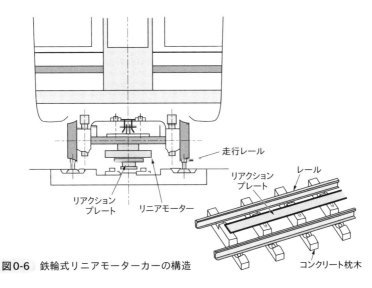

図0-6 鉄輪式リニアモーターカーの構造

〈ガイドウェイの構造〉

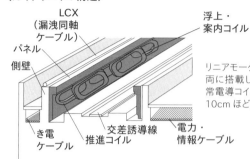

リニアモーターカーは超伝導磁石を車両に搭載し、ガイドウェイに装備した常電導コイルとの磁気相互力によって10cmほど浮上して走行する。

〈浮上のしくみ〉

車両の超伝導磁石が高速で通過すると、自動的に地上の浮上・案内コイルに電流が流れて電磁石となる。このとき、車両を押し上げる力(反発力)と引き上げる力(吸引力)が発生して浮上する。

〈案内(誘導)のしくみ〉

左右の浮上・案内コイルはヌルフラックス・ケーブルで結ばれ、車両が中心からどちらか一方にずれると、車両の遠ざかった側に吸引力、近づいた側に反発力が自動的にはたらき、車両を常に中央に戻す。

〈推進のしくみ〉

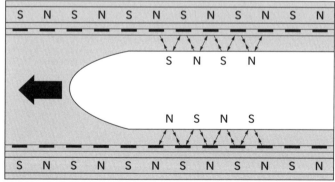

ガイドウェイの推進コイルに電流を流すと、磁界(N極とS極)が発生し、車両の超伝導磁石とのあいだにN極とS極の引き合う力と、N極どうし・S極どうしの反発する力が生じ、車両が前進する。

図0-7 超電導磁気浮上式リニアモーターカーの構造

A図

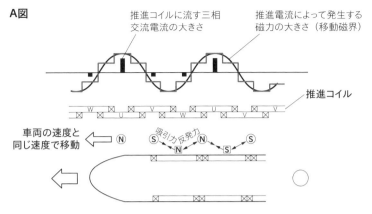

車両は、超伝導磁石と移動磁界とのあいだにはたらくN極どうし、S極どうしの反発力、N・S極の吸引力によって移動磁界と同じ速度で移動する。

B図

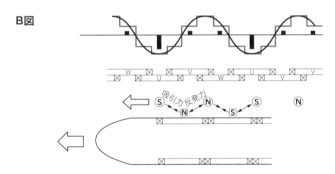

B図は、A図から移動磁界が半周期進んだ状態、つまりN極とS極の位置がちょうど入れ替わった時点を示す。車両速度 500km/h のとき、A図からは約 0.01 秒、1.35m 進んでいる。

第1章 線路のしくみ

第1節　線路の構造
第2節　軌間（ゲージ）
第3節　軌道構造の種類と軌道管理
第4節　分岐器・転てつ機
第5節　曲線と勾配
第6節　線路に関係する施設

近鉄大和西大寺駅

第1節

線路の構造

列車が走行する通路全体を「線路」とよぶ。普通鉄道の線路は、軌道（レール、まくらぎ、道床）と、それを支持する路盤からなる（**図1-1**）。

① 道床

道床は砕石、バラストともいい、軌きょう（軌框。レールとまくらぎ）と路盤のあいだに敷設される。レールを保持し、軌道のゆがみを防止するとともに、列車の走行荷重を分散させ乗り心地を良くするなどの役割がある。岩石を用いるのが一般的であるが、現在はコンクリート製のものもある。

■ バラスト道床の材料

バラスト道床の材質は岩石で、岩盤をダイナマイトで砕いたものである。花崗岩、安山岩、硅石、玄武岩など堅く割れにくい岩石が適している。

② 道床の役割

道床の役割は以下のとおり。
- 列車荷重を路盤に均一に分布させる。
- 軌道に弾性を与え、乗り心地を良くする。
- まくらぎを落ち着かせて、軌道のズレを防ぐ
- 排水を良くしてまくらぎの寿命を長くし、寒冷地では凍上（路盤に含まれる水が凍結・膨張して路盤を持ち上げること）を防ぐ
- 雑草の繁茂を防ぐ
- 列車の振動や音響を減殺する

バラスト道床の場合、上記のような条件を満たすためには、バラストが角張っていることが重要である。この角が互いにかみ合うことで列車荷重

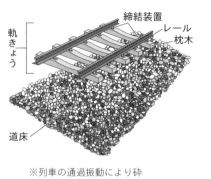

※列車の通過振動により砕石の粒がだんだんこまかくなっていくので、定期的な交換が必要

図1-1 道床の構造

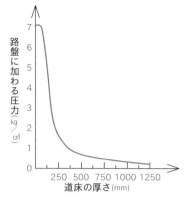

図1-2 道床と路盤圧力の関係

第1節　線路の構造

を分散したり、乗り心地を良くしたりしているからである。ただ、長期間使用していると角が欠損し丸くなり、道床本来の力が発揮できなくなるため、バラストの入れ替えや突き固めなど定期的な保守管理が必要となる。

近年はこの保守の頻度を減らせる「省力化軌道」というものが増えてきている（69頁参照）。

3 道床の厚さ

道床の厚さは、まくらぎ下面から路盤に伝えられる荷重の分布状態、路盤の状態、保守費などによって決められる。おおよそ在来線では150〜250mm、新幹線では300mmとされている。

路盤に加わる圧力は、一般的に道床の厚さによって変化する。道床厚が0〜80mmでは路盤に加わる圧力はあまり変化しないが、80mm以上では厚くなるにつれ急激に減少し、300mm以上になると減少の幅はかなり小さくなる（**図1-2**）。もっとも最近は、省力化軌道の開発にともない、列車荷重の伝達がレール、まくらぎ、道床、路盤というように区別ができなくなってきている。

② まくらぎ

まくらぎには、2本のレールを直接支持して軌間を保つとともに、車両からの荷重を幅広く道床に分布させる役割がある。

初期のまくらぎはすべて木製であった。日本では、耐久性・耐水性の高い栗材がよく用いられ、そのシェアは9割に達したが、大正時代中期になると木材資源の不足が問題化してきた。ちょうどそのころ、コンクリート製構造物の技術が発達し、それまで木材を使用してきた多くの構造物がコンクリート造りに変わっていったこともあり、耐久性の高いコンクリート製まくらぎの研究が開始された。

当初開発されたのは、単なる鉄筋（鋼線）の入ったコンクリート製まくらぎであった。これをRCまくらぎという。しかし、このRCまくらぎには大きな欠点があった。列車荷重を受けた際に微細な亀裂が生じ、そこから雨水が浸水して内部の鉄筋が錆びてしまうのである。コンクリートは圧縮力に対しては強い耐力をもつが、引張力に対しては圧縮力に比べ1/10程度の耐力しかない。そこで、1951（昭和26）年に亀裂の入りにくいPCまくらぎが開発され、試作敷設された。結果は良好で、以降このPCまくらぎが主流となった。

■ まくらぎの要件

PCまくらぎ（プレストレスト・コンクリートまくらぎ：prestressed concrete）のほか、木製の木まくらぎ、鋼鉄製の鉄まくらぎ、合成樹脂製の合成まくらぎなどがある。

まくらぎは、以下のような要件を満たす必要がある。
- レールを強固に締結でき、かつ取り付けが容易なこと
- 列車荷重を支持するのに十分な強度を有すること
- 価格が安くて、耐用年数が長いこと
- 入手しやすく、かつ量産可能なこと

② まくらぎの種類と構造

①PCまくらぎ

PCまくらぎには高張力のPC鋼材が用いられる。コンクリートに圧縮

力を与え、引張力に強いコンクリートとしたものである。内蔵する鋼線を引っ張った状態でコンクリートを型に流し込み、硬化させるなどの方法によって製造される。

　まくらぎ内のコンクリートは、縮もうとする鋼線によって常に圧縮されている状態となり、これにより曲げ荷重に対して亀裂が入りにくくなっている。このように、あらかじめコンクリートに圧縮力（プレストレス）を加えておき（常に収縮応力が働いている状態をつくり）、曲げ力に対する抵抗力を強めているのである。PCまくらぎの重量は、バラスト道床用で1本180kg前後、弾性直結軌道用で250kg前後で、強度だけでなく安定性にも優れている。

　圧縮力と、曲げ力に対する抵抗力の関係は、**図1-3**のようなイメージである。束ねた書籍を両側から力Pで挟むように押し付けると書籍は落ちない。この力P(ストレス)をまくらぎ内に与えるには、次の2つの方法がある。

- **プレテンション方式**（pre-tensioning）……コンクリートを型枠に打ち込む前に、型枠内のPC鋼線に所定の緊張力を与えておき、コンクリートを流し込む。その後コンクリートが硬化し、所定の強度に達してから鋼線の両端を切断し、緊張力を開放することによりPC鋼線とコンクリートの付着力から圧縮力（プレストレス）が内蔵される。
- **ポストテンション方式**（post-tensioning）……PC鋼線の代わりにPC鋼棒を使用する。PC鋼棒とコンクリートとのあいだに付着力が働かないようにしておき、コンクリートが硬化し所要強度に達してからPC鋼棒に引張力を与え、コンクリートに圧縮力（プレストレス）を加える。

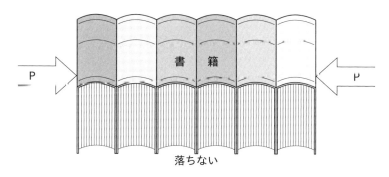

図1-3 PCまくらぎの概念

②木まくらぎ

　かつての日本では、木材は比較的安価に入手できる素材であり、加工も容易であったため広く用いられてきた。しかし木材は日々風雨にさらされるため、素材そのままでは5〜10年程度ですぐに腐朽してしまう。それを防ぐため、割れ止め防止の鋼製リングを打ち込んだり、クレオソート油という防腐剤を加圧注入したりする。これを「防腐まくらぎ」といい、耐用年数を10〜20年程度まで伸ばすことができる。現在使用されている木まくらぎは、ほとんどが防腐まくらぎである。

　しかしPCまくらぎの耐久性には遠く及ばず、近年はメンテナンスの問題や、安定性の向上、ロングレール化のための重軌条化が求められるようになり、その数は減少している。

③ 鉄まくらぎ

　折り曲げた鋼板から作られるまくらぎ。木材資源の不足から20世紀の初めにヨーロッパで普及した。日本では防腐処理技術が進展し、さらにPCまくらぎや合成まくらぎが開発されたため、大井川鉄道のアプト線区間や貨物線の構内などごく一部を除いて使用されていない。1本60kg程度で中空になっているため、重ねて運搬することができる。

④ 合成まくらぎ

　PCまくらぎは重量があり、自由に長さを加工できないという特徴がある。このため分岐部分や橋梁区間、レール継目部分などは加工が容易な木まくらぎが使用されてきた。しかし木まくらぎには腐食などの問題がある。そこで木まくらぎに変わるものとして開発されたのが合成まくらぎである。合成まくらぎはガラス繊維をウレタン樹脂で固めてつくるため、高強度、高寿命、加工性が高いといったメリットがある。重量や弾性、加工の容易性は木まくらぎと同等でありながら機械的強度が強いため、交換が困難な橋梁区間や、さまざまな長さに加工する必要がある分岐部分に多く使用されている。

③ 締結装置

　レールとまくらぎを固定する金具を締結装置という。軌間を保持するとともに、レールに伝わる荷重や振動、加速や減速にともなう前後にずれる力（ふく進〔匐進〕）を受け止め、下部のまくらぎや道床、路盤に伝達、分

散する。また、列車通過後にレールが浮き上がることを防ぐ役割もある。締結方法には次の2つの方法がある。

- **一般締結**……木まくらぎに犬釘や「スパイキ」とよばれるネジなどを使用して締結する。この際、レールがまくらぎに食い込むのを防ぐためにタイプレートという鉄板を挟む場合もある。
- **二重弾性締結**……レール底部上面をばねのみで締め付ける方式を単純弾性締結という。その単純弾性締結のレール底部に銅板やゴム製の弾性をもつパッド（軌道パッド）を敷いたものを二重弾性締結という。パンドロール型締結方式は緩みがなく振動吸収効果も高いため、近年多く見られるようになった。

③ レール

レール（軌条）の基本的な役割は、車両の車輪を支持し案内することである。集電用の第三軌条や脱線防止用のガードレールなど、車両の走行以外の用途もあるが、ここでは走行用レールを念頭に解説を進めていく。

1 断面形状によるレールの種類

走行用レールはその断面形状により、**図1-4**のような種類がある。

「双頭レール」は上下の頭部が同形のため、転頭（上下をひっくり返す）して再利用することができる。「牛頭レール」はその改良版である。現在最も多く用いられているのは「平底レール」である。頭部と底部の形が異なるため転頭再利用はできないが、横圧に対する安定性が優れている。「溝付レール」は路面軌道に用いられている。

図1-4 走行用レールの断面形状

1872（明治5）年、日本で最初の鉄道（新橋〜横浜間）が開通した時には主に双頭レールが用いられていたが、1877年頃からは平底レールの使用が進んだ。現在、JR各社や民鉄各社で採用されているレールは、路面電車を除き、すべて平底レールである。

2 重さ、長さによるレールの種類

①重さによる種類

　走行用レールの大きさは1m当たりの重量（kg）で表され、これを標準重量という。現在使用されるレールは「37kg」「40kgN」「50kgN」「60kg」などの種類がある。kgの後ろのNはNEWの頭文字で、JISにより品質が見直されたために付けられた（過去には「30kg」「50kg」「50kgT」というものもあったが、現在は生産されていない。Tは東海道新幹線開業に向けて開発されたもので東海道の頭文字であるが、山陽新幹線開業時に60kgレールに交換されており、現在は使用されていない）。

　なお、レールの腹部にはロールマークとよばれる刻印があり、レールの種類や製造履歴が示されている（**図1-5**）。

　レールは、重いほど列車走行時の安定性が高く、乗り心地が良い。また軌道狂い（レールの上下左右方向へのゆがみ）などが減り、保守メンテナンスの頻度を減らすことができる。このため、通過する列車が多い線区や重い貨物列車が走る線区などでは、重いレールを使用している。近年は列車の高速化や保守軽減などの観点から重いレールが多用される傾向にある。これを線路の重軌条化という。

図1-5　レールロールマーク

表1-1 レールの長さによる分類

種類	レールの長さ
定尺レール	25 m（50 m）のレールで、標準的なレール
長尺レール	25 m超え200 m未満のレール
ロングレール	200 m以上のレール
短尺レール	定尺レールより短いレール（ただし5 m以上を使用する）

②長さによる種類

　レール1本の長さを「定尺長」という。軌道の弱点といえるレールの継目を少なくするには、定尺長が長いほうが好ましいが、気温差による収縮や運搬などの問題から、日本では25mと50mが標準とされている。この長さのレールを定尺レールという。レールは、長さによって**表1-1**のように分類される。

　複数のレールを溶接して200m以上の長さにしたものをロングレールという。継目のないロングレールは、乗り心地の向上と保守労力の削減に寄与する。ロングレールは、レールセンターあるいは設置個所で何本ものレールを縦方向に溶接して作成する。

3 レールの接続

①レール遊間

　金属製のレールは気温の変化によりレールが伸縮する。このため定尺レール区間では、レールとレールの継目に「遊間」とよばれる隙間を設け、レールの伸縮量を調整している。

　ロングレールの場合はこれとは異なり、伸縮継目という特殊な継目を採用する。継目以外の部分は締結装置によりきつく締結されているが、伸縮継目部分は、レールが倒れないようにレールブレスという部品で抑えており、きつくは締結されていない。このため、ロングレール中間部分ではレールの伸縮に対する抵抗力（道床縦抵抗力。道床がまくらぎを抑える力）が強く、伸縮量の変化が少ない。これを不動区間という。伸縮はレールの両端から100mの区間（可動区間）で起こる。200mのロングレールの場合、不動区間はなく、すべてが可動区間となる。400mのロングレールの場合、中央部200mは不動区間で、両端100mずつ（計200 m）が可動区間となる。な

お、可動区間はレールの長さによらず両端100mずつであるため、同じ条件下ではレールの伸縮量は一定となる。40℃の温度変化で、両端部の伸縮は最大9cm（片側約4cm）ほどに留まる。

縦方向への伸縮が抑制されたレールでは、横方向に力を逃そうとする「座屈」という現象が起こる。道床はこれを抑える働きも担っている。

レール継目

②レール継目

レールの継目は車両の衝撃や振動を受けるため、レール破損の元となることがある。このため継目は少ないほうがよいが、信号回路の絶縁やレール交換の作業性などの点から継目をまったくなくすことはできない。

レールの接続は、継目板や継目板ボルト、ワッシャなどで行う。継目板には普通継目板のほか、重さの違うレール同士をつなぐ異形継目板、信号回路の切れ目で使用する絶縁継目板などがある。

レールの継目は電気が流れにくいため、電気を効率よく流したい場所にはレールボンドとよばれる銅線でつなぐ。逆に信号回路の区分点では、インピーダンスボンドとよばれる装置を設置する。これは信号電流を止めて、軌道電流だけを流すことができる装置である。この場合には絶縁継目板を使用し、レールから電気が流れてしまうのを防ぐ。

③ガードレール

ガードレールは、脱線事故や脱線時の重大事故を防ぐために設置するもので、本線レールの内側や外側に並行して敷設される。急曲線や橋梁上、踏切などに設置され、L字アングルやレールなどが用いられる。東海道新幹線では地震発生時の脱線に備え、全線での設置をめざして工事が進んでいる。

第2節

軌間（ゲージ）

軌間は2本のレール間の長さであるが、もう少し厳密にいうと「レール頭端間の最短距離」である。鉄道に関する技術上の基準を定める省令では、軌間は車両の構造や設計最高速度などを考慮し、車両の安全かつ安定した走行を確保することができるものでなければならないとされている（第2条）。わが国では1435mm、1372mm、1067mm、762mmが採用されている。

① 標準軌

軌間が1435mm（4フィート8.5インチ）のものを「標準軌（standard gauge）」という。1825年にイギリスで開業した世界初の鉄道で採用された軌間である。イギリスの鉄道草創期にはさまざまな軌間が現れたが、軌間の異なる線路間では車両の乗り入れができず、円滑な輸送の妨げとなった。このため、イギリス議会は1846年に1435mm軌間を標準軌間と定め、ほかの軌間は原則認めないこととした。さらに1887年の国際鉄道会議でも、これを世界の標準軌間とすることが決議された。

標準軌は世界の線路の約7割で採用されているといわれ、西欧諸国やアメリカをはじめ、中国、韓国、北朝鮮などアジアの国々でも広く採用されている。日本でも、一部の私鉄や新幹線で採用されている。

② 広軌

軌間が1435mmより広いものを総称して「広軌（broad gauge）」という。わが国では製鉄所内の私有鉄道での採用例があるが、普通鉄道での採用例はない。海外では、ロシア、モンゴル、フィンランドなどで1524mm、オーストラリア、ブラジルでは1600mm、スペイン、ポルトガルでは

065

1668mm、インド、パキスタン、アルゼンチンなどで1676mmが使用されている（オーストラリア、インドなどでは、複数の軌間が混在）。

③ 狭軌

　軌間が1435mm未満のものを総称して「狭軌（broad gauge）」という。イギリスが旧植民地で採用した1067mmが多く、台湾、南アフリカ、ニュージーランドは1067mm、タイ、マレーシア、ミャンマー、インドの一部では1000mmのものもある。日本では、JRの在来線をはじめ、多くの私鉄が1067mmを採用している。

　一般的に、軌間が広いほど走行の安定性が増す。大きな車両を走らせることも可能となり、輸送量も増大する（新幹線が好例）。しかし、軌間を広くする場合、それに見合った広い用地も必要となり、建設費も高くなる。また、軌間が広いほど、曲線半径を大きくしなければならない。日本初の鉄道で1067mmが採用されたのはイギリス人技術者の助言によるもので、工事費の削減や、地形上の理由から曲線が多くなることを見越してのことであった。

　日本で採用されている軌間については、**表1-2**を参照のこと。

表1-2　線路の軌間

軌間	会社名
762mm	四日市あすなろう鉄道内部・八王子線、三岐鉄道北勢線、黒部峡谷鉄道（以上4例のみ）
1067mm	JR在来線（一部を除く）、東武鉄道、西武鉄道、京王電鉄（井の頭線のみ）、小田急電鉄、東急電鉄、相模鉄道、名古屋鉄道、南海電気鉄道、近畿日本鉄道（南大阪線など一部の路線）、神戸電鉄、西日本鉄道（貝塚線のみ）ほか
1372mm	京王電鉄、都営地下鉄新宿線、都電荒川線、東急電鉄世田谷線、函館市企業局交通部
1435mm	JR新幹線、JR在来線（田沢湖線など新在直通特急運転区間）、京浜急行電鉄、京成電鉄、近畿日本鉄道、阪急電鉄、阪神電気鉄道、山陽電気鉄道、京阪電気鉄道、西日本鉄道ほか

第3節

軌道構造の種類と軌道管理

　線路（軌道）構造の説明では、道床にバラストを用いることを前提とした。バラスト道床を用いた軌道（バラスト軌道）が最も一般的に用いられているからであるが、バラスト軌道以外にもいくつかの軌道構造がある（**図1-6**）。

① 軌道構造の種類

1 バラスト軌道

　バラスト軌道は、路盤の上にバラスト（砕石）を敷き、軌きょう（軌框。レールとまくらぎ）を固定するものである。設置が容易で、バラストの特性により騒音・振動が軽減されるなどの点で優れているが、経年劣化や列車風圧による飛散で砕石の形状が変わるため、「軌道変位」が生じやすい。このため、日常的な保守が大変重要である。

2 スラブ軌道

　スラブ軌道は、保守作業の軽減をめざして旧国鉄時代から研究開発されてきた。まくらぎと道床をコンクリートで一体化したようなもので、新幹線などで用いられている。工場で作られるプレキャスト・コンクリートスラブを高架橋などの堅固な路盤に据え付け、スラブと路盤とのあいだに緩衝材となるCAモルタルを注入し固定させたものである。耐久性に優れ、保守作業を省力化できるという長所がある。しかし、ひとたび災害などで軌道構造にゆがみが生じた場合、復旧に相当な時間がかかる。また、バラスト軌道に比べて騒音が大きく、乗り心地が硬くなる。

3 弾性まくらぎ直結軌道

　PCまくらぎの底面および側面にゴム製の防振材（弾性材料）を取り付け、

バラスト軌道

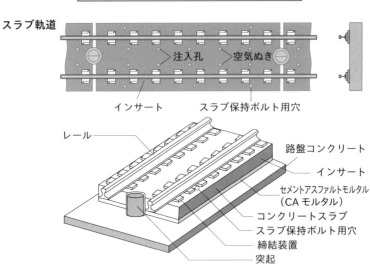

スラブ軌道

ラダー軌道

バラスト・ラダー軌道

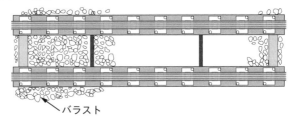

図1-6　軌道の種類

路盤コンクリートに固定した軌道である。各種弾性材の配置により振動・騒音の低減に効果があり、スラブ軌道に比べて音が静かである。この軌道上に消音バラストを撒いたものもある。

④ TC型省力化軌道

　近年のJR各線でよく見られる。JR東日本テクニカルセンターが開発したもので、まくらぎを通常のバラスト軌道より大型化して列車荷重の分散を図ったものである。また、まくらぎ下のバラストをセメント系充填剤で固定化することで、道床つき固めなどの保線のメンテナンス作業を軽減し、コスト削減に寄与している。この軌道はバラスト軌道に勝るとも劣らない性能を有し、スラブ軌道よりも乗り心地が良い。列車の運行を止めることなく夜間作業で省力化軌道に更新できる点も長所で、近年、使用線区が拡大している。

⑤ ラダー軌道

　ラダーは、英語で「はしご（Ladder）」を意味する。従来の軌道構造では、まくらぎをレールに対して横方向に敷設するが、「ラダー軌道」ではまくらぎをレールと同じ方向に敷設する。この縦まくらぎを「ラダーまくらぎ」という。

　ラダーまくらぎは、PC（プレストレスト・コンクリート）製の縦梁と間隔保持用の鋼管製継材が組み合わされたはしご状の縦型まくらぎである。PC製の縦梁が第二のレールとして作用することから、鉄製レールとコンクリート製レールが複合したようなものといえる。軌道剛性が大きく、荷重の分散性も良いため、メンテナンスをほとんど必要としない。開発は、鉄道技術研究所が解析・設計、試験計画を行い、日本鋼管コンクリートが試作・試験を担当した。

①バラスト・ラダー軌道

　ラダーまくらぎをバラスト道床に用いたものを「バラスト・ラダー軌道」という。まくらぎを横に敷設する従来のバラスト軌道では、まくらぎ下の一部のバラストだけに大きな圧力がかかり、まくらぎ底面とバラストのあいだに隙間が生じるなど支持状態が不均一となり、軌道ずれが生じやすいというデメリットがあった。

これに対しバラスト・ラダー軌道では、レールが線路方向に均一に支持されるため、相対的な沈下による軌道ズレが発生しにくく、列車荷重の分散性も優れている。また、従来のバラスト軌道よりも支持面積が大きく、騒音吸収面でも優れ、さらに保守周期の大幅な延伸も見込める。バラスト・ラダー軌道は現在、JR東日本、小田急電鉄、横浜高速鉄道、南海電気鉄道などで採用されている。

②フローティング・ラダー軌道

ラダーまくらぎを低ばね係数の防振装置や防振材で間接的に支持し、コンクリート路盤から浮かせた構造を有する軽量防振軌道である。

この軌道構造は、構造物からの騒音を抑える効果があるだけでなく、軌道敷設に要する時間も大幅に短縮されるため、工事費用の低コスト化も期待されている。現在、JR北海道、JR東日本、京浜急行電鉄、小田急電鉄などで採用されている。

② 軌道管理

1 軌道変位

バラスト軌道では、列車走行時の振動や衝撃などによりバラストが削られ、軌道にくるいが生じる。これを「軌道変位」という。軌道変位が大きくなると、列車の動揺が増大するなど乗り心地が悪化するだけでなく、最悪の場合、脱線事故につながる。このため、定期的な軌道の管理とメンテナンスが必要である。

軌道変位の管理では、軌間、水準、高低、通り、平面性の5つを計測する。それぞれ規定値を超えないよう日々計測を行い、基準値を超えた場合には整備・補修を行う。

こうした軌道の管理は、従来はもっぱらマンパワーに頼っていたが、近年は省力化が進み、軌道変位の計測も、営業列車の床下に搭載した計測機器により行えるようになってきている。今後はAIによる診断やビッグデータを利用した修繕箇所の絞り込みなども進められるであろう。しかし、メンテナンスの現場ではまだまだ作業員による手作業が重要である。

2 保線作業

　保線作業とは、線路設備を点検・整備・補修して安全な状態を保つ作業である。主要な作業内容は以下のとおり。

- 列車の通過により変形した軌道をもとの状態に戻す軌道整正
- 傷んだ材料を補修する材料補修
- レールやまくら木など損傷した材料を交換する材料交換
- 除雪や除草、線路諸標の整備

　これらの作業は、緊急性のあるものを除き、計画的に実施される。また、実際の作業は協力会社とともに連携しながら行われる。

第4節 分岐器・転てつ機

① 分岐器の構造

　軌道を二方向以上の進路に分ける設備を「分岐器」といい、ポイント部、リード部、クロッシング部から構成されている（図1-7）。

　「ポイント部」は、分岐器の進路を変えるために動く、トングレールを備えた要の部分をさす。トングレールを動かす装置を「転てつ機（転てつ装置）」といい、大別すると手動のものと自動のものがある。

　「リード部」は、リードレールにより左右それぞれの進路へ車輪を誘導する役目を担っている。

　「クロッシング部」は、別れた2つの軌道のそれぞれ片方のレールが平面上で交差する箇所をいう。交差している箇所ではレールが欠けている部分が存在するため、車輪が向かおうとする進路以外の進路に進入しないよう、交差レールではないほうのレール側にガードレールが設けられている。

　分岐器は、大別すると「普通分岐器」と「特殊分岐器」の2種類がある。

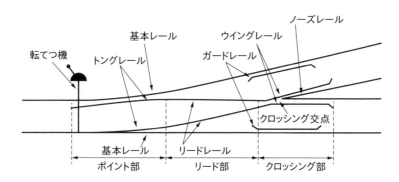

図1-7　分岐器各部の構造

② 普通分岐器の種類

普通分岐器は、1つの軌道を2つの軌道に分ける単純な分岐器で、以下のような種類がある（図1-8）。

①片開き分岐器

直線の軌道から左側あるいは右側へ曲線を描いて分かれる分岐器である。分岐角度に応じて番号が振られており、1m開くために何m必要かで表され、8番分岐器、10番分岐器、12番分岐器などとよぶ。番号が大きいほど角度が狭くなるため、曲線側への通過速度が速くなる。国内で最速の片開き分岐器は38番分岐器で、北陸新幹線と上越新幹線の分岐部、成田スカイアクセス線で使用されている。全長約135mにも及ぶ特殊な分岐器で、分岐側を160km/hで通過することができる。

②振り分け分岐器

直線の軌道から左右両側に不等角（左右の角度が異なる）に分かれる分岐器である。分岐角を振り分ける比率には9：1、4：1、3：1、7：3、2：1、3：2などがあり、これを振り分け率という。

③両開き分岐器

振り分け率が1：1の左右両側に等角に分かれる分岐器。

④内方分岐器、外方分岐器

曲線区間に設けられる曲線分岐器で、曲線から円の中心方向に分かれるものを内方分岐器、円の中心の反対側に分かれるものを外方分岐器という。

③ 特殊分岐器の種類

特殊分岐器には「シングルスリップスイッチ」「ダブルスリップスイッチ」「わたり線」「シーサスクロッシング」などがある。また、分岐はしないために正確には分岐器ではないが「ダイヤモンドクロッシング」という特殊分岐器に類するものもある（図1-8）。

①シングルスリップスイッチ

X状のダイヤモンドクロッシング内で左右どちらか一方に渡り線をつけ、交差するほかの軌道に行けるようにしたもの。

〈普通分岐器〉　　　　　　〈特殊分岐器〉

①片開き分岐器　　　　　①シングルスリップスイッチ

②振分け分岐器　　　　　②ダブルスリップスイッチ

 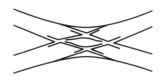

③両開き分岐器　　　　　③わたり線

 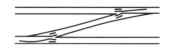

④内方分岐器　　　　　　④シーサスクロッシング

 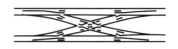

⑤外方分岐器　　　　　　⑤ダイヤモンドクロッシング

 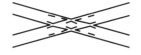

図1-8　分岐器の種類

②ダブルスリップスイッチ

X状のダイヤモンドクロッシング内で左右両側に渡り線をつけ、交差する軌道に行けるようにしたもの。構造が複雑なため、精密なメンテナンスが欠かせない。

③渡り線

並走・隣接している2つの軌道（たとえば上り線と下り線）を連絡する二組の分岐器とそれらを結ぶ一般軌道で構成される。

JR東日本羽前千歳駅の南方にあるダイヤモンドクロッシング

④シーサスクロッシング

二組の渡り線を交差させて配線したもの。四組の分岐器と一組のダイヤモンドクロッシングから構成される。構造は複雑になるが、少ない土地で複線双方向に進出できるため、複線の終端駅などで多用される。シーサスは「はさみ（scissors: シザーズ）」の意。

⑤ダイヤモンドクロッシング

2つの軌道が同一平面上で交差するもので、クロッシング部が固定式のものと可動式のものがある。

④ 転てつ機（転てつ装置）の構造

分岐器のポイント部分を動かすものが「転てつ機」（転てつ装置）である。転てつ機は「転換装置」と「鎖錠装置」から構成されている。

①転換装置

分岐器ポイント部のトングレールを移動して、基本レールに密着させるための装置。

②鎖錠装置

トングレールが基本レールに密着した状態で保持し、列車の振動・衝撃などの外力により転換できないようにするための装置。なお「鎖錠」とは、基本レールと密着状態のトングレールをその位置で保持することをいう（222頁参照）。トングレールが密着していない状態で列車が対向で通過

すると脱線、背向(はいこう)で通過すると割り出しの危険があり、注意が必要である。

⑤ 転てつ機（転てつ装置）の種類

転てつ機（転てつ装置）には手動と自動がある。ここでは後者の3種類を説明する。

①電気転てつ機

モーターで駆動し転換鎖錠を行うもので、列車本数の多い本線分岐器に使用される。転換時間が短く、連動装置による遠隔操作がたやすい点が長所。

②電空転てつ機

転換動作を圧縮空気の力で行う。転換速度が速く、浸水や降雪の被害に強い点は長所であるが、圧縮空気を発生させる装置が必要になるなど、装置が大掛かりになる点は短所といえる。

③発条転てつ器

分岐器の進路方向は「対向」「背向」とよぶ**（図1-9）**。発条転てつ器は、対向で走ってくる列車に対しては、ばね（発条）の圧力でトングレールの密着を保持した方向にのみ進むことができる。逆に背向で走ってくる列車に対しては、車輪のフランジ（つば状の出っ張り）でトングレールを押し動かし（割り出し）、通過後はばねの力で自動的に戻る。

「スプリングポイント」ともよばれ、単線区間の交換駅で列車の進路が固定されている場合などに使われる（たとえば上り列車は1番線、下り列車は

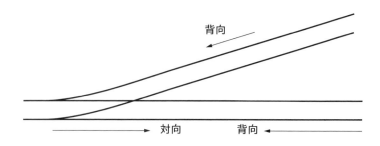

図1-9　分岐器の進路方向のよび方

2番線発着に固定されている)。路面
電車でもよく見られる。発条転
てつ器を使用する分岐器には「転
てつ器標識」が設置されているた
め、すぐに見分けることができる
(図1-10)。分岐器の開通している
方向を表示する標識には「S」の
文字が示されている。

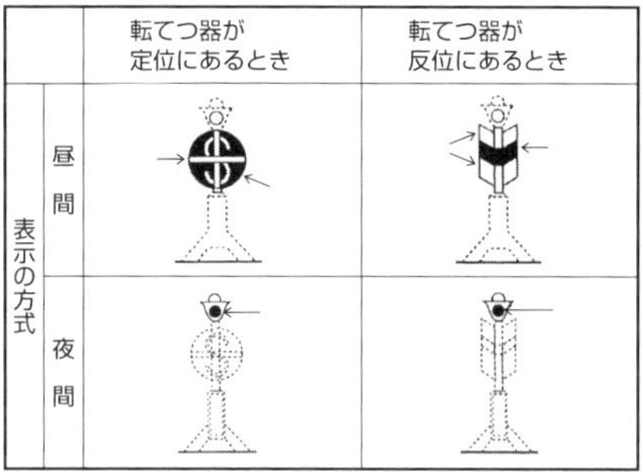

図1-10 転てつ器標識

　このほかにも、構造による分類
として以下のものがある

● **弾性ポイント**……トングレールとリードレールの継目をなくし、全体を
たわませて転換する転てつ器。振動や騒音を低減することができ、直線
側の通過速度を高めることができる。

● **ノーズ可動型分岐器**……分岐器のノーズ部分が稼働し、軌間欠線部をな
くすことができるため、騒音・振動を低減することができる。新幹線や
高速走行をする路線で使用される。

● **乗越分岐器**……安全側線と本線との分岐部分に使われる。軌間欠線部が
なく、本線に向けて走行する場合の振動・騒音を低減している。安全側
線側が定位である。万が一、過走などにより安全側線側へ列車が進行す
るときは、本線レールを乗り越えるかたちで走行することになる。

● **横取り装置**……保守用車が基地線に出入りする際に使用する簡易的な分
岐器。軌間欠線部がなく、本線を走行する列車の振動・騒音を抑えられる。
保守用車を出入りさせる場合には、本線レールを乗り越えるかたちの横
取り装置を本線レールにかぶせることで保守用車を出入りさせる。使用
するときは線路閉鎖の手続きが必要で、使用後は万が一にも装置のはず
し忘れがないようにしなければならない。

第**5**節

曲線と勾配

　線路の曲線部には、列車をスムーズに走行させるための工夫や乗り心地を良くするための工夫が施されている。どのような工夫がなされているのか、順を追って説明していく。

① 曲線の種類

　いわゆるカーブのことを平面曲線という。平面曲線は、円曲線とその前後に挿入される緩和曲線から構成される。また、曲線の組み合わせにより、単曲線や複心曲線、反向曲線、分岐器に近接する分岐附帯曲線などがある。

- ●**単曲線**……円の中心が1点で構成される一般的な曲線。
- ●**複心曲線**……半径が異なる2つの円の中心が線路の同じ側にある曲線。
- ●**反向曲線**……半径が異なる2つの円の中心が線路の両側にある曲線。いわゆるS字カーブのこと。
- ●**全緩和曲線**……円曲線がなく、カーブ全体が緩和曲線で構成される曲線。
- ●**分岐附帯曲線**……分岐器内および分岐器の前後に付帯する曲線。
- ●**緩和曲線**……直線部から円曲線部に移行する際のショックをやわらげ乗り心地を良くするために挿入される曲線

② カント

　列車が曲線を通過すると、曲線の外側に向かう遠心力がはたらく。ゆるい曲線より急曲線のほうが強い遠心力がはたらく。また、軽い列車よりは重い列車のほうが、遅い列車よりは早い列車のほうが、遠心力が大きくなる。

　遠心力が大きいと乗り心地が悪くなり、最悪の場合、脱線転覆の原因と

なる。このため、曲線では外側のレールを高くすることで遠心力を打ち消すようにしている。

この内側と外側のレールの高低差を「カント」という。直線から曲線に入る際、緩和曲線により急激な重心移動を防いでいるのと同じように、カントにも逓減（線路の傾きが徐々に小さくなること）があり、高低差が徐々に増減するようにしている。

1 カントのつけ方

在来線では、内側のレールを基準として外側のレールを高くする。新幹線では内側レールを1/2低くし、外側レールを1/2高くする方法がとられる。このようなつけ方を「プロペラカント」という。

2 最大カント量

カントは、ただつければよいというものではない。すべての列車が必ず同じ速度で通過するならばそれでもよいかもしれないが、鉄道は信号現示や天候により速度を落として走行することも、曲線区間で停車することもある。必要以上にカントをつけた場合、そのまま内側に転覆してしまうおそれがある。このため、「適正カント量」や「最大カント量」が定められている。最大カント量は軌間の広さによって異なるが、軌間1067mmの場合は105mmである。

3 適正カント量（均衡カント）

物体の重さは常に地球の中心方向にはたらくため、重力wは軌道中心より内側になる（図1-11）。遠心力fとなる力が曲線の外方にはたらき、重力wと遠心力fの合力pが軌道中心方向を指す。合力pの方向が軌道中心線とぴったり合ったときが、その時点での列車速度に対して適正カントがついている状態で、これを「均衡カント」という。通過列車や特急列車、貨物列車などがあり、列車速度に幅がある路線では自乗平均速度を求めてそれに見合うカントを設定している。

4 カント算出公式

カント量は図1-12の公式により算出する。まず遠心力の大きさをAの

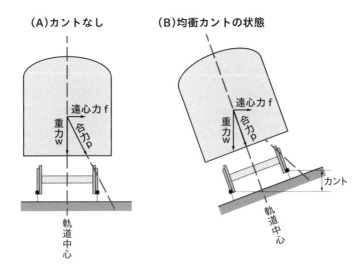

図1-11 均衡カントの概念

式で算出し、その結果をカント量の式に代入すると、Bのようなカント算出公式を導きだすことができる。

③ スラック

　車両の台車(142頁参照)には車軸が2つ備わっている。これを「2軸ボギー台車」といい、最も一般的に使われている。このほかにも「3軸ボギー台車」や「2軸車」もある。

　車軸間の距離を「固定軸距」という。2つの車軸は台車に固定されているため、曲線では車軸両端の車輪がレールに対し角度をもって接しながら走行することになる（これをアタック角という）。

　このため、曲線での車軸通過をスムーズにするには、車輪とレールのあいだに生じる角度に応じて、軌間を拡大する必要が生じる。この軌間の拡大量を「スラック」という（図1-13）。

　近年は固定軸距の長い2軸貨車（ボギー台車を使用せず車体に2つの車軸が直接ついている貨車。車体を長くすることができない）が減少し、2軸ボギー台車を二組備えたボギー車が主流となったため、スラックの必要性は少なく

(A)遠心力の算出公式

$$F = m \times \frac{v^2}{R} \cdots\cdots (1)$$

F………遠心力
m………物体の質量
v………速　さ
R………曲線半径

すなわち遠心力は質量 m に正比例し、速さ v の自乗に正比例し、半径 R に反比例する。質量 m は実際に計ることは困難なので重力の加速度 g を分子、分母に乗して質量に直すと、

$$F = \frac{m \times g \times v^2}{gR} = \frac{W \times v^2}{gR}$$

また $v(m/sec^2)$ を時速 $V(km/h)$ に修正すると、

$$F = \frac{W\left(v \times \frac{1000}{60 \times 60}\right)^2}{9.8R} = \frac{W \times V^2}{127R} \cdots\cdots (2)$$

g………重力の加速度($9.8m/sec^2$)
v………速　さ(m/sec^2)
W………重　量(kg)
V………速　さ(km/h)
R………半　径(m)
F………遠心力(kg)

(B)カントの算出公式

右図で

$$\tan \theta = \frac{F}{W} = \frac{C}{G}$$

$$\therefore C = \frac{F \times G}{W}$$

Fの代わりに(2)を代入すると、

$$C = \frac{\frac{WV^2}{127R} \times G}{W} = \frac{W \times V^2 \times G}{127RW}$$

$$= \frac{GV^2}{127R} \cdots\cdots (3)$$

G=1067 だから

$$C = \frac{1067V^2}{127R} = 8.4 \times \frac{V^2}{R}$$

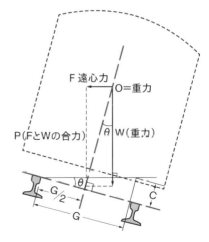

図1-12　カントの算出公式

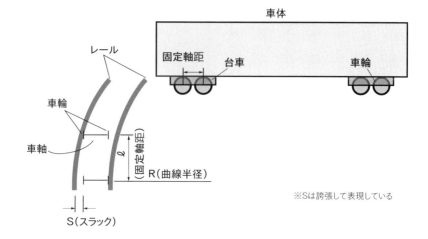

図1-13 スラックの概念

なっている（ただし、急曲線では必要）。

スラックは、曲線の外側レールを基準として、内側レールを曲線の内方へ広げていく。スラックの量は曲線半径の大きさによって決まるが、広げすぎると脱輪の可能性が生じるため、注意が必要である。スラックの最大量は、軌間が1067mmの場合は25mmとなっている。また緩和曲線やカントと同じように前後では逓減も必要になっている。

④ 勾配

鉄のレールの上を鉄の車輪で走る普通鉄道は、一般的に粘着力（摩擦力）が弱く、接点も小さいため「勾配」（傾斜、または傾斜の程度のこと）に弱い。このため、線路はできるだけ水平に敷くのがよいが、山間部の占める割合が多いわが国では、それは困難である。そのため、どうしても勾配区間が生じる。

1 勾配の表示

線路の勾配は千分率（‰：パーミル）で表わされる。たとえば上り区間で25‰とあれば、1000m進んだときに25m高くなることを示す。勾配が変わ

る箇所の始終点には線路諸標のひとつである「勾配標」が設置されている（図1-14）。

2 最急勾配

鉄の車輪と鉄のレールで走る粘着式鉄道の場合、80〜90‰程度が限界とされている。わが国における最急勾配区間は小田急箱根鉄道線の80‰である。ただし、アプト式鉄道の大井川鐵道井川線はさらにきつく90‰である（アプト式：車両側の歯車を軌間側の歯型レールに噛み合わせて車両を進ませる方式）。

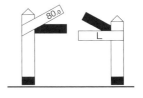

図1-14　勾配標（縦曲線）

鉄道に関する技術上の基準を定める省令では、「こう配は、車両の動力発生装置、ブレーキ装置の性能、運転速度等を考慮し、車両が起動し、所定の速度で連続して運転することができ、かつ、所定の距離で停止できるものでなければならない」（第18条）と定めており、機関車列車が走行しない線区では35‰まで、リニアインダクションモーターによる線区では60‰までとされている（同省令の解釈基準による）。

新幹線では当初15‰までとされていたが、車両性能の向上が考慮され、現在では条件付きで35‰までとされている。なお駅や列車が止まる場所では5‰以下とされており、条件付きで10〜25‰以下と規定されている。

近鉄奈良線の生駒越え区間は35‰の急勾配が連続する

第6節
線路に関係する施設

　列車を安定して走行させるためには、硬く平らな地面と路盤を作らねばならない。ここでは、この路盤を支えるさまざまな「鉄道土木構造物」を取り上げる。構造物の種類としては、地形や地質、状況により土構造、橋梁、トンネルなどがある。

① 土構造

　土構造には「切取」「盛土」「素地」がある。
- **切取**……原地盤面を削り取り、法面、路盤などを作ること。
- **盛土**……原地盤面の上に土を盛って路盤を設けること。
- **素地**……原地盤面をそのまま用いること。

　土構造は土や岩石など天然材料をそのまま用いるため、法面の崩壊や盛土の沈下など、災害被害を受けやすい欠点がある。一方で、災害復旧が容易で、工事費などが安く済むという利点もある。

　土構造区間の法面は標準勾配が定められており、整備に広い土地が必要となる。そのため、都心区間では法面を擁壁化（石積みなど壁上の構造物にすること）して急角度にしている区間もある。

② トンネル

　トンネルは「上方に地山を残して下を掘り、そこにできた空間をある用途に供するもの」と定義できる。なおトンネルは、かつて「隧道」とよばれていたが、国鉄時代の1970（昭和45）年から「トンネル」が正式用語として用いられるようになった。

1 トンネルの分類

トンネルは施工箇所によって、山岳トンネル、都市トンネル、海底トンネルなどに分類できる。また施工方式によって、山岳トンネル、開削トンネル、シールドトンネル、沈埋トンネルに分類できる。

日本初の鉄道トンネルは、1874（明治7）年5月に開業した大阪～神戸間の鉄道にあった芦屋川隧道、住吉川隧道、石屋川隧道である。これらはすべて天井川の下を掘りぬいた水底（川底）トンネルであった（このうち最初に完成したのは石屋川隧道とされる）。

①山岳トンネル

山の下を通る山岳トンネルの工法は、初期には、まず爆薬による発破や掘削機械により掘り進め、次に鉄製アーチや吹きつけコンクリートで地山を支え、最後にコンクリートによって固めるという方法がとられた。

1980年代後半からはNATM（ナトム）工法が主流となった。これは、トンネルを掘り進めながらコンクリートを直接吹きつけたり、ロックボルトという鉄の棒を地山に差しこんだりして、地山の持っている強度を利用して掘り進める工法である。NATM工法では地質に応じて、吹きつけるコンクリートの厚さやロックボルトの本数など強度を調整できるため、日本の複雑な地質に適した工事の方法として急速に広がり、現在の山岳工法の主流となっている。

②開削トンネル

開削工法は、まず地面を掘り返してから周囲に土留め壁を設置し、次に鉄筋コンクリート造のトンネルをつくり、最後に土で埋め戻すという方法である。地下鉄の駅部を建設する際によく使用される。駅間やもっと深い所を掘る場合にはシールド工法が用いられる。

③シールドトンネル

シールド工法は、シールドマシンとよばれる掘削機械により掘り進める方法で、地下鉄の駅間の多くがこの工法で建設されている。海底トンネルなど軟らかい地山を掘るときにも使用される。

④沈埋トンネル

海や運河などの水底にトンネルをつくる際に用いられる方法のひとつ。最初に陸上でブロックごとに分割した鉄やコンクリート製のトンネルを作り、海や運河の底に沈めてつなぎ合わせる工法である。

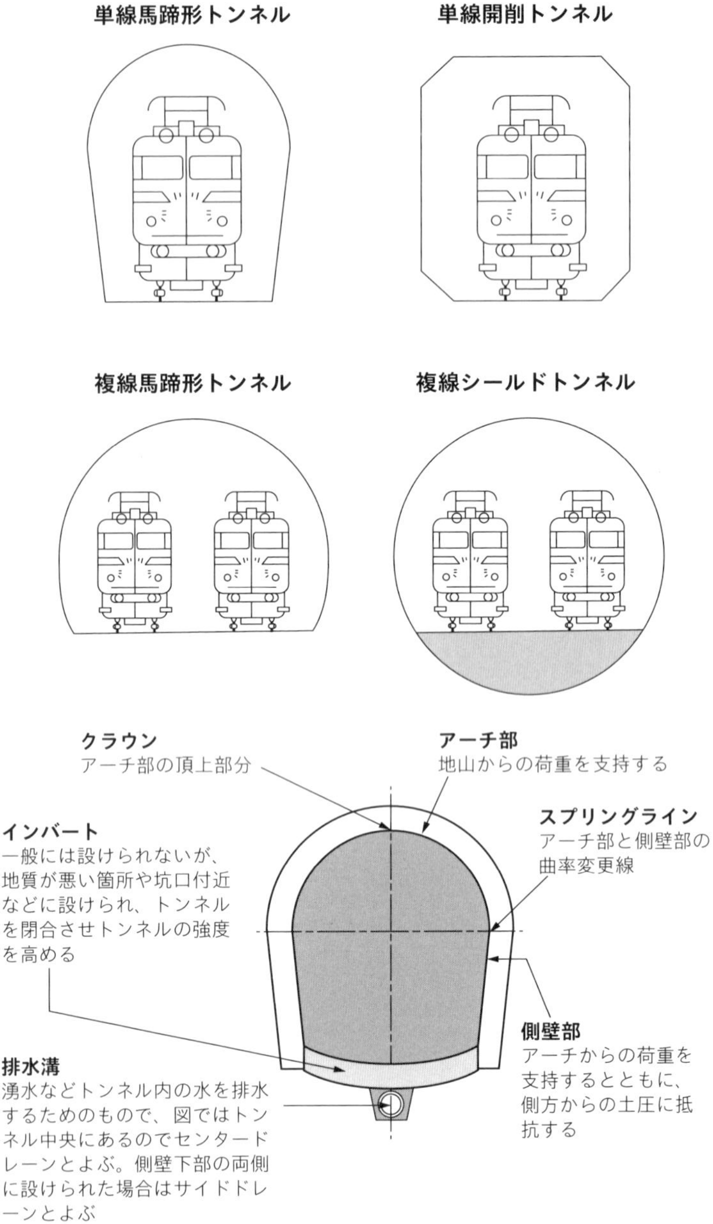

単線馬蹄形トンネル

単線開削トンネル

複線馬蹄形トンネル

複線シールドトンネル

クラウン
アーチ部の頂上部分

アーチ部
地山からの荷重を支持する

インバート
一般には設けられないが、地質が悪い箇所や坑口付近などに設けられ、トンネルを閉合させトンネルの強度を高める

スプリングライン
アーチ部と側壁部の曲率変更線

側壁部
アーチからの荷重を支持するとともに、側方からの土圧に抵抗する

排水溝
湧水などトンネル内の水を排水するためのもので、図ではトンネル中央にあるのでセンタードレーンとよぶ。側壁下部の両側に設けられた場合はサイドドレーンとよぶ

図1-15 トンネル断面と各部の名称

2 トンネル断面と各部の名称

トンネルの断面形状は、トンネルの用途や環境条件、工法によって変わる。単線か複線か、地質、湧き水の有無などに応じて工法が選定され、それによって断面形状が決まる。

トンネル各部の名称は**図1-15**のとおり。トンネルは、列車の通過や保守作業に余裕のある断面で、土圧などの外力にも十分耐えられる構造にしなければならない。さらには、地下水の流れが無数にある地山や、場合によっては海水が染み漏れてくる海底の下などを通るため、排水機能も十二分にもたせる必要がある。

③ 橋梁

橋梁とは、河川、谷、湖沼、海峡といった自然地形、あるいは道路・鉄道などの人工構造物の上を横切るために建設された通路およびそれを支持する構造物のことをいう。桁部分を上部工といい、橋台や橋脚など桁を支える部分を下部工という。

ほかの鉄道線路を跨ぐものを「線路橋」、道路を跨ぐものを「架道橋」、鉄道線路の上を道路や歩道、別の鉄道線路が跨ぐものを「跨線橋」という。

1 橋梁各部の名称

橋梁の大きさは「橋長」「径間」「支間(スパン)」で表す。橋長は、橋梁の上部構造の全長をいう。径間は上部構造を支える橋台や橋脚のあいだ(橋台と橋台間、橋台と橋脚間、橋脚と橋脚間)の距離、支間(スパン)は支承中心間の距離をいう(**図1-16**)。

2 橋梁構造の種類

橋梁は、その構造により以下のように分類される(**図1-17**)。また、橋梁のどの位置を線路が渡るかにより「上路橋」「中路橋」「下路橋」に分類される。東武スカイツリーラインの浅草~東京スカイツリー駅間には中路トラス橋がある。大変めずらしい構造で、浅草散策の機会があれば、ついでに一度見に行ってみることをすすめる。

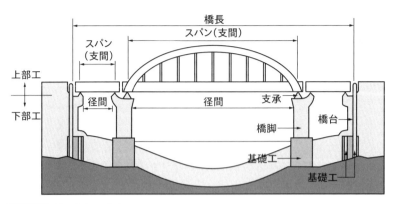

図1-16 橋梁各部の名称

①桁橋（ガーダー橋）

最もよく見られる橋梁。鋼や鉄筋コンクリート製の主桁を水平に渡す、単純な構造である。スパンは数mから50m程度までさまざま。ガード下の「ガード」は、このガーダーに由来する。

②トラス橋

鋼材を三角形に組み合わせて骨組みを作り、それを連続させて主桁としたもの。軽量で頑丈な構造。

③アーチ橋

アーチ状に湾曲した構造物を谷間に架けたもので、レンガ製からコンクリート製までさまざまな種類がある。美しい構造が特徴のひとつ。

④ラーメン橋

桁と橋脚を一体化したもの。近年は上部工を鋼、橋脚をコンクリートで製造した複合ラーメン橋も見られる。「ラーメン」はドイツ語の「Rahmen（骨組み）」に由来。

⑤吊橋

鋼製のケーブルを主体として、橋桁に相当する橋床を吊り下げたもの。

⑥斜張橋

主塔から放射状やハープ状にケーブルを張り、橋桁を吊り下げたもの。

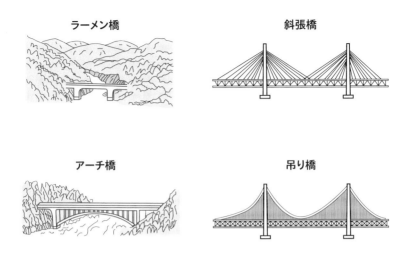

図1-17　橋梁の種類

第2章 電気鉄道の電路設備

第1節　電気の通り道
第2節　直流電化と交流電化

JR東日本E231系とE233系

第1節

電気の通り道

　日本の鉄道は電化区間が大多数を占めている。動力車はJR各社、民営鉄道ともに電気車が中心で、大手私鉄には非電化路線はない。

　非電化路線であっても、列車を運行するのに必要な信号や無線、駅務やサービスにかかわる各種機器などはすべて電気で動いている。電化/非電化にかかわらず、鉄道ではエネルギーとしての電気、その電気を供給する設備が不可欠である。電気の基本的な知識とさまざまな電路設備を見てみよう。

(1) 電気の流れ方

■ 電気が流れるしくみ

　「電気」とは一言でいえば、原子中の「電子」の流れである（原子核の周囲を電子がまわっている）。この電子の流れを「電流」という。

　電子の流れを起こすためには、物質に電気的な高さの差が必要となる。この電気的な高さのことを「電位」といい、電位の高低差を「電位差」という。電位差があってはじめて2点間に電流が生じ、電気にさまざまな仕事をさせることができる。

　通常、電位差のことを「電圧」とよんでいる。電圧（電位差）があり、電流が生じる装置を「電源」、起こった電気によって何らかの仕事をさせるものを「負荷」という。この電源と負荷をループ（輪）状に結線・配置することで、電源から負荷へ、負荷から電源へと電気が流れる。このように電子が回る（流れる）道のことを「電気回路」という。

　図2-1のように、電線を用いて電池（電源）と電球（負荷）をつなぐと電球が点灯する。このときに電線と電球を流れているのが電気である。

　電圧、電位差の話は、水の流れにたとえるとわかりやすい。水が高いところから低いところへ流れるように、電気もエネルギーの高いところから

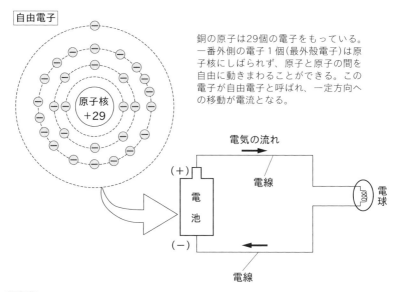

図2-1 銅の電子と電気の流れ

低いところへと流れる。つまり、電圧が高いところから電圧の低いところに向かって電流が流れるのである。

　電池にはプラス（正極）とマイナス（負極）があり、プラス側はエネルギーが高くなっている。プラスとマイナスを電線でつなぐと、電気は電線を伝わって、プラスからマイナス方向へと流れる。その電線の途中に電球（負荷）があれば、電気は明かりをつけるという仕事をする。

　ここまでの話を鉄道にあてはめてみる。鉄道で使う電気の大元（電源）は発電所である。しかし、発電所の電気は電圧が高すぎて、そのままでは鉄道の電源としては使えない。このため、鉄道に使える電圧にするための変電所が沿線に設けられている。したがって、鉄道ではこの変電所が実質的な電源となる。

　電気は、変電所から電線を通じて電気車（負荷）に流れる。負荷で仕事をした電気は、レールを通って変電所に戻る。つまり、変電所→電気車→変電所という電気回路が構成されている。**図2-2**の電池が変電所、電球が電車と考えればよい。電車までの電線が架線、電車から変電所までの電線がレールとなる。

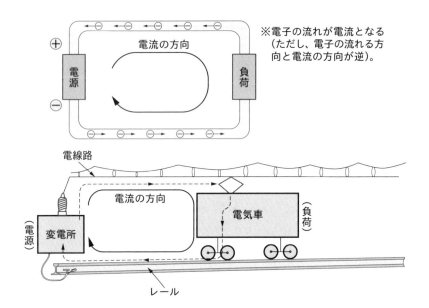

図2-2 電気車が動くための電気の流れ

2 抵抗とオームの法則

　電気の流れを水道管にたとえて考えてみよう。水道管が何らかの理由により途中で狭くなっていたとしよう。当然、水は狭くなった管の抵抗を受けて流れにくくなる。一方で、水を流そうとする力（水圧）が高くなる。電気も同様で、電気回路中に電気（水）が流れにくい箇所があると、電圧（水圧）が高くなる。

　電気回路では、意図的に電気を流れにくくして、電気の流れ（電流）の強弱を調整する。ただし電気の場合、水道管のように回路の一部分を物理的に狭くするのではなく、電気を流れにくくする性質のものを回路の途中に入れる。こうした性質をもつものを総称して「抵抗」という。

　抵抗の部分では電流の力が弱まるため、電気を流そうとする電圧が高くなる。また、電気が抵抗を通過するときには熱も発生する。

　抵抗が大きくなればなるほど、電流は小さくなることから、「抵抗と電流は反比例の関係」にあるといえる。また、電圧を高くすればするほど、流れる電流は大きくなることから、「電圧と電流は比例の関係」にあると

いえる。

以上のような抵抗・電流・電圧の関係を「オームの法則」といい、次の式のようにまとめることができる。いずれも目に見えない電気を数字に置き換えるための重要な関係式のひとつである。

- 電流 I〔A〕＝電圧 E〔V〕÷抵抗 R〔Ω〕
- 電圧 E〔V〕＝抵抗 R〔Ω〕×電流 I〔A〕

抵抗の大きさはΩ（オーム）で表す。1Vの電圧で1Aの電流が流れたときの抵抗が1Ωである。

電車を動かすための電気回路で具体的に考えてみよう。電車に電気を流して電動機を回転させるための電圧が1500Vとする。電動機などの電気機器はすべて抵抗にあたるので、電動機付き電車2両分の抵抗値を仮に2Ωとすると、この電車の電気回路の電流値は「1500V÷2Ω＝750A」となる。電気を数字に置き換えるとは、こういうことである。

電気車の速度は、電気の量を調整することで抑制できる。その電気の量を調整するのが「抵抗」で、抵抗を大きくすれば電気の量が小さくなり、それによって速度を抑えることができるのである。

② 電路設備

電動機などを動かす電気の力のことを「電力」という。電力は電圧と電流をかけたものである（電力〔W〕＝電圧〔V〕×電流〔A〕）。そして電力を必要な箇所に供給するための設備を総称して「電路設備」という。電気鉄道の電路設備には次のようなものがある（**図2-3**）。

■ き電線路、電車線路

電気鉄道では、一般系統の高圧の電気（電力）を変電所で運転に適した状態に整えてから車両に電力を供給（給電）する。この給電のための回路を「き電系統（き電線路）」という（漢字では「饋電」。饋は「送る」という意味）。直流き電系統の場合、先ほどの電池と電球をつないだ回路でいえば、電池が変電所、電球が電気車となる。両者をつなぐ電線は、プラス側は「電車線路」とよばれるものが担当する。

電車線路は、「電線路」（車両に電気を供給するため、線路上に架設される設備）

第1節　電気の通り道

095

と、それを支える「工作物」の総称である。電線路の構成物には次のようなものがある。

- **トロリ線**……車両に電気を供給する線。車両の集電装置が直接接触する。電車線、架線、架空電車線ともいう。
- **吊架線**(ちょうかせん)……トロリ線がたるまないようにトロリ線を吊り下げる線。トロリ線上方に平行して架設される。
- **き電線**……トロリ線の容量不足を補う線。標準250m間隔で「き電分岐線」を介してトロリ線と接続され、変電所からの電気を補給している。
- **電柱**……トロリ線、吊架線、き電線などの電車線路の構成物を支持するもの。コンクリート製が多いが、強度が必要な箇所では鉄柱、鋼管柱が用いられる。
- **ビーム**……トロリ線などを支持するため、線路を跨(また)いで電柱に設置される梁(はり)(両端が電柱に固定されている)。
- **ブラケット**……トロリ線などを支持する部材。電柱に取り付けられるが、ビームと異なり、片側のみが固定されている。固定型と可動型があ

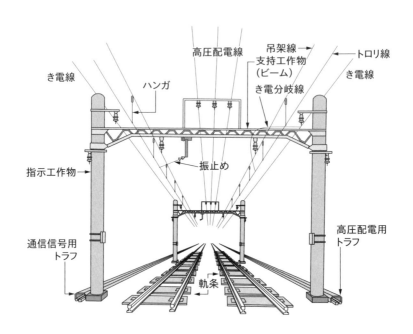

図2-3 電気設備の概念図

り、可動形は水平方向に回転できる（温度変化による架線の移動に対応するため）。

マイナス側の電線（帰線）の役目は、レールが担っている。つまり軌道も、き電系統の一部となる。ただし、軌道のないトロリーバスでは、トロリ線を2本架設し、片方を帰線としている。

2 高圧配電線路、その他の電線路

高圧配電線路は、駅の各設備や信号機、踏切などの保安設備に電気（電力）を供給するための電線路である。

このほか特別高圧送電線、通信線、光ファイバーケーブルなどが必要に応じて設置される。

③ 代表的な電車線路

電車線路の種類は、電気車に電気（電力）を供給する機構の違いで分類される。代表的なものの構造を**図2-4**に示す。

1 直接吊架式

吊架線を使用せず、トロリ線を直接ビームに吊る方式である。東京都交通局荒川線や、東急電鉄世田谷線などの路面電車に代表される、運転速度が50km/h以下の線区で使用されている。

2 シンプルカテナリー式

運転速度100 〜 130km/h程度の線区で多用される。JR在来線や民鉄で最も一般的な方式であった（近年は後述の「き電吊架式」が増えている）。

吊架線からハンガ（**図2-4**）を介してトロリ線を吊るす構造で、架空電車線の基本型となっている。吊架線でトロリ線のたるみを防ぎ、ハンガでトロリ線と軌道面との高低差をなくす。このため、ハンガは長短さまざまなサイズが用いられる。

シンプルカテナリー式の発展型として、支持点付近に別の電線を設けた「変形Y型シンプルカテナリー式」や、吊架線やトロリ線を太くして張力を増加させた「ヘビーシンプルカテナリー式」などがある。ヘビーシンプ

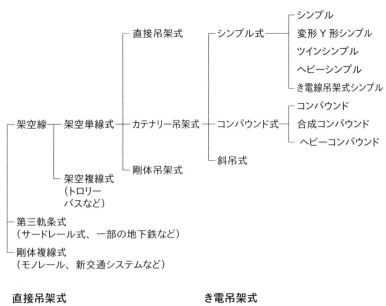

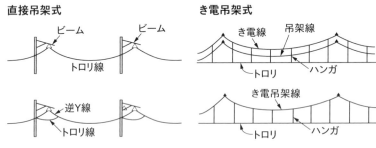

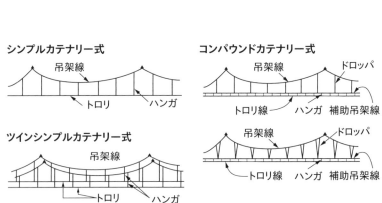

図2-4 電車線路の分類と電気車へ電気を供給する方式

ルカテナリー式は、国鉄の高速運転区間の標準とされていた。京浜急行電鉄では、トロリ線の上に補助トロリ線を張り、2本の電線を一体化させることで、電車線の断線を防止するなどの工夫をしている。

近年ではさらに改良が進み、銅に鋼芯を入れた複合構造としたトロリ線を使用する「CSシンプルカテナリー式」や、折出強化型銅合金トロリ線を使用した「PHCシンプルカテナリー式」などが実用化されている。前者は北陸新幹線の高崎～長野間、東北新幹線の八戸～新青森間などに使用され、後者は北陸新幹線の長野～金沢間、東北新幹線の八戸～新青森間と北海道新幹線などで使用されている。

❸ ツインシンプルカテナリー式

シンプルカテナリー式の構造は変更しないで、集電性や対応速度を向上させたもの。シンプルカテナリー式架空電車線2組を一定の間隔で平行に架設した構造である。シンプルカテナリー式に比べて「ばね定数」（ばねの強さ＝反発力の強さを表す物理量。架線をある一点で押し上げたとき、架線が押し上がる量は大体比例するため、ばねと同じ性質と考えてばね定数を使用している）を2倍にすることができるため、パンタグラフ（137頁参照）の上下振動を抑えられる利点がある。

東海道本線をはじめ、高速運転でかつ列車密度が高く、列車編成も長い大都市部の通勤線区で多用されている。

❹ き電吊架式

「き電吊架式」は、吊架線とき電線を上下方向に平行架設したものである。地下区間のようにトンネルが狭く、き電線を架設する場所がない場合に用いられることが多いが、保守効率化を目的として地上区間で使用されるケースもある。吊架線にき電線の役割をもたせた構造のものもある。

き電吊架式は部品点数を少なくでき、保守が容易で作業安全性に優れているため、都市部を中心に使用路線が拡大している。

き電吊架式は事業者ごとに独自の開発が行われているため、JR東日本では「インテグレート架線」、JR西日本では「ハイパー架線」などの開発名称が付けられている。また、成田スカイアクセス線の印旛日本医大駅～根古屋信号場間では、160 km/h走行に対応可能なき電吊架コンパウンド

カテナリー式が採用されている。

5 コンパウンドカテナリー式

　「コンパウンドカテナリー式」は、シンプルカテナリー式の吊架線とトロリ線のあいだに補助吊架線を架設した構造をもつ。パンタグラフによる架線の押し上げ量も比較的平均化され、速度性能も向上する。かつて新幹線などで多用されていた。

　開業当初の東海道新幹線では、高速で通過するパンタグラフによる架線の振動を減衰させるため、「合成コンパウンドカテナリー式」（吊架線と補助吊架線を接続するドロッパーに合成素子を挿入したもの）が採用されていた。しかし、合成素子の重量によって強風の際に架線の揺れが大きくなってしまうため、のちに線を太くして張力を高めたヘビーコンパウンドカテナリー式に改修された。

6 剛体吊架式

　吊架線の代わりに剛性導体（き電線の役目も担う）を用い、その下面に直接トロリ線を取り付けたもの **（図2-5）**。カテナリー式と比べて摩耗による断線の心配がなく、メンテナンスコストの低減やトンネル断面の縮小による建設コスト削減などの利点がある。ただし柔軟性に欠けるため、パンタグラフとの離線を考えなければならず、運転速度をあまり高くできないという弱点がある。

　東京メトロの地下線部分（銀座線と丸ノ内線を除く）や、東京都交通局の大江戸線など、地下鉄を中心に使用されている。

7 第三軌条式（サードレール式）

　これまでの方式は、いずれも車両の頭上に設置される架空式であったが、地上に電車線路を設ける場合もある。最も有名なものが第三軌条式で、走行レール（軌道）の側方に設置された給電用レール（サードレール）に、台車に取り付けられた集電靴（コレクターシュー）を接触させて集電する **（図2-5）**。架空式のような大がかりな支持工作物が不要という利点はあるが、地上に電気を通すため、安全性の点から高電圧にできない。また、踏切などの設置も難しい。

剛体吊架式

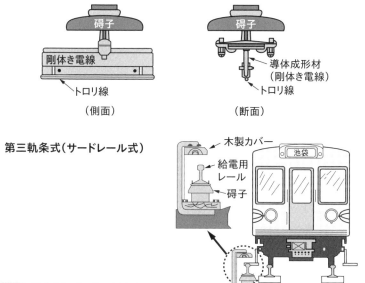

図2-5 剛体吊架式と第三軌条式

　使用線区は、東京メトロの銀座線と丸ノ内線、大阪メトロの主要路線、北大阪急行電鉄の南北線、近畿日本鉄道のけいはんな線、横浜市営地下鉄線、名古屋市営地下鉄の一部路線などである。地下鉄が多いのはトンネル断面を小さくできるからである。

　イギリスでは地上を走る在来線でも多用されており、以前はイギリスとフランスを結ぶ国際特急ユーロスターも、イギリス国内では第三軌条式を採用していた。

8 剛体複線式・剛体三線式

　モノレールや新交通システムに用いられる方式で、走行路に取り付けられた剛体が電車線路となる。剛体の本数は、供給する電気（電力）の違いにより2本（直流用）と3本（三相交流用）がある。剛体複線式とよばれる2本の場合、片方は帰線の役目を担っている。これは、跨座式モノレールや新交通システムの走行路が電気を通さないコンクリート製だからである。

④ 電鉄用変電所

1 変電所の役割

鉄道の電源の大元は発電所であるが、遠方まで送電するためかなりの高電圧であり、そのままでは列車の運転などに使うことができない。そこで、

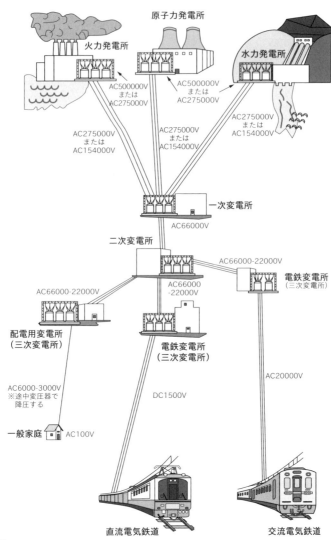

図2-6 一般的な電気の流れ

列車の運転に使えるように変電所で適切な電圧に変える必要がある。

　発電所から一般家庭までの電気の流れは、おおよそ**図2-6**のようになる。あいだにいくつもの変電所が介在しているが、このうち一次変電所と二次変電所は、変圧器（トランス）を用いて高電圧電気を低電圧にし、必要な箇所に送り出す役目を担っている。

　電気を用途に応じたものに変えるのは三次変電所である。このうち電気鉄道用のものは「電鉄用変電所」とよばれる。

　電力会社や自社の二次変電所から送られてきた電気は、まだまだ電圧が高いため、電気車の運転には適してはいない。電気自体も「三相交流」という通常の電車線路には流せないものとなっている（流す場合は電線路が3本必要）。この電気を運転に適した電圧の直流または「単相交流」に変えて、電車線路に送り出しているのが電鉄用変電所である（**図2-7**）。

　電鉄用変電所から送り出される電気は、電気車の運転に使用する電車線路用だけでなく、信号機類や駅構内の照明・機器用のものもある。後者への電気の供給には、97頁で述べた高圧配電線路などが用いられている。

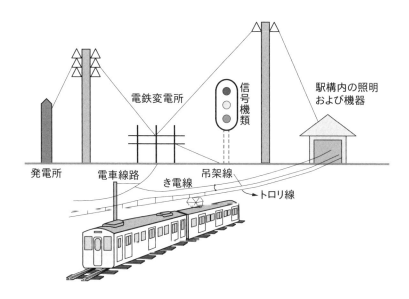

図2-7　電鉄用変電所の役割

2 変電所の種類

電鉄用変電所は、電化方式によって以下の3種類に分類される。

①直流変電所

直流変電所は、電圧を変える変圧器（トランス）と、交流を直流に変える整流器を備え、高電圧の三相交流で送られてきた電気を電気車の電動機（モーター）に適した直流1500Vに変えている（直流電化区間の電圧は1500Vが主流であるが、600Vや750Vのものもある）。なお近年は、その取り入れた直流を三相交流に変換して主電動機（モーター）に供給している。

②交流変電所

交流変電所は、変圧器を備え、高電圧で送られてきた三相交流電気を電気車に適した単相交流2万Vに変えている。直流化は行わないため、整流器は設置されていない。

交流用の電気車は、変圧器（トランス）、整流器を搭載し、交流変電所からの単相交流2万Vを自前で低圧の直流に変換している。いわば、移動変電所である。なお近年は、その直流を三相交流に再変換している。

③新幹線の変電所

新幹線の変電所は交流変電所の仲間であるが、一般の交流変電所と異なる点は電圧である。高速運転を行う新幹線では、在来線に比べ多くの電気が必要となるため、新幹線の変電所には在来線よりも高電圧の三相交流電気が送られてくる。これを新幹線電車（交流専用電気車）に適した単相交流2万5000Vに変えている。

第2節 直流電化と交流電化

　変電所には直流電化用と交流電化用があり、この電化方式の違いが電車線路の構造にも影響する。このため、直流と交流の性質の違いなどを理解する必要がある。

① 直流と交流

　「直流」（DC：ダイレクト・カレント）とは、乾電池のように、いつも同じ方向に、一定の電圧で流れている電流のことをいう。静電気や雷の電流も直流である（図2-8）。

　これに対して「交流」（AC：オルタネイティング・カレント）は、流れの方

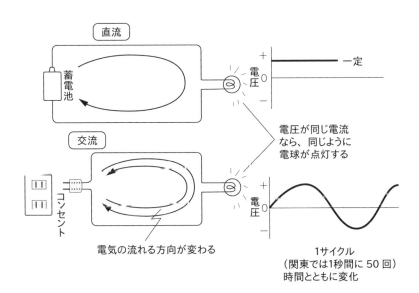

図2-8　直流と交流

向が1秒間に何回も入れ替わる電流である。家庭にあるコンセントは単相交流で、目には見えないが、電流の向きが1秒間に50回または60回入れ替わっている。

交流は、効率的に安定してつくることができるうえに、自由自在に電圧を変えることができるという特徴がある。電気車ではその特質を活かし、使用目的に応じて直流と交流を使い分けている。

1 交流電気のつくり方

交流はどのようにしてつくられるのか。図2-9のような道具を用意してコイルを回転させると、電流が豆電球に流れる。磁石のまわりには磁界（磁力が働いている空間）が生じており、磁界のなかでコイルを回転させると「電磁誘導」とよばれる現象により電流が発生する。

このときの電気が流れる方向（起電力の向き）、磁界の方向（磁力線の向き）、コイルが回転する方向（導体が動く向き）の関係は、「フレミングの右手の法則」によってわかる（右手の人差し指が磁界の方向、人差し指に対して垂直に立てた親指がコイルの回転方向、2本の指に対して内側に直角に曲げた中指が電気の流れる方向を表す。「長い指から電・磁・力」と覚える）。

ちなみに「フレミングの左手の法則」もある。右手の法則が発電機のしくみを理解するのに役立つのに対し、左手の法則は電動機のしくみを理解

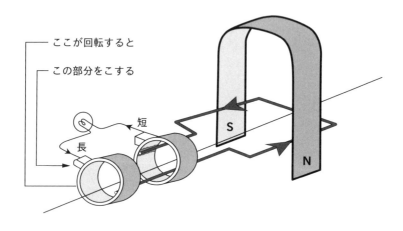

図2-9 交流を発生させるしくみ

するのに役立つ。指の角度と表すものは右手の法則と同じで、親指が運動の方向（つまりモーターが回転する方向）、人差し指が磁力線の向き、中指が電流の向きとなる。

2 周波数と変圧器

①周波数とは何か

　発電機でコイルが180度回転して上下が入れ替わると、コイル自体では発生する電流の向きは同じなので、結果として豆電球へ向かう電流は逆向きとなる。つまり、コイルが1回転（360度回転）すると、豆電球には右まわり、左まわりの電流が流れることになる。これを1セットと考える。

　この仕掛けで、たとえば1秒間にコイルを50回転させれば、電流の向きが変わるセットが50個できる。この1秒間にプラスとマイナスが入れ替わるセットの数が「周波数」とよばれるもので、日本では富士川以東が1秒間に50セットある50Hz（ヘルツ）、同様に富士川以西が60Hzとなっている。

　狭い国土に2種類の交流がある理由は、明治期の電気普及時に、東日本では1秒間に50回転する発電機をドイツから、西日本では60回転する発電機をアメリカから輸入したためといわれる。これにより鉄道の交流電化の周波数も、東日本地域は50Hz、西日本地域は60Hzと2種類になってしまった。なお、直流は周波数が0のため、こうした違いはない。

②変圧器による電圧の調整

　周波数が異なると、電動機が正常に作動しなかったり、故障したりする。しかし、路線によっては50Hzと60Hzの地域を跨いでいる箇所がある。どのように対応しているのであろうか。

　まず在来線では、50Hzと60Hzを跨ぐ路線は直流区間なので、地上の変電設備が対応している。新幹線は全線で交流を使用しているので、地上設備か車両設備のいずれかで対応する必要がある。東海道新幹線は50Hzの区間では、受け取った交流電源を静止形周波数変換装置に通すことによって全線で60Hzに統一している。

　一方、北陸新幹線は車両設備によって対応している。北陸新幹線では、軽井沢〜佐久平間、上越妙高〜糸魚川間、糸魚川〜黒部宇奈月温泉間と3回も周波数が変化する。この区間では約1.5kmある切替区間の前後に絶縁部分をつくり、列車の全体が切替区間に入った瞬間に、車両側の電気機

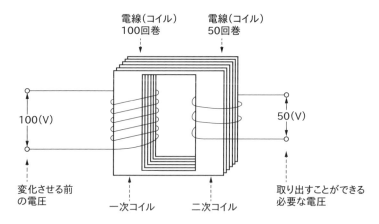

図2-10 変圧器（トランス）のモデル図

器によって周波数を切り替えている。

　交流は変圧器（トランス）によって簡単に電圧を上げたり下げたりでき、長距離の送電が効率的に行えるため、一般社会で広く使われている。

　変圧器のしくみは**図2-10**のとおりである。左側のコイル（一次コイル）には変化させる前の電圧がかかり、右側のコイル（二次コイル）から必要とする電圧を取り出すことができる。二次コイルの巻数を変えると巻数に応じた電圧が発生する「相互誘導」という現象を利用したもので、この原理を応用すれば、電動機にかかる電圧を段階的に変えられる。

② 直流電化区間の電車線路の特徴

　直流電化は古くから採用されるオーソドックスな電化方式である。第二次世界大戦後に交流が普及するまでは、鉄道の電化方式は直流が標準で、現在も国内の電化路線はほとんどが直流である（ただし、北海道、東北、九州のJR線の大半は交流。新幹線はすべて交流）。

　しかし、直流電化は交流電化に比べると低電圧という難点がある。電気車を動かすための力（電力）は「電力＝電圧×電流」で表される。つまり、

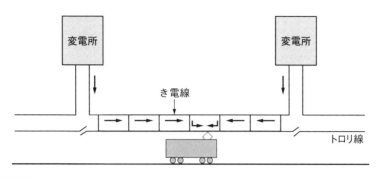

図2-11 き電線のイメージ

電圧が低いと、その分大きな電流が必要となる。

直流電化区間では、そのまま車両の電動機（モーター）に流せるよう1500V（あるいは750V、600V）という低い電圧が用いられているため、代わりに大電流が必要となる。この大電流を変電所から離れたところを走る電気車に送るには、トロリ線だけでは容量が不足する。このため、電車線路の話でも少しふれたが、き電線をトロリ線に並列架設して電気を補給する必要がある。したがって直流電化区間では、図2-11のようにトロリ線とき電線が分担して電気車に電流を送るしくみになる。

③ 交流電化区間の電車線路の特徴

交流電化区間は車両側で自由に電圧を下げられるため、単相交流2万〜2万5000Vの高電圧を使用している。このため、トロリ線に流す電流が少なくて済む（一部の新交通システムでは、低圧の三相交流440Vまたは600Vが使われている。この場合の電車線路は剛体三線式である）。

たとえば1500Vの直流電化区間で30万Wの電力（力）を送る場合、30万W（電力）÷1500V（電圧）で200Aの電流を流す必要がある。一方、2万Vの交流電化区間では30万W（電力）÷2万V（電圧）となり、わずか15Aの電流で済む。

多くの交流区間ではトロリ線だけで必要な電流を送ることができるため、電流容量を補うための「き電線」は架設されない（新幹線や一部の在来線ではき電線を設けている）。

また、電気は長い距離を送電しているうちに電圧降下や電力損失が起こってしまう。このため低圧の直流電化区間では、比較的短い距離ごとに電気を供給する変電所を設置しなければならない。

一方、交流電化区間では、電圧が高いので電圧降下・電力損失が小さく、変電所の設置間隔を長くする（つまり変電所の数を減らす）ことができる。交流電化が経済的といわれる所以である。

④ 交流電化の問題点

国鉄が戦後、列車本数の比較的少ない地方幹線の電化を交流方式で進めたのは、その経済性を高く評価したからであるが、逆に問題となったこともあった。

①通信線への誘導障害

まず、通信線への誘導障害（誘導電圧により通信線に雑音が生じる現象）を起こしやすいことが指摘された。ただし、トロリ線と帰線を接近させれば（流れが逆であることが原則）ある程度は影響を小さくできることがわかった。このため、日本の交流電化ではレールを帰線とする直接き電方式を採用していない。

こうして、トロリ線の近くに平行して「負き電線」（帰線）を架設し、約4kmごとに設けた「吸上変圧器（BT）」でレールから電気を負き電線に吸い上げる「BTき電式」や、その改良版で「単巻変圧器（AT）」とき電線を用いる「ATき電方式」が交流電化方式の主流となった（どちらの方式も電気車がいないところではレールに電気は流れない）。

②高コスト

交流電化が進むと、交流電化区間を走行する電気車のコスト高が問題視されるようになった。

電圧を変える必要がある交流車は、変圧器（トランス）・整流器を搭載しなければならず、直流専用車よりもコスト高である。加えて、在来線では隣接する直流電化区間に乗り入れるケースが多く、両方の設備を兼ね備えた交直両用車を多数用意しなければならない。車両の製造費はさらに高価になるわけで、列車本数が増えると、変電所が少なくて済むという経済的メリットすら打ち消してしまったのである。

そのため現在は、在来線の新規交流電化はほとんど見られない。北陸本

線の敦賀以南などのように、既存の交流電化区間を直流化した例すらある。

⑤ デッドセクション（死電区間）

　電車線路（架線）にはさまざまな理由で電気的な境界が設けられる。交流電化区間と直流電化区間の境目には「デッドセクション（死電区間）」とよばれる電気を絶縁する区間がある。長さは約20〜65mで、交直両用の電気車はここを通過中に交流用、直流用の回路を切り換える。設置場所は**表2-1**のとおりである。

　なお、交流電化区間には、交交セクションとよべるようなデッドセクションが3タイプほどある。

　ひとつは変電所ごとのき電区間の境目（変電所境界）に存在するセクションである。区間ごとに電圧が最大となる時間が異なるため、電気車の集電装置が2区間を短絡しないよう設けている。

　ふたつめは周波数50Hz区間と60Hz区間の境目にあるセクションで、北陸新幹線（当時は長野新幹線）軽井沢〜佐久平間に1ヵ所だけある。

　最後は電圧2万5000V区間と2万V区間の境目にあるセクションで、これも、東北新幹線から山形新幹線（奥羽本線）が分岐する福島駅構内と、東北新幹線から秋田新幹線（田沢湖線）が分岐する盛岡駅構内の2ヵ所しかない。

表2-1　交直セクションの所在地

線名	設置場所	備考
東北本線	黒磯駅構内	地上・車上切替併用、那須塩原方が直流
水戸線	小山〜小田林間	小山方が直流
常磐線	取手〜藤代間	取手方が直流
首都圏新都市鉄道常磐新線（つくばエクスプレス）	守谷〜みらい平間	守谷方が直流
羽越本線	村上〜間島間	村上方が直流
北陸本線	糸魚川〜梶屋敷間	梶屋敷方が直流
七尾線	津幡〜中津幡間	中津幡方が直流
北陸本線	敦賀〜南今庄間	敦賀方が直流
山陽本線	門司駅構内	下関方が直流、駅の正式帰属は鹿児島本線

第3章 車両のしくみ

第1節　車体
第2節　車両をつなぐ連結装置
第3節　電気の取り入れ口 ── 電気車の集電装置
第4節　車両の足回り ── 走り装置
第5節　ブレーキ装置
第6節　電気車の速度制御
第7節　鉄道車両の新造と検査
第8節　近年の鉄道車両の傾向

京浜急行1000形

第1節 車体

① 車体の構造

まずは、車体がどのように作られているのかを見てみよう。電車の車体は、次の6つの面の結合体である（**図3-1**）。

- 台枠……床面を構成する。
- 屋根構体……天井を構成する。
- 妻構体（妻構）……車両の端で、連結面を構成する。前後2面。
- 側構体（側構）……車両への出入口および窓を構成する。左右2面。

乗客と床下に吊り下げられる機器類などの重さの合計は、床をつくる台

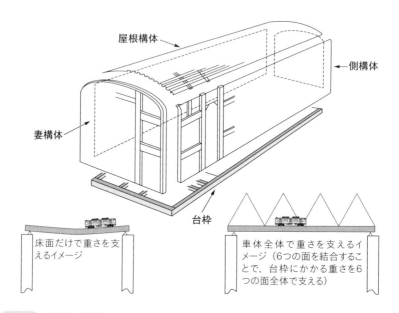

図3-1 変車体の構造

枠だけで支えるのではなく、6つの面が結合された車体全体で支えることになる。これを張殻構造（モノコック構造。「ちょうかく」とも）という。6つの面それぞれには、大小さまざまな柱や桁、梁が組まれ、外板などと合わせて車両全体の強度を増している。

イメージとしては、橋がそこを渡る自動車の重さを支えるとき、厚みが小さい道路面だけでは不十分な場合、トラスと呼ばれる鉄の骨組みをつくって構造物全体で支えるのと似ている。

② 車体の材料

近年の電車の車体は、ほとんどの場合、ステンレス鋼製かアルミ合金製である。従来使われてきた普通鋼に比べて高価な材料であるが、車体の軽量化に欠かせない材料で、さまざまな利点がある。それぞれの材料の長所・短所は以下のとおり（図3-2）。

1 普通鋼

普通鋼とは、文字どおり普通の鉄で、その製造方法から圧延鋼ともよばれる。価格が安いうえに加工が容易で、車両先頭部の複雑な形状にも対応できるという長所がある。反面、腐食しやすく（錆びやすく）、その対策のために鉄板をある程度厚くする必要があり、車体の軽量化には向いていない。現在使用されている重い普通鋼製電車は、どんどん廃車が進んでいる。

2 ステンレス鋼

ステンレス鋼とは、鉄にクロムやニッケルなどを混ぜてつくられた錆びにくい鉄のことで、年月を経ても腐食はほとんどなく、一般に普通鋼よりも強度が高い。強度が高い分、薄くして使えるため、軽量化に向いている。

ただしコストが高く、曲面など複雑な形状に加工するのは難しい。また、高気密の部材をステンレス鋼だけでつくり上げることも難しい。

ステンレス鋼の加工技術が高くなかったころは、ステンレス車といっても外板だけがステンレスの「スキンステンレス車体（セミステンレス車体）」が製造されていたが、技術の進歩により、柱などほぼすべての部材にステンレス鋼化を用いた「オールステンレス車体」が製造されるようになった。

ステンレス鋼製車体の外板

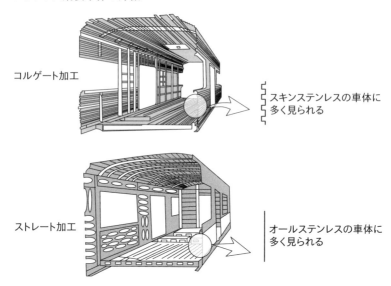

コルゲート加工 — スキンステンレスの車体に多く見られる

ストレート加工 — オールステンレスの車体に多く見られる

アルミ合金製車体の外板

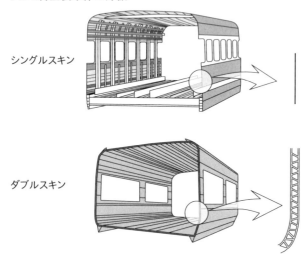

シングルスキン

ダブルスキン

図3-2　ステンレス車体とアルミ車体の構造

外板の形状も、コルゲートと呼ばれる細かい凹凸のあるものから、ストレート加工の平らなものへと、技術の進歩とともに変化している。

現在のステンレス車は、基本的にはオールステンレス車体であるが、とくに強度が必要な台枠の太い梁には普通鋼が使われている。また、先頭部を複雑な形状とする場合には、その部分だけFRPとよばれるガラス繊維強化プラスチックが使われている。

3 アルミ合金

アルミ合金は、アルミニウムにマグネシウムなどを混ぜてつくられる。大変軽いため、車体の軽量化に最も効果を発揮する。加工もしやすく、複雑な形状を含めてすべての部材をアルミ合金でつくることができる。

欠点は、高価格と、材料自体の強度がやや弱いこと。さらに熱に弱い点も短所といえよう。

アルミ合金の加工のしやすさは、車体の製造方法を、従来のシングルスキン方式（各種柱などに外板を貼ったもの）からダブルスキン方式へと変化させたことでも知ることができる。ダブルスキン方式とは、車体の外板と内板の2枚が一体（板のあいだは中空）となった部材を用いる方式である。このような部材はアルミ合金でなければ容易にはできない。各種の柱や梁を省略しながらも、従来の車体構造と同程度の強度を保つことができ、一層の軽量化が可能であるため、特急型車両から通勤型車両まで幅広く採用されている。

③ 車体の大きさ

鉄道車両は、駅のホームや信号機、トンネルの壁などにぶつからないような幅や高さにしなければならない。また、曲線部をスムーズに走れるように、長さに対する制限もある。

1 車両限界

車両の幅や高さなどの制限を「車両限界」とか「車両定規」といい、鉄道会社ごとに数値が定められている（**図3-3**）。かつて私鉄を規制していた旧地方鉄道法などでは、車両限界は日本国有鉄道法準拠の国鉄線よりも小

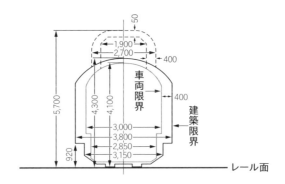

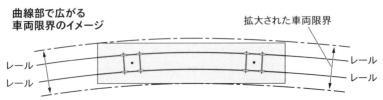

図3-3 建築限界と車両限界

さく規定されていた。その名残か、私鉄の車両は、いまだにJR各社のものよりやや小さいケースが少なくない。

　JR在来線では、車両の最大幅は3000mm（3m）を超えてはならないとされている。しかし曲線部では、直線を走るときよりも車両の端の部分が外側に、車両の中央部が内側に、それぞれ張り出してしまう。このため、曲線部では車両限界が広がるという考え方をする。

　車両の最大高は、パンタグラフなどを折りたたんだ状態で、乗客などが乗っていない空車時の最も高い部分である。JR在来線の場合、4100mm（4m10cm）を超えてはならないとされている。

2 車両の長さ

　車両の長さ（車両長）は、曲線部の影響を受ける。列車の運転は安定性やスピードの点から曲線がゆるいほうが有利であるが、やむを得ず急曲線としなければならないときがある。普通鉄道では半径100mの曲線まで認められているが、これらの曲線を走る際、連結された車両同士が接触しないよう、車両長を抑制しなければならない。

車両長は「軸重」の影響も受ける。軸重とは、1本の車軸（2つの車輪）にかかる重さ=軌道に与える荷重のことである（車両が40トンで4車軸なら軸重は10トン）。線路への過大な負担を避けるため、軸重は一般に13トン以下とされている。構造上、車軸の数は増やせないため、車両長の延長により車重が増すと、軸重が大きくなりすぎる。このため、車両をむやみに長くできないのである。

車種により多少異なるが、新幹線を除く普通鉄道の場合、車両長はたいてい18m〜20m程度である（おそらく近畿日本鉄道、南海電気鉄道の21m車が在来線の一般車両では最長であろう）。JR各社の在来線車両は20m車が標準である。

これらの数字を大きく超えると、曲線部では広げた車両限界をも超えてしまい、曲線途中にホームがあるようなところでは、車両の端がホームをこすってしまいかねない。こうした事態を防ぐため、標準を超える長さの車両をつくる場合、車端部を徐々に絞った形にしてやるなどの手当てをするが、それにも限度がある。

なお、「車両長」と「車体長」は異なる。車体長は車体そのものの長さで、車両長は、車体長と連結面間の距離（連結器の連結面から反対側の連結器の連結面までの距離）をいう。

3 建築限界

駅のホームや駅舎などの建築物、信号機・標識などの設備についても、これ以上列車の走る側につくってはならないとする制限がある。これを「建築限界（建築定規）」という（**図3-3**）。

建築限界と車両限界のあいだには一定の空間があり、どのような状況でも車両と建築物などが接触しないようにしてある。この空間の数値は、車両の窓から人の身体がはみ出すような状況も想定して決められている。たとえば、乗客や乗務員が窓から手や顔を出せる構造の車両が走る線路では40cm、身体を乗り出すことができない車両しか走らない線路ならば20cmといった具合である。

第1節 車体

④ 車体に標記される事項

1 標記事項

車体の外部には、鉄道会社が定めた車両の形式番号などが記されている。見えにくい場所ではあるが、連結面にもその車両の重さや検査の記録などが小さな文字で書かれている（書くべき事柄や場所、字体、字の色などはたいてい会社ごとに細かく定められている）。おおむね以下のような事項が標記されている（図3-4）。

- 形式、車両番号
- 定員（次頁参照）
- 自重（空車のときの車両全体の重さ。単位はトンで小数第1位まで）
- 換算両数
- 全般検査（206頁参照）などの検査を施行した年月

このほか、鉄道会社や線区によっては、配属箇所（基地）の略号、車両の前後を表す記号、保安装置（280頁参照）の種別記号などの情報が記されていることがある。換算両数と車両の前後を表す記号については以下で説明する。

2 換算両数

機関車が列車を牽引するとき、その列車で連結可能な車両数を決めておく必要がある。機関車の牽引性能を大きく超える両数を連結すれば、列車の遅延や、勾配のきつい坂を登れないといった事態が起きかねない。このため、最大両数が決められているが、実際には同じ1両でも車両の種類によって重量にばらつきがある。

そこで「換算両数」が用いられる。これは、車両の重さを10トン当たり1両に換算したもので、たとえば1両30トンの車両の場合、換算両数は3両となる。車体には、空車のときの「空車換算」と、乗客を定員分乗せたとき（貨車の場合は最大積載荷重分の貨物を載せたとき）の「積車換算」の情報を示すのが原則で、5トン刻みで表す（35トンなら3.5両）。

以上の換算両数をもとに、機関車牽引列車では連結両数が決められる。換算両数は、通常、機関車には牽引されない電車などにも記載されている。

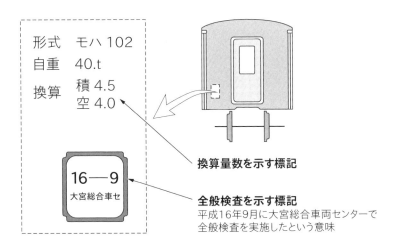

図3-4 車体標記の例

3 車両の前後を表す記号

　個々の車両では、列車として進む方向とは別に「前」と「後」が明確に決まっている。機器の配置によって前後が決まるが、車両の運用の過程で向きが逆になってしまうことがある（機関車などに多い）。そしてこの前後の逆転が、ほかの車両との連結に支障をきたすこともある。したがって、車両の向きは厳密に管理しなければならない。

　こういう理由で、車体そのものにも目で見て前後がわかるような情報を示す必要がある。JRの車両は、国鉄から受け継いだ「車両各部分の位置の称呼規程」を使用している。電気機関車は、四角囲みの「1」がある側を前にあたる「1エンド」、「2」がある側を後ろにあたる「2エンド」としている。電車や気動車の場合は、丸囲みの「1」を前位の右（1位）側、丸囲みの「2」を前位の左（2位）側としている。なお、後位（3位、4位）の標記はない。

⑤ 車両の定員

　特急専用車のように着席乗車が前提で、通路や出入口付近に人を乗せないことが原則となっている車両（最近は、そういう特急列車も少なくなった）

では、定員すなわち座席数であることがはっきりとしている。

　通勤型電車の場合、座席に座る人数に加え、立って乗る人の数も勘定に入れている。具体的には以下のように算出する。

　まず、立ち客1人が占有する（普通に立っていられる）面積を原則0.3㎡とし、客室内の床面積をこの数値で割る（この場合の床面積は「立って乗ることができるスペース」のこと。厳密には、座席の床面積と座席前の250mmの床面積を除いたもの）。出てきた値が立ち客の数で、だいたい、つり革の数とドアの脇にある手すりの数の合算ぐらいの数値となる。この立ち客数に座席に座れる人数を加えたものが、通勤型電車の定員となる。

　この定員をもとに、鉄道会社の社員が目測で「乗車率」を判断し、それがニュースで報道される。最近は、自動的に乗車率を測定する装置を備えた車両も増えてきた。

⑥ 運転席にある機器

　運転室には、列車の運転にかかわる多数の機器が設置されている。JR東日本のE235系電車を例に、その代表的なものを見てみよう **(図3-5)**。

①主ハンドル

　マスコン（マスター・コントローラー）ともよばれる。この主ハンドルで力行（動力によって車両を加速させること、またはその状態）とブレーキの操作を行う。主ハンドルの右には「非常」「B1～8」「切」「P1～5」の文字が表示されている。力行（P）のときは主ハンドルを手前に引く。この操作により電動機（モーター）に電気が供給され、電車が加速する。自動車でいえばアクセルに相当する。

　ブレーキ（B）をかけるときは奥に倒し、必要なブレーキ力に合わせたブレーキノッチに主ハンドルを置き、ブレーキ力を得る。

②逆転ハンドル（リバーサー）

　電動機（モーター）の回転方向を切り換えるもので、「前進」「中立」「後進」の3つの設定位置がある。

③No.1メータ表示器（各計器類表示）

　以下の計器のゲージ・表示灯類が表示される。

●**速度計**……車軸に取り付けられた発電機の発電量から時速を算出し、針

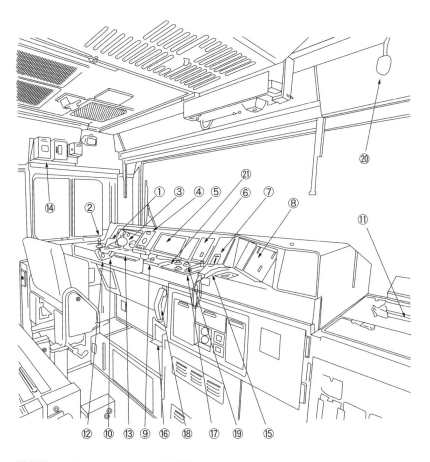

図3-5 JR東日本E235系の運転室機器

先で示す。保安装置に車内信号式ATCを採用する線区用の車両では、この速度計のまわりに、運転中の区間の最高運転速度が表示される。

- **電圧計**……架線（トロリ線、電車線路）の電圧を示す「高圧用」と、その電気（電力）をコントロールする機器（主回路機器）を働かせる制御回路の電圧（直流100Vが多い）を示す「低圧用」がある。
- **圧力計**……電動空気圧縮機（コンプレッサー）でつくられた圧縮空気（空気ブレーキなどに用いる）は、元空気ダメに蓄えられる。その空気圧力を示す赤色の針と、ブレーキシリンダ内の空気圧力を示す黒色の針を備えた双針圧力計となっている。元空気ダメの圧力は、一定範囲内での変動

が正常であるから、確認しやすくするため、圧力計の目盛りはその範囲だけ赤く塗られている。また、圧力計とは異なるが、ブレーキを扱った際のブレーキ位置も表示される。

● 事故表示灯……主回路の高速度遮断器が何らかの原因で自動的に「切」となった場合、赤色に点灯する。

● 三相表示灯……SIV（静止型インバータ）が停止して三相交流440Vの電気が来なくなったとき点灯する。

④運転士知らせ灯（戸閉め表示灯）

パイロットランプ（PL）ともいう。すべてのドアが閉じた状態のときに点灯する。点灯中はマスコンの電気回路が構成されるので、マスコンを投入すれば力行となる。

⑤INTEROS（インテロス）表示器

走る、止まるなど車両の走行に関する情報を表示する。行路ごとに用意されたICカードをカードリーダーへ挿入することで、行路別の運転情報やそれに付帯する情報を表示できる。また、画面に触れ機器を操作したり、その動作状態を表示したりすることもできる。そのほか応急処置や、作業マニュアルなども表示できる。

⑥防護無線機

列車や線路の異状などから、付近にいるほかの列車を緊急停止させなければならないときに使う。ボタンを押すと、その列車を中心に半径1km以内にいるほかの列車の運転室で警報が鳴る。警報を受けた乗務員は、非常ブレーキをかけて列車を停止させることになっている。

⑦ICカードリーダー

行路ごとに用意され、乗務員が携帯する。カードには行路別運転情報や付帯情報が記録されている。

⑧No.2メータ表示器

ATS（自動列車停止装置）やATC（自動列車制御装置）などの保安装置、TASC（定位置停車装置）やホームドア関係の表示灯が表示される。

⑨電子ホーンスイッチ

警笛（電子ホーン）を吹鳴するときに押す。

⑩パンタグラフ下げスイッチ（赤色）

集電装置のパンタグラフを下げる（トロリ線から離して折りたたむ）スイッチ。

JR東日本E235系電車

⑪パンタグラフ上げスイッチ（白色）
　折りたたんでいたパンタグラフを上昇させ、トロリ線に接触させるスイッチ。助士側前面にある。
⑫ATS確認ボタン
　ATSが警報を発したときに「確認扱い」にするためのスイッチ。
⑬リセットスイッチ
　主回路の高速度遮断器が何らかの原因で自動的に「切」となった場合、一度だけ「入」にしてみて（このボタンを押す）、正常に戻るかどうかを確かめるスイッチ。パンタグラフを上げて、電車を動かす準備をするときには、これを押すことで初めて主回路が構成される。
⑭直通予備ブレーキ（保安ブレーキ装置）のスイッチ
　通常のブレーキが作動しない場合、別系統で作動させるためのスイッチ。
⑮列車無線通話装置
　列車の乗務員と運転指令（列車指令ともいう）の係員が直通連絡を取り合うための無線装置。
⑯気笛踏みスイッチ
　警笛を鳴らすときに踏む。

第1節　車体

⑰車内連絡ブザー

運転士と車掌が合図を取り合うためのもの。

⑱連絡装置

運転士と車掌が使用する車内電話。

⑲前照灯減光などのスイッチ類

対向列車が接近したときに、相手の運転士がまぶしくないように前照灯を減光させるスイッチをはじめ、前面ガラスの曇り防止の熱線入りガラススイッチ、乗務員室灯などのスイッチがある。

⑳車両用信号炎管引きスイッチ

異状時に列車の周辺に危険を知らせる（停止の信号を発する）スイッチ。ぶら下がった紐を引くと、運転室屋根上の信号炎管が点火する。

㉑EBリセットスイッチ

EB装置（緊急列車停止装置）の作動を取り消すスイッチ。運転士が失神・居眠りなどに陥り、主ハンドル（力行、ブレーキ）、警笛など、運転台の機器操作が60秒間行われないとEB装置の警報ブザーが鳴動する。運転士が5秒以内に機器を操作するか、リセットスイッチを押さなければ非常ブレーキが動作する。

このほかにも、主に車掌が使用するドア開閉用の「車掌スイッチ」、閉まらないドアだけに開閉動作を行わせる「再開閉スイッチ」、直流100Vのバッテリー回路を構成させる「蓄電池全入スイッチ」、その回路を開放する「蓄電池全切スイッチ」などがある。

第2節

車両をつなぐ連結装置

① 旧式の連結器

　鉄道草創期は列車の運転速度が遅く、車両の連結には単純なしくみの「鎖式連結器」が用いられていた。しかし時代が進むにつれ、運転速度が向上し、編成両数が増えると、鎖だけでは安全な運転ができなくなった。

　そこで開発されたのが「ピン・リンク式」「リンク・ネジ式」といった連結器で、いずれも鉄道発祥の地イギリスで考案された。

　ピン・リンク式は、連結車両双方の連結面下部にリンクとよばれる、上下方向に穴を開けた鉄棒のようなものが備わり（おおよそのイメージ）、それを組み合わせた状態で穴にピンを差し込んで連結する。

　リンク・ネジ式は、双方の車両の連結面下部にカギ状のフックと輪状のリンクが備わり、どちらかのリンクを相手のフックに引っ掛けて連結する。

　このリンクには螺旋上の伸縮機構が付いており、そのハンドルを回し、ネジを巻くようにしてリンクのたるみを調整する。リンク・ネジ式と呼ばれる所以である。

　以上の連結器には緩衝器が備えられていないため、車体側にショックを吸収する緩衝器を付ける。いずれも鉄道草創期の技術であるが、ピン・リンク式は比較的小規模なトロッコ列車などにいまでも使用されている。

② 現在使われている主な連結器

■ 自動連結器

　ピン・リンク式やリンク・ネジ式の連結器は、連結・切り放し作業に時間がかかるうえ、連結手が車両の緩衝器に挟まれる死傷事故が多発するなど、いろいろ問題があった。そのため時代が下ると、安全・確実かつすば

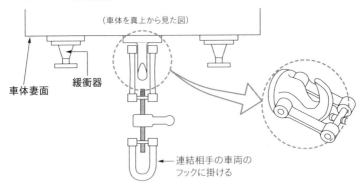

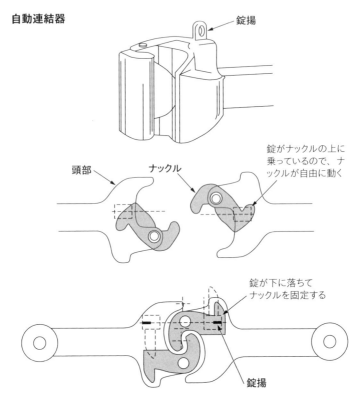

図3-6 連結器の種類(1)

密着式自動連結器

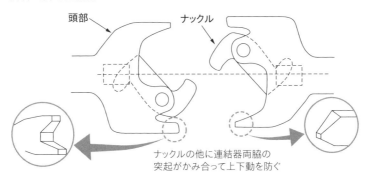

密着連結器

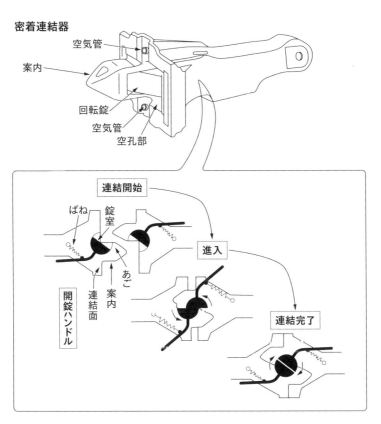

棒連結器

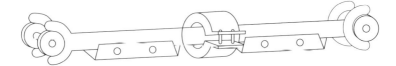

空気連結器
（密着連結器に仕込まれた例）

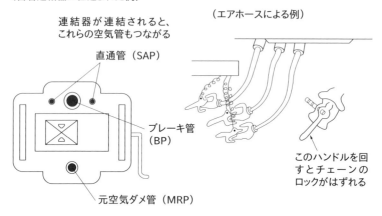

電気連結器
（密着連結器に取り付けられた例）

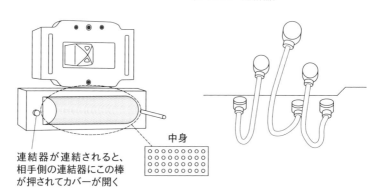

図3-7 連結器の種類(2)

やく連結・切り放しが行える「自動連結器」がアメリカで開発された。

　自動連結器は、車体に接続させる「胴部」と、連結・切り放し時に可動する「ナックル（肘）」、ナックルを固定する「錠」から構成されている。

　切り放しのときにはナックルの錠を外し、ナックルが開くことで連結器が開放状態となる（握り拳を開くようなイメージ）。連結時にはナックルを開いておき、互いの車両の連結器がぶつかるとナックルが閉じて錠がかかり、車両同士が連結される。構造が単純で連結が強固であるが、連結部分に若干の遊び（隙間）があるため、発車のときなどに前後方向に衝撃が生じる欠点がある。

　日本では、イギリスの技術指導により当初はリンク・ネジ式が用いられていたが、（当時、本州と線路がつながっていなかった）北海道だけは、アメリカの技術指導を受けたため、自動連結器が用いられた。

　その後、本州、四国、九州でも安全で便利な自動連結器を採用することとなり、1925（大正14）年に全国一斉の交換作業が行われた。

　自動連結器は現在、JR各社では機関車、客車、貨車を中心に使われ、私鉄も一部の会社が電車の先頭部などに用いている。

② 密着式自動連結器

　自動連結器は連結部に隙間があるため、運転操作によっては前後方向に大きな揺れが生じ、乗り心地が悪くなることがある。これを改善するため、連結器相互間の隙間を少なくし、連結面が密着するようにした「密着式自動連結器」が考案された。基本的な構造や機能は自動連結器と同じである。この連結器の採用により、特急型寝台客車などで乗り心地の大幅な改善が見られた。

　密着式自動連結器は、JR各車で客車を中心に使用されており、その小型版の密着式小型自動連結器は気動車（ディーゼルカー）の主力連結器となっている。私鉄電車などでも使われている。

③ 密着連結器

　「密着連結器」は、文字どおり連結面が密着する連結器である。この機構には空気配管が組み込まれており、連結と同時に空気配管が自動的に接続される点も特徴のひとつである。

　平面状の連結面を正面から見ると、向かって左側に「案内」とよばれる

突起があり、回転錠と錠室がある。右側には相手の案内が入る「空孔部」があり、連結時には双方の案内が相手の空孔部に押し込まれる。

この押し込まれる過程で、回転錠が互いに回転し、案内が空孔部の奥まで達すると、双方の回転錠が双方の錠室に収まってかみ合った状態となり、連結が完了する。

切り放しのときは、開錠ハンドルを引いて回転錠を錠室から抜き、車両を移動させる。開錠しているので、案内は空孔部からすぐに抜ける。

密着連結器は古くから電車で使用されてきた。現在もJR各社では、電車の主力連結器となっているが、気動車（ディーゼルカー）でも採用例がある。私鉄も近畿日本鉄道や西武鉄道など、主力連結器として用いる会社がいくつかある。

4 棒連結器 (固定式連結器)

「棒連結器」は、通常は切り放しを行わない車両間に使用される。棒状のものが緩衝器に直接接続される形式のものが一般的であるが、密着連結器のような形をした小型の連結器をボルトで相互に固定したものもある。

編成単位で使用されることが多かった私鉄電車が発祥で、いまも編成中間部で多用されている。旧国鉄では205系の電動車のユニット間から使用が始まり、JR化後は私鉄並みに編成単位で運用管理が行われるようになったため、使用例が目立つようになってきた。

5 空気連結器と電気連結器

「空気連結器」「電気連結器」というものもある。これらの連結器は車両自体をつなぐものではなく、車両の連結にあたり必要となる空気配管や電気系統をつなぐものである。

車両の連結・切り放しを行う際は、連結器本体のほかに、ブレーキ系統などに使用する圧縮空気を送る「空気ホース」や、電気系統を結ぶ「ジャンパ連結器」なども取り扱わなければならない。

初期の客車列車や貨物列車では、連結器と空気ホースの2つを扱うだけであったが、電車では「ジャンパ連結器」が新たに加わった。さらにブレーキ用の空気ホースも、新しい応答性の高いブレーキの開発から増える傾向にあった。このように連結・切り放し作業員の取り扱う品目が多くなり、

自動連結器

密着式自動連結器

密着式小型自動連結器

密着式連結器

棒連結器

電気連結器（密着連結器の下に装備）

作業に時間がかかるようになったことから、空気連結器や電気連結器が開発されたのである。

　空気連結器は、一般的には電車の密着連結器に内蔵されており、連結と同時に空気管の接続を完了する。例外として、国鉄時代に貨物列車の高速化に際し、密着自動連結器に空気連結器を設けたものがあったが、運用上制限があることや、その後の新機構の開発によりブレーキ力が向上したことから、現在では使用されていない。

　一方、電気連結器は密着連結器の下に取り付けられるもので、こちらも連結と同時に電気系統の接続が完了する。連結・切り放しを頻繁に行う運用には必需品で、さまざまな車両に取り付けられ、連結作業の省力化と到達時間の短縮に貢献している。

第3節

電気の取り入れ口──電気車の集電装置

　集電装置は外部から電気（電力）を車両に取り入れる装置で、軌道の上空に架設された電車線（架線）から集電する架空電車線方式と、線路脇に備えた給電用レール（第三軌条）から集電する「軌条集電式」がある（**図3-8**）。

① 集電装置の種類

　「架空電車線式」は、支持工作物など設備が大掛かりになるが、高速運転に適しているため、通勤電車から新幹線まで幅広く採用されている。

　「軌条集電式」は、設備はコンパクトで済むが、地上に設置するため電圧をあまり高くはできず、高速運転に適さない。踏切のある地上路線では危険すぎて使いにくい。

　このため、陽のあたる場所での採用例は、初期に電化されたイギリスの一部路線や、地下鉄の地上区間・延長郊外線など限られたものとなっている。以下で、集電装置の種類を細かく見てみよう（**図3-9**）。

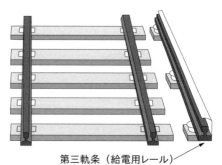

図3-8 架空電車線式と軌条集電式

1 ポール式

「ポール式」の集電装置は、電気車の屋根上に設置されたポール（集電棒）である。ポールがばねの力で立ち上がり、ポール先端のローラーが架線（トロリー線）に接触して集電する。走行時の振動や衝撃はばねで吸収される。

ただ、容易に想像できるように、電気車が高速で走ると振動や衝撃をポールだけでは吸収できず、ローラーの接触が不安定になったり、架線から外れてしまったりする。このため、かつては低速で走る路面電車でよく使われたが、現在は保存用路面電車を除き、国内での使用実績はない。

なお、トロリーバス路線では2本トロリ線が架設されているため、トロリーバスの屋根上にはポールが2本備わっている。プラス用とマイナス用は間違っても共用できないからであるが、この方式は海外ではまだまだ現役のところも多く、トロリーバスや路面電車でたくさんの事例を目にすることができる。

2 ビューゲル式

「ビューゲル式」では、2本のポールの先に取り付けた弓状の集電体（ビューゲル）を架線に接触させて集電する。ローラーより集電しやすいが、スピードを出しすぎるとビューゲルが跳ねてしまい、アーク（放電）が発生して故障することもある。このため高速運転には適さず、主に路面電車で用いられる。ビューゲルから進歩した「Zパンタ」というものもある。

3 集電靴（コレクターシュー）

線路脇の給電用レール（第三軌条）から集電する軌条集電式では、台車枠に取り付けた「集電靴（コレクターシュー）」とよばれる金属製の摺板が用いられる。この集電靴を第三軌条に接触させて電気を取り入れる。

第三軌条は足元のレールに電気（直流600V・750V）が流れるため、地上の鉄道には向いていない。旧国鉄での採用例は、明治期に電化された信越本線・横川～軽井沢間（現在は廃止）のみで、これも戦後は架空電車線式に改修された。

このため、軌条集電式はもっぱら地下鉄で採用され、トンネル断面の縮小に寄与している（日本での主な採用路線は101頁を参照）。海外では、イギリスで広く用いられている。かつてはスイスとフランスの国境付近のモン

第3節 電気の取り入れ口

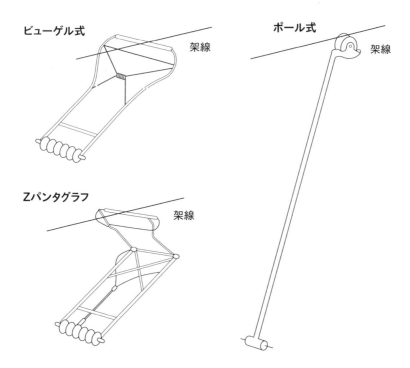

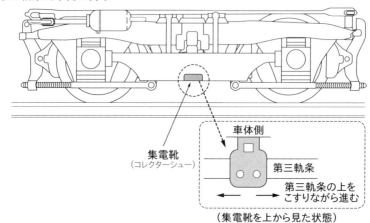

図3-9 集電装置の種類

ブラン急行も一部区間が軌条集電式であったが、安全上の理由から一部が架空電車線式に改修されている。

4 パンタグラフ

「パンタグラフ」は最も一般的な集電装置で、菱形の枠を伸縮させることにより、「集電舟」とよばれる装置を架線に接触させて電気を取り込む。

パンタグラフの伸縮は、ばねまたは圧縮空気による。前者は構造が単純で、古くから電車に用いられてきた。後者は主として電気機関車（直流・交直流・交流のすべて）や交直流・交流電車用となっている。

形状は「菱形」のほか、下枠が交差した「下枠交差形」、くの字の形の「シングルアーム形」がある。なお、パンタグラフは英語で菱形を意味するが、集電舟タイプの集電装置はパンタグラフと総称される。

下枠交差形は、冷房装置などの搭載により屋根上のスペースが少ない車両用に開発された。最近の車両は、軽量化や保守作業を軽減するため、シングルアーム形が積極的に採用されている。

特殊な例として「翼型」パンタグラフがある。JR西日本の500系新幹線電車が唯一の採用例で、300km/h運転に際し、騒音を低減するため特別に開発された（騒音低減のため、フクロウの風切り羽根を参考にしたといわれる）。

5 ハイブリッド車と燃料電池車

電力供給の手段としては、架線または第三軌条による集電のほか、「ハイブリッド式」と「燃料電池式」がある。

ハイブリッド車は、ディーゼル機関・燃料電池・電車線・蓄電池（バッテリー）など、走行するために2種類以上の動力源に対応した装備をもつ車両のことをいう。大容量の蓄電池を搭載しているので、蓄電池の容量が十分であれば、その電力だけで走行することができる。また、回生ブレーキで発生した電力をバッテリーに貯蔵することができる。

燃料電池車は、水素を燃料とする燃料電池と蓄電池を組み合わせたもので、CO_2を排出しない環境配慮型の車両である（現在試験中）。

ハイブリッド車、燃料電池車の開発はともにJR東日本が先行している。ハイブリッド車はすでに、キハE200系が小海線で、観光車両HB-E300系が青森・長野・新潟方面で使用されている。また、燃料電池車は2030

年度の実用化をめざしてFV-E991系（HYBARI）を製作し、営業路線で実証試験を実施している。JR東日本以外にも、JR東海が特急「ひだ」、「南紀」用にハイブリッド方式のHC85系を導入している。

② 集電装置のしくみ

　ここでは、多くの車両に搭載されているパンタグラフを例に集電装置のしくみを紹介する（図3-10）。

　パンタグラフの構造は、上下に動く「枠組」、架線から電気を集電する「集電舟」、上昇・下降させる「装置部分」に大別される。枠組は金属の管をトラス状（三角）に組んだもので、下枠と上枠から構成される。軽量かつ堅牢な構造で、最近は塗装を省略できるステンレス製のものも多い。

　通常、架線の高さは5mほどであるが、上部に橋梁や跨線橋があるところでは、もっと低くなる。この上下差を枠組を伸縮させて吸収し、集電舟が常に架線に触れるようにしている。

　かつては中央本線や身延線など狭小トンネルのある線区では、パンタグラフ搭載部の屋根を低くするなどの対策が必要であったが、上下作用幅を大きくしたパンタグラフが登場すると、そのような対策も不要となった。

　集電舟のうち、直接架線に触れる部分を「摺板」といい、金属製のものとカーボン製のものがある。金属製は電気抵抗が少なく電流を多くとれるが、架線を磨耗させてしまう。カーボン製は滑りがよく架線の磨耗は少ないが、電気抵抗が大きい。どちらも一長一短がある。

　このため、大電流を必要とする電気機関車では金属製を使用する。一方、動力車が分散している電車では大電流を必要としないため、カーボン製が用いられていたが、現在ではカーボン製を改良した「カーボン系」摺板が、電車のみならず多くの車種に採用されている。

　装置部分は枠組を上昇・下降させる機構で、電車の場合、上昇はばねの力、下降は空気圧を用いることが多い。枠組が下降するとフックが掛かり、再びパンタグラフを上昇させるときには、空気圧や引き紐、電磁コイルなどでフックをはずす。

　電気機関車（直流・交直流・交流）と交直流・交流電車はこの逆で、空気の力で上昇させ、ばねの力で降下させる。高圧電気を使用する交流区間を

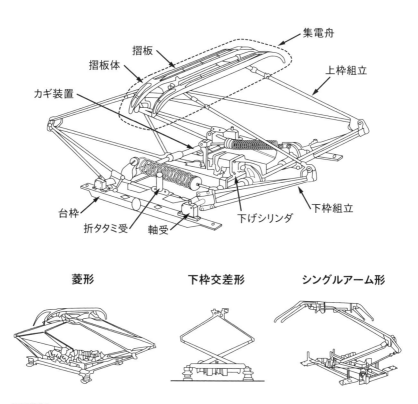

図3-10 パンタグラフの構造と種類

走る電車では、簡単にパンタグラフが上昇すると危険なため、この方法を採用している。

　元来、電車のパンタグラフは、電動車ごとに設置されるのが基本であった。しかし旧国鉄では1950年代後半から、電動車2両に対し1基（電動車1ユニット1組に1基）が原則とされるようになった。JRや一部の私鉄では、この国鉄方式を標準としている。これは、パンタグラフの数が多すぎると架線にかかる負担が大きくなり、保守点検にも手間がかかるからであろう。

　また、パンタグラフは列車の騒音源となるため、とくに高速で走る新幹線では基数を削減する方向にある（その代わり、高圧電線を車両間に引き通している）。新幹線電車の元祖0系では16両編成に8基のパンタグラフを装備していたが、現在の東海道・山陽新幹線の主力N700系電車には2基しかない。

第4節
車両の足回り——走り装置

　車両の走行に直接かかわる装置をまとめて「走り装置」という。以下、各部の構造としくみを説明する。

① 車輪と車軸

　1本の車軸とその両端に付いた車輪のセットのことを「輪軸」という。走り装置の主要な構成要素であり、レール上の走行はもとより、車両を支える重要なパーツである。

1 車輪

　一般に、車輪の中心部分を「輪心」、外側の円部分を「タイヤ」という。自転車などのように、スポーク・リム部分（輪心）とタイヤが分かれている車輪は「スポーク車輪」、輪心とタイヤが一体となっている円盤型の車輪は「一体車輪」という（図3-11）。

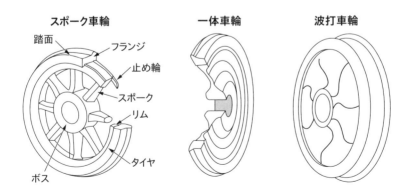

図3-11　車輪の種類

※円弧踏面は基本踏面と比較してフランジが30mm（基本踏面は25mm）高くなり、これにより走行性能の向上が図られている

図3-12 車輪踏面の形状

　一体車輪は輪心とタイヤが一体のため、タイヤが輪心からはずれる心配がない。このため、多くの鉄道では鉄製の一体車輪が用いられる。ただ、頑丈なのはよいが、車輪自体が重くなり、それだけ駆動に要する力も大きくなる。このため、通常の一体車輪を軽量化した「波打車輪」とよばれる車輪も使われている（軽量化のため輪心部分を薄くするとともに、波打ったような加工を施すことで強度を確保している）。

　車輪がレールにあたる部分を「踏面」という。踏面は水平ではなく、車輪がレール曲線をスムーズに通過できるよう、レール内側に向かって径が大きくなっている。細かく見ればさまざまな形状があるが、現在は円弧踏面とよばれるものが多用されている（**図3-12**）。

　また、レールの内側にくる車輪の縁には、脱線防止のため、「フランジ」とよばれるつば状の出っ張りがある（**図3-13**）。

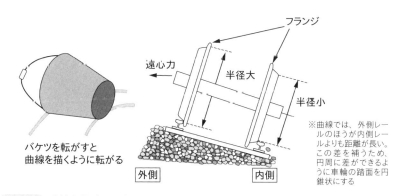

図3-13 曲線を曲がりやすくする工夫

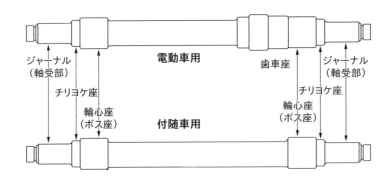

図3-14　車軸の構造

2 車軸

　車軸は文字どおり左右2つの車輪をつなぐ軸で、車輪とともに車両を支える重要なパーツである。車軸に車輪を付けたものを「輪軸」という。

　車軸は丸棒を加工した円筒形の部品で、その重要性から良質の材料を用いて、きわめて正確に加工される。輪心を固定する部分を「輪心座（ボス座）」、軸受部分を「ジャーナル」という。この車軸を車輪の穴に圧入して輪軸が完成する（図3-14）。

② 台車の構造

　「台車」は車体に固定されていない自由度の高い走り装置である。台車があるおかげで、車両は曲線をスムーズに通過することができる。**図3-15の上図**のように、台車がなく輪軸が車体に直接取り付けられている場合、輪軸間が長くなるほど曲線の通過が難しくなる。一方、台車は車体に対して水平方向に回転できるため、車体が長くなっても曲線をスムーズに通過できる（図3-15の下図）。

　台車は「輪軸」「軸箱」「台車枠」「軸受」「軸箱支持装置」「車体支持装置」からなる。

①輪軸と軸受、軸箱

　「輪軸」は通常、1台車につき2軸が取り付けられる。車両が安定して走

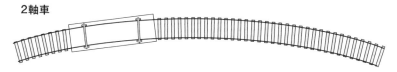

※二組の輪軸（車軸に車輪を付けたもの）を直接車体に取り付けたもので、軸と軸のあいだを長くすると曲線が曲がりにくい

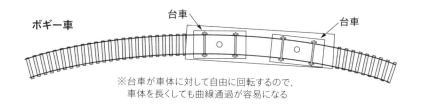

※台車が車体に対して自由に回転するので、車体を長くしても曲線通過が容易になる

図3-15　2軸車とボギー車

行するには輪軸の位置を固定する必要があるが、車軸そのものを固定すると輪軸が動かなくなる。このため、車軸を「軸受」とよばれる部品で固定する（ベアリングとよばれる機構により、輪軸がスムーズに回転するようになっている）。この軸受を支えるものが「軸箱」で、軸受とともに輪軸を支えている（図3-16）。

②軸箱支持装置

軸箱を台車枠に取り付ける装置を「軸箱支持装置」という。高速でも乗り心地を良くするため、前後方向は輪軸を並行に保つよう強固に押さえ、上下方向は車体の荷重をしっかり支えるとともに、レールの上下に対しては自由に動けることが求められる。この支持方法は多種多様なので、次項の「台車の種類」であらためて説明する。

③台車枠

「台車枠」はいわば台車の骨組みで、左右の「側梁（がわばり）」と、そのふたつをつなぐ「横梁（よこばり）」からなるH形の枠である（図3-17）。ここに輪軸、軸箱、軸箱支持装置、車体支持装置、電動機、駆動装置、基礎ブレーキ装置が組み込まれる。

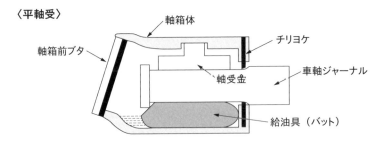

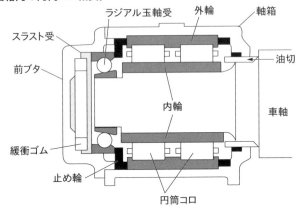

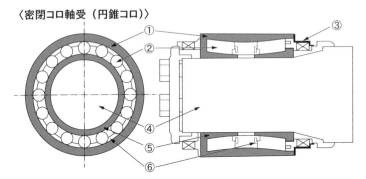

① 外輪　③ オイルシール　⑤ 内輪
② 円錐コロ　④ 車軸ジャーナル　⑥ 保持器

図3-16　平軸受とコロ軸受

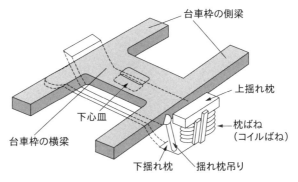

図3-17 台車枠

④車体支持装置

「車体支持装置」は、車体の荷重を台車に伝えるとともに、曲線を安全に通過できるように回転する機構である。

電動車では、レールの粘着と回転する車輪から発生する駆動力を伝える機能を総称して「車体支持方式」という。この方法も多種多様なので、次の「台車の種類」であらためて説明する。

③ 台車の種類

台車の種類は「軸箱支持方式」による分類（図3-18）と、「車体支持方式」による分類（図3-19）がある。乗り心地、重量、保守の手間など、どれも一長一短があり、使用線区の状況に応じて選択されている。

1 軸箱支持方式による分類

①ペデスタル（軸箱守）式

軸箱は上下方向にのみ動く。軸箱は、側梁の下の「ペデスタル（軸箱守）」に収められ、軸箱の上にはばねによって車体からの荷重がかかる。原始的な方法であるが、現在もさまざまな車両に用いられている。軸箱とペデスタルは隙間なく保つ必要があり、保守に手がかかるのが難点。

②円筒案内式

軸箱と台車枠にそれぞれ円筒を備え（両者の円筒は径が異なる）、それを

ピストンのように組み合わせた構造である。円筒のまわりには軸ばねが設けられる。ペデスタル式に比べて摺動部分（こすれ合う部分）が少なく、保守負担が軽減されるのが利点である。国内では近畿日本鉄道が多用していた。

③ミンデン式

軸箱と台車枠を薄い板状のばね（板ばね）で接続し、軸箱を固定したもの。軸箱は板ばねの変形で上下方向には動くが、左右方向は固定されている。摺動部分がなく、保守も容易であるため、多くの鉄道で用いられている。古いタイプは、軸箱の左右（前後）を板ばねで台車枠に固定する方式であったが、現在は台車枠の中心側からのみ軸箱を支持する方式が主流となり、小型化が図られている。ドイツのICEや日本の新幹線のほか、東武鉄道、京成電鉄、阪急電鉄などでもよく見かける。

④積層ゴム式

軸箱と台車枠の接続部を積層ゴムで支持する方式である。摺動部分がなく、定期的にゴムの劣化を点検するだけで保守に手間がかからないことため、多くの車両で採用されている。1985（昭和60）年頃から近年にかけて、とくに旧国鉄〜JRでの採用が目立つ。

⑤アルストム（リンク）式

軸箱を左右（前後）のリンクで台車枠に結合したもの。摺動部分が少なく比較的保守も容易であるが、部品点数が若干多い。フランスのTGVでの採用例が有名で、国内では小田急電鉄が多用している。近年はリンク機構が片側だけのもの（モノリンク式）も登場している。

⑥軸梁式

軸箱と一体となった腕状の梁「軸梁」を台車枠に結合したもの。上下動は軸梁により案内されるが、左右（前後）方向は固定されている。部品点数や摺動部分が少なく、保守に手間がかからない。JRの最新電車が多用しているほか、一部の私鉄でも採用されている。

⑦エコノミカル式（パイオニア式）

「エコノミカル式（パイオニア式）」は、空気ばね（板状、コイル状などの金属ばねに代わるもので、イメージは風船に近い）の剛性を生かして軸箱支持装置や軸ばねを省略した方式である。軸箱を台車枠に直接取り付けることができる。

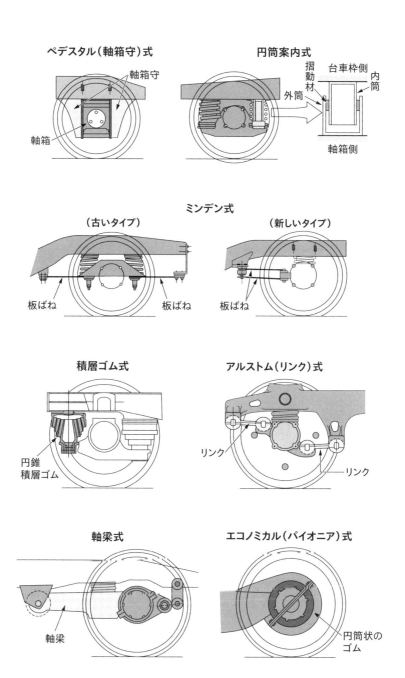

図3-18 台車の分類（軸箱支持方式）

1965（昭和40）年ごろに数多く製作されたが、乗り心地がいまひとつで、現存するものは少ない。東急電鉄、小田急電鉄、京阪電気鉄道、南海電気鉄道などで採用された。

2 車体支持方式による分類

①揺れ枕式

「揺れ枕式」は、車体からの荷重を「枕梁（まくらばり）」という部品で受ける方式。荷重は上揺れ枕梁から下揺れ枕梁に伝わり、揺れ枕吊りを通して台車枠、車輪へと伝わる。

乗り心地がよく、さまざまな車両に用いられてきたが、部品点数や摺動部分が多いため点検・交換に手間がかかるのが難点で、構造が簡単で乗り心地のよい台車が開発されると、新規採用例は少なくなった。ただ、かつては広範に採用された方式であるため、現在も多数が継続使用されている。

②インダイレクトマウント式

「インダイレクトマウント式」は、保守の手間を軽減するため、揺れ枕吊りを廃止し、揺れ枕梁（上揺れ枕梁）だけで車体を支持する方式である。空気ばねの採用により実現が可能となった（一部コイルばねもある）。

1965（昭和40）年ごろから旧国鉄、私鉄を問わず広く用いられたが、後述のボルスタレス台車の登場により、JRと一部の私鉄では新規採用例をほとんど見なくなった。

③ボルスタレス式

「ボルスタレス式」は、インダイレクトマウント式からさらに枕梁（ボルスタ）を省略したもの。台車枠と車体は空気ばねを介し直結されている。つまり、空気ばねで車体を支持している。

高速で走る特急用車両などでは、「ヨーダンパ」という揺れを吸収する装置が取り付けられ、乗り心地の向上が図られている。現在広く採用されている方式で、主流の台車といってもよかろう。

3 その他特殊な台車

①振子式車両用台車

曲線区間を車両が高速で通過すると、車両を曲線の外側に押し出す遠心力がはたらく。この遠心力を打ち消すため、車体を内側に傾斜させる機

揺れ枕式

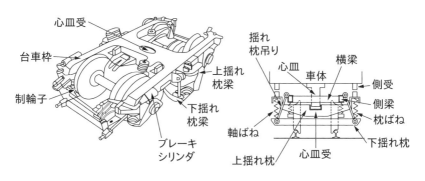

インダイレクトマウント式

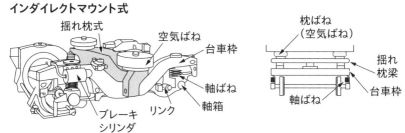

ボルスタレス式

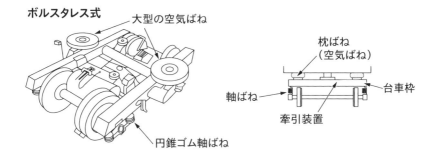

図3-19　台車の分類（車体支持方式）

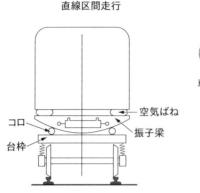
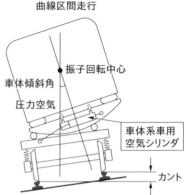

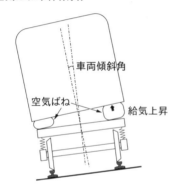

図3-20 振子式台車

能をもたせたものが、「振り子式車両」である。台車の枕梁にコロを設け、車体を傾斜させる機構が採用されている（図3-20）。このほか、空気ばね車体傾斜方式（台車左右の空気ばねの伸縮差で車体を傾ける）もある。

②自己操舵台車

　曲線をスムーズに通過できるように、輪軸の角度がレールの曲がりぐあいに合わせて変化するようにしたのが「自己操舵台車」である（図3-21）。曲線での安定性が増し、横圧（車輪がレールを横方向に押し広げようとする力）の低減により、車輪やレールの摩耗も少なくなる。JR北海道のキハ283

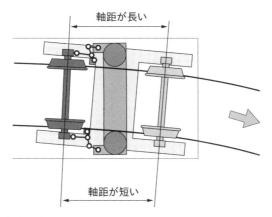

図3-21　自己操舵台車

系特急型気動車で採用され、少し簡素化したものがJR東海の383系特急型電車にも使われている。

　近年では、急カーブの多い日比谷線の20メートル化にあわせて導入された。この日比谷線に採用された操舵台車は、銀座線1000系用をベースに狭軌向けに改良したもので、狭軌の通勤電車で初めての採用となった。

　この操舵台車は、自動車がハンドルを切ってスムーズに曲線を通過するように、曲線通過を通過する際に、台車に2つある輪軸の片方がカーブに沿って自動的に曲がるしくみになっている。これによって、車輪とレールの摩擦が減少すると同時に、騒音と振動が抑えられ、曲線をスムーズに走行できるようになった。

通勤電車で初めて自己操舵台車を採用した東京メトロ1000系

第5節 ブレーキ装置

① ブレーキ装置の基本形

　高速で走行する列車を安全確実に停止させるブレーキ装置は、目的や機能・構造により細かく分類されている。車輪の回転を止める方法は、大きく分けると、空気を使うやり方（空気ブレーキ）と電気を使うやり方（電気ブレーキ）がある。

1 空気ブレーキ

　「空気ブレーキ」では圧縮した空気を用いる。**図3-22**のように、注射器のような構造をもつシリンダー（円筒）に圧縮空気を入れると、シリン

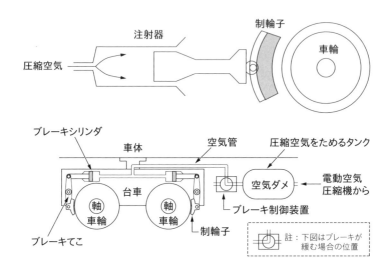

図3-22　空気ブレーキの原理

ダー内部のピストンが押し込まれ、ピストン先端にある制輪子（ブレーキシュー）が車輪の回転を抑制する。

空気の圧縮自体は電動空気圧縮機（コンプレッサー）で行われる。圧縮された空気は空気ダメと呼ばれる専用の空気タンクに溜められ、ブレーキ制御装置を経由してブレーキシリンダーに供給される。

以上は基本的なしくみで、実際には圧縮空気だけでは力が足りないため、てこの原理を利用した「ブレーキテコ」とよばれる部品で力を数倍にしてブレーキをかける。

2 電気ブレーキ

「電気ブレーキ」は電動機（モーター）を使って車輪を止める方法で、電気車でしか使えない。電動機は車輪を回転させるものであるが、その逆の使い方もできる。

機能としては、「電動機」は電力で軸を回転させるもの、「発電機」は軸を回転させて電力を発生させるものであるが、電動機と発電機の構造は基本的に同じであり、鉄道では状況によってその機能を使い分けている。

電気車が発車するときは、電動機に電力を供給して軸（車輪）を回転さ

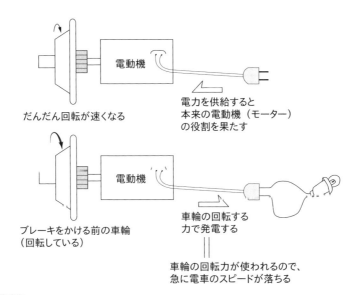

図3-23 電気ブレーキの原理

せる。逆に停車するときには、電動機を発電機として機能させ、軸（車輪）の回転を電力に変換する。この発電により電動機（発電機）の回転力が落ちる、つまり、ブレーキがかかったのと同じことになる（**図3-23**）。

このしくみは、自転車のダイナモライト（タイヤの回転力でダイナモ＝発電機の軸を物理的に回転させて電力を得るライト）で考えるとわかりやすい。ライトを点灯させると、ペダルが重くなり走りにくくなる。これはライトを点灯させるために、タイヤの回転力をダイナモの回転力に変換しているからである。電気ブレーキの基本的な原理もこれと同じで、回転力を電力に変換して（発電して）電気車のスピードを落としている（発電と回転力の低下の関係については、あとでさらに説明する）。

② 空気ブレーキの種類としくみ

空気ブレーキのブレーキ制御装置は空気ダメ（元空気ダメ）とブレーキシリンダのあいだにあり、ブレーキ力の強弱をブレーキシリンダに送る圧縮空気の量で調整する。限度はあるが、圧縮空気を送る量が多いほど、強いブレーキ力が得られる。

空気ブレーキは、ブレーキ制御装置の違いから以下のように分類される。

■ 直通空気ブレーキ

「直通空気ブレーキ」は、運転士が取り扱うブレーキハンドル（ブレーキ弁）そのものがブレーキ制御装置となっているものをいう（つまり、運転室のブレーキハンドルの下まで圧縮空気が届いている）。単行（1両）で走る路面電車などのブレーキに使われている。

ブレーキをかける場合、ブレーキハンドルを所定の位置に動かすと、空気ダメと接続する空気管が、ブレーキシリンダへと続く空気管（直通管という）に接続されるようになっている。ブレーキハンドルを所定の位置に合わせる時間が長いほど、ブレーキシリンダに送られる圧縮空気の量が増え、その結果としてブレーキ力が高まる（**図3-24**）。

一方、ブレーキをゆるめる場合は、ブレーキハンドルを所定の位置に合わせ、ブレーキシリンダ内の圧縮空気を外に排出する（直通管を外につながる空気管に接続する）。

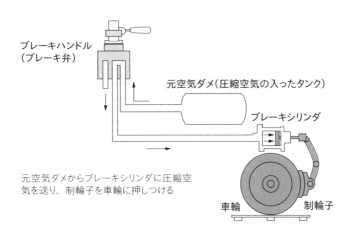

図3-24 直通空気ブレーキ

　このように構造が単純である点は直通空気ブレーキの長所といえるが、連結運転には適していない。2両編成以上の場合、運転室でのブレーキ操作により圧縮空気が直通管を通って後続の車両に送られるまでに時間がかかるため、ブレーキの発動が遅れてしまうからである。また、直通管が破れると圧縮空気が漏れ、ブレーキがかからなくなる。このため、2両以上連結するときは、後述の自動空気ブレーキなどの併設が義務付けられている。

2 自動空気ブレーキ

　「自動空気ブレーキ」は、直通空気ブレーキの欠点を改善したもので、連結車両にも用いられる。まず、編成の端から端まで通る「ブレーキ管」と、編成内各車の「補助空気ダメ」に、元空気ダメから圧縮空気を供給しておく。この状態でブレーキハンドルを所定の位置に動かすと、ブレーキ弁の作用によりブレーキ管内の圧縮空気が抜けていき（減圧し）、これに各車両の車体床下にある「制御弁」が反応して、各車の補助空気ダメ内の圧縮空気をブレーキシリンダに送り、ブレーキがかかる（図3-25）。

　つまり、ブレーキ管の減圧量に応じてブレーキシリンダに送られる圧縮空気の量が増え、その結果としてブレーキ力が増す。したがって、仮にブレーキ管が破損して圧縮空気が漏れてしまった場合、自動的にブレーキがかかり、直通空気ブレーキよりも安全なしくみといえる。

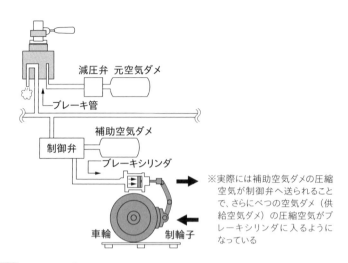

図3-25 自動空気ブレーキ

　自動空気ブレーキは、機関車牽引列車や旧型電車、旧型気動車（ディーゼルカー）で多用されているほか、次に取り上げる電磁直通空気ブレーキのバックアップとしても用いられている。

3 電磁直通空気ブレーキ

　先に見た直通空気ブレーキや自動空気ブレーキは、空気圧力の変化が空気管を通じてブレーキ関係機器に直接伝わってブレーキがかかるというしくみである。当然、編成両数が増えると伝達距離が長くなり、運転室から後続車両への伝達に要する時間も長くなる。

　こうした欠点を克服したのが「電磁直通空気ブレーキ」である。ブレーキハンドルによる空気圧力の変化を「電磁直通制御器」（ブレーキハンドル付近にある）で電気信号（信号指令）に変換して後続車両に伝え、各車にある「電磁弁」により圧縮空気を直通管に送ったり、直通管から排出したりできるようになっている（**図3-26**）。このため、長大編成となっても各車のブレーキの応答性が変わらず、安定したブレーキ性能を得ることができる。

　「電磁弁」は、圧縮空気の流れを止める"栓"を電磁石の吸引力を利用して動かすしくみになっている。圧縮空気を直通管に込める「ブレーキ電磁弁（込め電磁弁）」、圧縮空気を大気中に排出する「ゆるめ電磁弁」の2つ

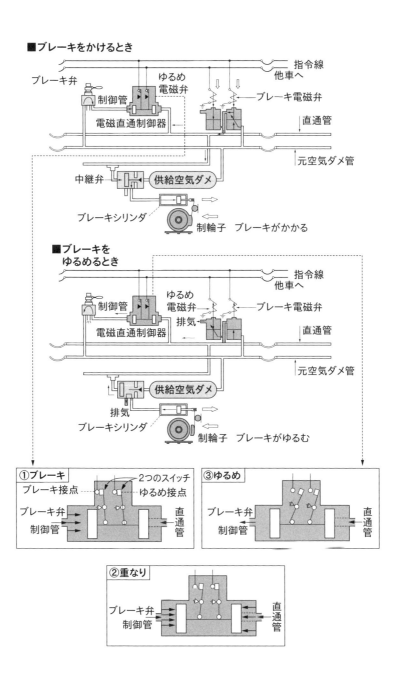

図3-26 電磁直通空気ブレーキ

がセットである。

　電磁直通制御器のなかには2つのスイッチがあり、ブレーキハンドルを動かして変わる制御管の空気圧力と、動かす以前の直通管の空気圧力を比較して、制御管内の圧力が高ければ制御管側に、低ければ直通管側に動く。こうして2つのスイッチ（電気信号接点）のオン・オフを切り替えている。

　この電気信号が前述の電磁弁へと伝わる。先の2つの電磁弁が作用し、直通管の圧力をいち早く制御管の圧力と同じにしようとする。直通管側と制御管側の圧力が同じになる（釣り合う）と、"重なり"と呼ばれる、電磁弁による空気の出し入れがまったくない状態が自動的につくられる。このことがブレーキハンドルの操作を簡単にする。

　つまり、ブレーキハンドルを動かした角度に応じてブレーキ力が変化する（操作角に応じたブレーキ力が発生し、そのまま重なり状態を保つ）。"セルフラップ（自動重なり）"機構とよばれるもので、これによりブレーキ操作がだいぶ楽になった。というのも、自動空気ブレーキではこの重なり状態を自動で保つことができず、所定のブレーキ力が得られたらブレーキハンドルを重なり位置にその都度戻す必要があったが、電磁直通空気ブレーキではその必要がないからである。

　なお、直通管の圧縮空気は直接ブレーキシリンダに送られるわけではない。直通管の圧力に比例した圧縮空気が、各車の供給空気ダメから「中継弁」を通じてブレーキシリンダに送られる（直通管圧力が下がれば、中継弁はすぐに排出も行う）。

　要するに、直通管の圧縮空気は指令用であり、直通管内の微妙な圧力変動に左右されない安定的かつ確実なブレーキシステムといえる。

４ 電気指令式空気ブレーキ

　これまで説明してきたブレーキ方式は、運転室のブレーキハンドルの下に各種の空気菅を引き込み、ハンドル操作により空気の量を調整するという、古くから採用されてきた方式である。このように圧縮空気を通じてブレーキ指令を出す方式のことを「空気指令式」という。

　これに対し、「電気指令式空気ブレーキ」では、指令系統のすべてで電気信号が用いられる（ただし、ブレーキシリンダに直接圧縮空気を給排気する機器は除く）。応答性に優れ、コントロールのしやすいブレーキといえる。

電気指令式の場合、運転室に空気配管はなく、ブレーキハンドルの仕事
は各車両に電気信号を送るだけである。このため、電気指令式のブレーキ
ハンドルは「ブレーキ制御器」とか「ブレーキ設定器」とよばれている。
　電気信号を出す方法は、デジタル指令式とアナログ指令式がある。「デ
ジタル指令式」は、3本の電線（指令線）を使ってオン・オフの組み合わ
せを7通りつくり、7段階の強さのブレーキ指令が得られるようにしたも
のである。「アナログ指令式」では、1本の指令線に電圧または電流の量
を連続的に変えて指令を送り、その大きさに応じた空気圧力を得る。
　電気指令式では、ブレーキハンドル（ブレーキ設定器、ブレーキ制御器）に
は空気配管がないため、自動車でいえばアクセルに相当するマスターコン
トローラー（マスコン）とブレーキハンドルを一体化させたワンハンドル
方式も可能になり、運転室機器の操作性が大きく変わった。

①デジタル指令式

　ブレーキ制御器から伸びる3本の電線は、各車両に設けられた3つの電
磁弁にそれぞれ接続されている。各電磁弁はブレーキ制御器からの電気信
号により作動し、供給空気ダメからの圧縮空気を「多段式中継弁」に送る
（図3-27）。
　多段式中継弁の内部にはゴム（膜板）で仕切られた「膜板室」という部
屋が3つあり、3つの電磁弁からの圧縮空気はそれぞれ別の膜板室に入っ
ていく。圧縮空気によって膜板が押し上げられると、その上の「供給弁」（ブ
レーキシリンダへの空気の通路の開閉弁）が開き、供給空気ダメから別ルート
を通ってきた圧縮空気がブレーキシリンダへと送られる。
　3つの電磁弁とつながる3つの膜板室は、大きさが異なるため押し上げ
る力も異なり、各電磁弁のオン・オフの組み合わせで7段階の空気圧力（供
給弁を動かす圧力）をつくり出すことができる。供給空気ダメ～供給弁～ブ
レーキシリンダという圧縮空気の流れを7段階でコントロールできるので
ある。
　なお、ブレーキシリンダの空気圧力と膜板を押す3つの電磁弁の空気圧
力の和が同じになったら、膜板がブレーキシリンダ側の圧力と釣り合うこ
とで、少し押し戻されるかたちとなり、ブレーキシリンダへの空気の通路
が閉じられるようになっている。これが"重なり"の状態である。

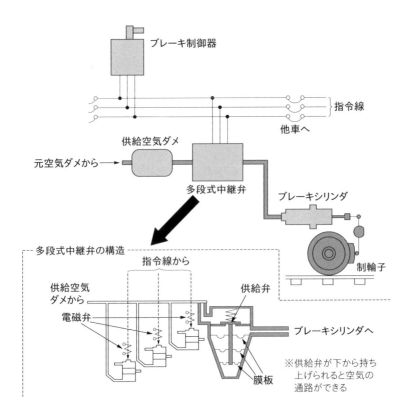

図3-27 電気指令式空気ブレーキ（デジタル指令式の場合）

②アナログ指令式

　ブレーキ制御器からの指令（電圧または電流の大きさ）は、各車両の「電空変換弁」に伝わる。そこで、指令電圧・電流の大きさに対応した電磁石の力で給排弁棒を押し上げて空気の通路をつくり、供給空気ダメからの圧縮空気を「中継弁」へと送る。中継弁は、その空気圧力に応じ、別ルートの圧縮空気（これも供給ダメから供給）をブレーキシリンダへ送るというしくみである（**図3-28**）。

　デジタル指令式では、ブレーキシリンダへの空気は段階的な圧力変化であるが、アナログ指令式では、連続した無段階変化という点が大きな特徴といえる。

　デジタル指令式、アナログ指令式ともに指令線に電気が流れてブレー

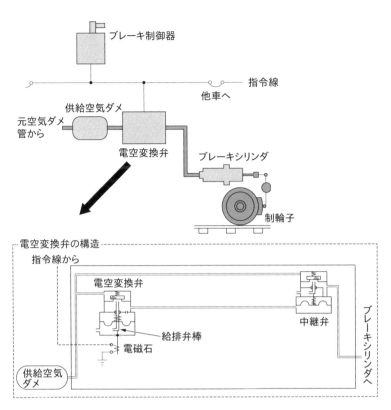

図3-28 電気指令式空気ブレーキ（アナログ指令式の場合）

がかかるというしくみである。ということは、連結器が故障して列車が分離するなどの事故があった場合、ブレーキがかからなくなるおそれがある。このため、いつも電気が流れている電線をもう1本、各車両間に引き通しておき、その電気が切れたら非常ブレーキがかかるように万全が期されている。

③ 電気ブレーキの種類としくみ

　本章第1項で述べたように、電気ブレーキは、電気車の電動機（モーター）を発電機として機能させ、回転力を電力に変換してスピードを落とす方法である。

しかし、ただ発電させればよいというものではない。発電した電気（電力）を消費するもの（負荷）を発電機に接続し、電気回路が構成されたとき、はじめて発電が始まりブレーキとして機能する。負荷の入った電気回路が構成されなければ、発電機はただ回転させられているだけで、ブレーキはかからない。要するに、電気ブレーキでは負荷が肝腎であり、この負荷の違いにより、次の2通りの電気ブレーキに分類できる。

1 発電ブレーキ

「発電ブレーキ」は、負荷として自車の抵抗器を接続し、そこに発電した電流を流して発熱させることでブレーキをかけるしくみである。抵抗器は余分な電気を熱に変えることで消費機能を果たす（**図3-29**）。

旧形の電車についている抵抗器（主抵抗器）は、本来は速度制御に用いられるものなので、電動機（発電機）同様、スピードを上げるときと下げるときの2通りの使用方法があるということになる。ただし、最近の電車は速度制御に抵抗器を使わないので、発電ブレーキが必要な場合はブレーキ専用抵抗器を搭載しなければならない。

発電ブレーキでは、電気エネルギーを熱エネルギーに変換して大気中に放出するわけで、エネルギーの有効利用という観点で見れば無駄がある方式といえる。

2 電力回生ブレーキ

「電力回生ブレーキ」は、電動機（発電機）で発電した電気（電力）をパンタグラフなどの集電装置から架線（電車線）に流すしくみである（**図3-30**）。架線に戻された電気はほかの電気車の加速（力行）に用いられるため、エネルギー効率がよい方式である。

発電される電気の量は速度によって大きく変化するため、かつては架線に送る電気として調整するのが難しかったが、最近の電車ではその制御技術が進歩し、簡単に処理できるようになった。

ただ、ほかの電気車が"負荷"となるため、付近に力行中の電車などがない場合（負荷がない状態）、ブレーキが効かなくなるのが難点である（このブレーキが効かない状態を「回生失効」という）。したがって、列車回数の少ない線区ではあまり採用されない。

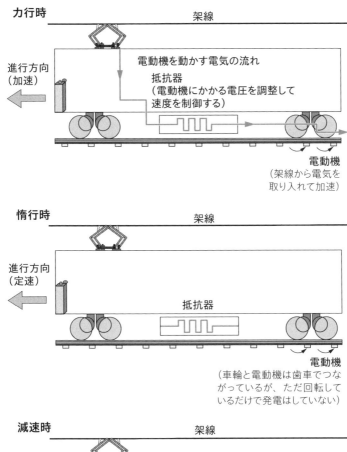

図3-29 発電ブレーキの考え方

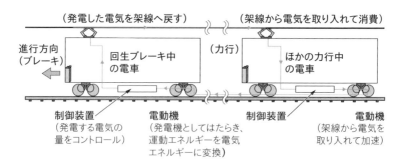

図3-30 電力回生ブレーキの考え方

なお、回生失効したときは、抵抗器のある車両では発電した電気を抵抗器に流すよう回路を切り換えることができるが、抵抗器がない車両では、空気ブレーキに頼るしかない。

④ 回生電力エネルギー有効利用の取り組み

　回生ブレーキ作動中の車両の近くに力行車両がいない場合、架線電圧が上昇すると、回生ブレーキが効かなくなる回生失効が発生してしまう。このため、回生電力エネルギーを有効に活用するべく、変電所から架線に供給する電圧を低くして、回生電力エネルギーを有効に活用できるようにする実証実験が行われている。

　ただ、変電所から架線への供給電圧を低減してしまうと、その区間を走行する列車の加速性能が低下してしまい、列車がダイヤ通りに運行できなくなる可能性がある。このため、これまで取得した車両データなどを活用して、回生電力の抑制がかかりやすい区間で、列車運行ダイヤに影響を与えない範囲で、き電電圧を抑制して回生電力エネルギーを有効に活用するようにしている。

　また、鉄道各社において、回生電力エネルギーを一時的に充電して加速する列車に供給する電力貯蔵装置や、駅などに供給する回生インバータ装置の導入も進められている。

回生電力エネルギーを貯蔵する施設として進められているもののひとつに、フライホイール蓄電システムがある。これは、装置内部のフライホイールローター（大型の円盤）が回転することで、発電電動機を介して回生電力エネルギーを運動エネルギーとして貯蔵（充電）し、必要に応じてエネルギーを放出（放電）するシステムである。

　現在、JR中央線では、下り勾配を走行する列車で発生する回生電力エネルギーを運動エネルギーとして貯蔵し、上り勾配を登坂走行する列車にエネルギーを放出する実証実験が行われている。これは、変電所から送電する電力の削減はもちろんのこと、充放電の繰り返しによる蓄電池の性能劣化がなく、さらに有害物質を含まない構造のため、環境に優しい方法といえる。また、このフライホイールローターの荷重を受ける軸受部分には超電導技術（超電導磁気軸受）が採用され、非接触となっているため、メンテナンスコストの削減やエネルギー損失の低減というメリットもある。

⑤ 空気ブレーキと電気ブレーキの使い分け

　空気ブレーキはすべての車両に装備されているが、電気ブレーキは電動車（電動機（モーター）を搭載する車両）にのみ装備されている。したがって、電動車には空気ブレーキと電気ブレーキの両方が備わっている。

　では、電動車では、空気ブレーキと電気ブレーキをどのように使い分けているのであろうか。

　運転席からのブレーキ指令が各車に伝わると、初めは電気ブレーキだけが作用し、途中で失効しないかぎり、電気ブレーキのみの力で速度を落とす。低速域では電気ブレーキの力が弱くなるので、その不足分を空気ブレーキが補うのが一般的な使い方である。

　空気ブレーキを電気ブレーキよりもかなり遅れて作用させるため、これを「遅れ込め作用」という。また、電気ブレーキとほぼ同時に弱い空気ブレーキかけておき、低速時のブレーキ補完をスムーズにする場合もあり、これは「初込め作用」という。

　さらに最近の電車では、低速時に弱くなった電気ブレーキ力を補うため、電動機に逆回転力のような弱い力を作用させ、車両が停止するまで空気ブレーキを一切使わない「純電気ブレーキ」方式を採用したものもある。

一方、付随車（電動機を持たない車両）は、編成内の電動車が電気ブレーキを使用中でも空気ブレーキを使っていたが、近頃の電車は、電動車に強い電気ブレーキが効くため、これと連結器でつながっている付随車は空気ブレーキを使わなくても速度を落とせるようになった。

この場合の付随車の空気ブレーキは、電動車同様、低速域に入って初めて作用させるようになっている。

⑥ 特殊なブレーキ

ここまでは、主力ブレーキともいえる空気ブレーキと電気ブレーキの話であるが、これら以外にも特殊なブレーキがいくつかある。

■ うず電流ブレーキ

磁界で金属を動かすと、その金属に電流が発生し、うずを巻くように流れる。これを「うず電流」という。電流が流れた金属には力（電磁力）が発生し、一定の方向（電流、磁力線とは別の方向）に動こうとする（172頁の「フレミングの左手の法則」を参照）。この原理を利用してブレーキをかけるのが「うず電流ブレーキ」である（図3-31）。

そのしくみはこうである。付随車の車軸に金属ディスク（円盤）を固定し、その両側に少し隙間を空けて電磁石を取り付けておく。発電ブレーキで発電した電流を電磁石に流すと、金属ディスクに車輪の回転とは逆向きの力が発生する。この逆向きの力がブレーキ力となる。いまのところ、新幹線車両の一部でしか採用されていない。

② 電磁吸着ブレーキ

「電磁吸着ブレーキ」は、電磁石の吸着力を利用するブレーキである。台車に電磁石製のブレーキシュー（制動靴）を取り付け、レールのほうに向けておく。下り坂で暴走するなどの緊急時には、このブレーキシューをレール上に降ろして接触させ、発電ブレーキなどの電流を流すことでブレーキシューをレールに吸着させるしくみである。電磁石の吸着力が加わる分、通常の空気ブレーキよりも強い力が得られる。

日本では、信越本線・横川〜軽井沢間（現在は廃止）の66.7‰勾配専用

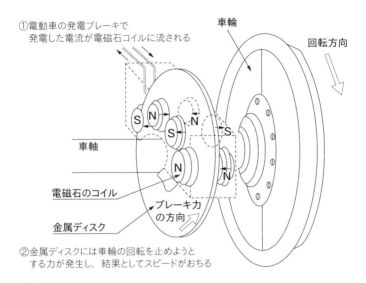

図3-31 うず電流ブレーキ

の電気機関車EF63形が装備していたことがよく知られている。

3 圧着ブレーキ

「圧着ブレーキ」は、台車の中央部にレールに向けてブレーキシューを取り付け、緊急時に通常の空気ブレーキとは別の経路から圧縮空気を送り、ブレーキシューをレールに押しつけるものである。最急勾配80‰を誇る箱根登山鉄道のような急勾配路線を走行する車両に採用されている。

4 保安ブレーキ

先に紹介した電磁吸着ブレーキと圧着ブレーキは、何らかの理由で通常のブレーキでは対応不能となったときに使用される。このようなブレーキシステムを「保安ブレーキ」という。

電磁吸着ブレーキ、圧着ブレーキ以外にも、踏切事故などで空気管の圧縮空気がもれた際に列車を非常停車させるシステムや、(電気指令空気ブレーキのところで説明した)常に電気が流れている電線の電気の流れが止まったときに非常停車させるシステムが、通常のブレーキとは別に二重に取り付けられ、安全が確保されている。

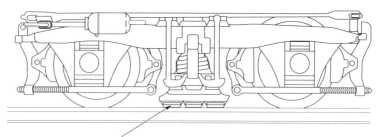

この部分を圧縮空気の力でレールに押しつけるのが圧着ブレーキ。
電磁吸着ブレーキは、これが電磁石となっていて、レールに接触して
吸着させる

図3-32 圧着ブレーキ

5 抑速ブレーキ

　下り坂が長く続く（連続下り勾配）区間では、ブレーキをかけながら運転するが、速度が出すぎたらブレーキをかけ、低速になったらブレーキをゆるめる操作のくり返しはわずらわしく、危険を伴うこともある。

　そこで、電動車だけに作用する電気ブレーキを利用して、一定の速度で坂を下っていけるようにしたのが「抑速ブレーキ」である。この抑速ブレーキを使用すれば、空気ブレーキを作用させずに済むため、制輪子と車輪間の加熱などの心配もなくなる。

　抑速ブレーキを作動させるための操作は、マスコンやブレーキ制御器のレバーを一定の位置にもっていく、あるいはボタンを押すなど、車種によって異なるが、いずれにしても空気ブレーキを扱うより操作が楽なことは確かである。

6 耐雪ブレーキ

　積雪が一定以上になると、走行中に舞い上がった雪が車両の床下に付着し、悪影響を及ぼす。なかでも危険なのが、制輪子と車輪踏面（車輪がレールと接する面）とのあいだに雪が入り込んで圧着され、空気ブレーキの力が極端に弱くなることである。

　これを防止するのが「耐雪ブレーキ」で、運転台の耐雪ブレーキスイッチを入れると、制輪子が通常より弱い力で車輪踏面に押しつけられ、雪の侵入を防ぐ。

⑦ ブレーキ時に車輪がレール上をすべらなくする方法

　積雪が凍って氷状になった道路（アイスバーン）で、自動車や自転車がブレーキをかけたとしよう。タイヤは回転せずに道路をすべっていき、ブレーキがほとんど効かない状態となる。鉄道の場合、レールや車輪踏面はもともとすべりやすく、線路に氷がなくても、ほんの少しの雨や雪でこれと同じ状況がつくり出されてしまう。そのため、ブレーキ時のすべり（滑走）防止対策として、以下のような装置や対策が必要となる。

■1 滑走検出装置

　加速したり、ブレーキをかけたりするときには、レールと車輪踏面がある程度くっついていて、すべらない状態（摩擦がある状態）を確保することが重要な条件となる。このくっつきを「粘着」という。

　走行中に粘着がなくなり滑走が始まったことを検出するには、数種の方法がある。一般的なのは、輪軸のいくつかに小型の発電機を取り付けておき、その発電電圧がなくなったこと（＝輪軸が正常に回転していない）をもって滑走を判断するやり方である。輪軸に専用の歯車を取り付け、歯車の回転がなくなったことをもって滑走を検出する機械的な方法などもある。こうした装置がない車種では、音や振動、走行状態の変化に対する運転士の体感に頼っているのが現実である。

■2 滑走した場合の対策

　ブレーキ時に滑走が始まると、再び粘着状態を取り戻さなければならないが、実際のところ、できることは限られている。したがって、滑走させないように、早めにゆるくブレーキをかけることが何よりも大事である。

　滑走が始まったときの対応としては、ひとつには滑走した輪軸だけを対象に、ブレーキをゆるめてもう一度かけ直すという方法がある。最近の電車ではこれが自動的にできるようになった（電気ブレーキ、空気ブレーキを併用する）。

　もうひとつの方法は、レールに砂をまいて摩擦力を高めることである（運転士の判断により適時行う）。砂まきは昔から行われてきた方法で大きな効果が得られるが、車両に積む砂自体の容量が大きく、砂をまいた箇所が荒

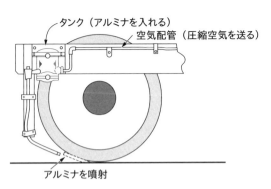

図3-33 セラジェット

れてしまうという欠点がある。そこで、セラミック粉末（アルミナ）を圧縮空気で自動的に噴射させる「セラジェット」という装置が開発され、普及が進んでいる（図3-33）。

第6節
電気車の速度制御

① 電気車を動かすための主電動機

　ここまで、電気車（電車、電気機関車）の動力源を電動機（モーター）とよんできたが、とくに走行のための動力を生み出す電動機のことを「主電動機」という。電気車の速度を変化させる（制御する）には、この主電動機の回転数を変化させてやればよい。主電動機は、大別すると、直流電動機と三相交流誘導電動機の2種類がある。

■ 直流電動機

　直流電動機は、鉄心とコイルで電磁石をつくる「界磁（フィールド）」、界磁の磁力線と作用して回転運動を起こす「電機子（アーマチャー）」、電流の流れる向きを調整する「整流子・ブラシ」などから構成されている。電機子と界磁のつなぎ方から、直流直巻電動機、直流複巻電動機、直流分巻電動機などに分かれる（図3-34）。

　「直流直巻電動機」は、電気車が起動するときに必要となる大きな力を出すことができる、速度が高くなると自然に力が小さくなって流れる電流も少なくなる、簡単に広範囲な速度制御ができるなど、電気車の電動機として優れた特性を備えている。そのため古くから電車、電気機関車の主電動機として用いられてきた。

　旧国鉄でも、直流電化区間用の電気車（直流車）、交流電化区間用の電気車（交流車）、交流・直流電化区間両用の電気車（交直両用車）を問わず、直流直巻電動機が主電動機として使われてきた経緯がある。

　「直流複巻電動機」は直流直巻電動機よりも特性が落ちるが、2つある界磁の片方を制御することで安定した電力回生ブレーキを使用できる。このため、省エネルギー効果に着目した私鉄を中心に広く採用されてきた。

171

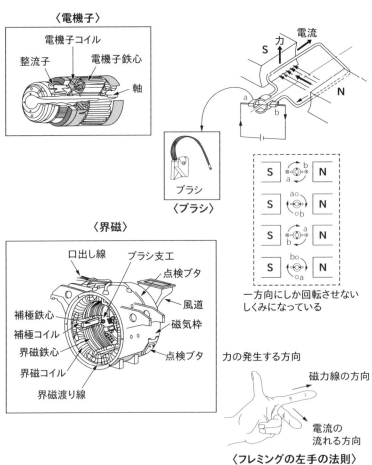

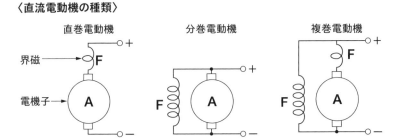

図3-34 直流電動機の原理と分類

ただ、直巻であれ複巻であれ、直流電動機は構造が複雑である。整流子・ブラシといった摩耗する部品があるため、定期的に分解して部品を交換する必要があり、保守に手間がかかるという欠点がある。さらに小型・軽量化が難しく、電機子の回転数の限界が比較的低いという問題もある。

　このため、最近製造される電気車では、後述の交流電動機が主流となっている。大手私鉄では、直流電動機を交流電動機とそれに必要な制御装置と交換して使用している会社も多数ある。ただ、地方を中心に現在でも直流電動機を使用する電気車は多数ある。

2 三相交流誘導電動機

　先述のとおり、近年製造される電気車は、ほぼ交流電動機を用いている。これは、電源が直流・交流のいずれであっても同じ状況である。

　交流電動機にはいろいろなタイプがあるが、電気車の主電動機としては「三相交流（かご型）誘導電動機」とよばれるものが使用されている。

　三相交流誘導電動機の回転原理は、U字型の永久磁石のすき間に自由に回転できる銅製円盤を入れ、磁石を円盤に接触させずに回転させると円盤も同じ方向に回転するという「アラゴの円盤」現象である。

　実際の電動機は、筒状の容器のような固定子（ステーター）の中に、円筒状の鉄心に銅でできた導体が組み合わされた回転子（ローター）が収められた恰好となる（図3-35）。

　筒状の固定子の内側には、少しずつ位置をずらして複数のコイルが備わっており、コイルそれぞれを三相交流のU・V・W相につないで（三相交流とは1周期の3分の1ずつ位相の異なる3個の正弦波状に電圧が変化する電気）三相交流を流してやれば、各コイルは順々に電流が最大値となっていくので、回転する磁石と同じ効果が得られる。つまり、三相交流による回転磁界を発生させる。固定子内の回転子は、この回転磁界に誘導され回転するというしくみである。

　産業用としては、古くから実績のある三相交流誘導電動機は、直流電動機に比べて構造が簡単で、整流子やブラシといった摩耗する部品もないため、保守が容易で故障が少ないという利点がある。小型・軽量というのも大きな魅力である。同じ出力の直流電動機と三相交流誘導電動機を並べると、後者のほうがかなり小さくなっている。

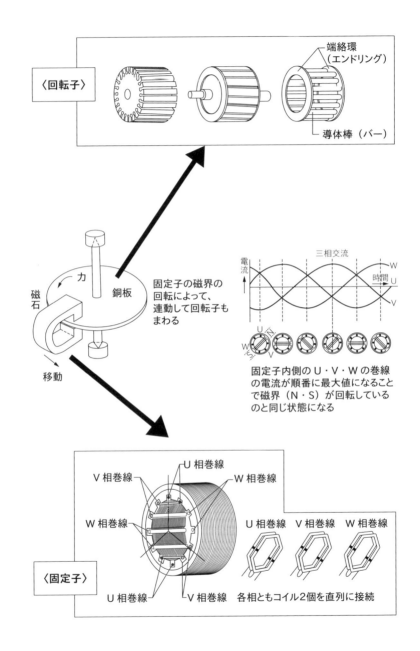

図3-35 三相交流誘導電動機の原理と分類

以上のように、三相交流誘導電動機は鉄道用の電動機としてもじつに優れた特性をもっているが、その実用化はだいぶ遅れたといえる。鉄道車両に採用されはじめたのは1985（昭和60）年前後のことで、その草分けは1982年登場の熊本市交通局の路面電車8200形である。

　三相交流電動機の導入が遅れた原因のひとつに、日本の鉄道の電化が直流方式でスタートしたことが挙げられる。直流方式でスタートしたことにより、早い段階で直流電動機の制御技術が確立され、それが固定概念となってしまったのである。

　戦後は、地方で交流電化が推進されたが、交流電気車ではあるものの、電車線路から取り込んだ交流電気を車内で直流に変換し、直流電動機を動かしていた。また、三相交流誘導電動機を制御するには、電圧や周波数を自由に変化させるという非常に高度な技術の装置を要したことも、実用化を遅らせた要因といえる。

　ところが、近年はパワーエレクトロニクス技術の発達がめざましく、高速で電気をオン/オフできる電気素子が次々と開発され、電気車の制御に使われるようになってきた。これにより電圧と周波数を同時制御するような高度な制御が可能になり、三相交流誘導電動機が電気車の主電動機に用いられるようになったという経緯がある。

　三相交流誘導電動機は直流電動機と比較して消費電力が少なく、また低速度域まで省エネルギー効果がある電力回生ブレーキを使用できる。こうしたことから、国としては三相交流誘導電動機の導入を進めたいが、その分高度な制御装置が必要になり、どうしても車両価格が高くなってしまい、鉄道事業者が導入を躊躇してしまう傾向があった。そのため国土交通省では、固定資産税減額などの優遇措置を講じたり、財政面で導入が難しいと思われる地方の鉄道事業者などに車両製造の補助金を出したりして、省エネルギー効果の高い車両を導入するように奨励している。

　さらに近年では，三相交流誘導電動機の構造も変化しはじめている。これまでの三相交流誘導電動機では、固定子や回転子を冷却するのに、電動機の一部に開放部分を設けて外気を取り入れていた。そのため外気の取り入れ口にフィルターを設置し、定期的なフィルター交換を行う必要があった。近年は、こうした開放部分を設けず、電動機自体に空冷ファンを取り付け、ファンの回転により生じる風で電動機の熱を奪う電動機が登場して

いる。こうした密閉型の三相交流誘導電動機は、JR東日本のE235系に採用されている。

② 直流電動機の速度制御法

　ここで、直流電動機の速度制御法について基本的な考え方を説明する。

　主電動機に使われている直流直巻電動機の回転数nは、次の式から導き出すことができる。

●電動機の回転数 $n = \dfrac{Et - Iar}{k\phi}$ 〔r.p.m〕〈3・1式〉

　Et:主電動機に加わる端子電圧（V）

　Ia:電動機電機子に流れる電流（A）

　r:電動機の内部抵抗（Ω）

　Φ:磁極より出る有効な磁力線の数（Wb）

　K:電動機による固有の定数

　上の式のIarはEtに比べて小さいので、次の式に置き換えて考えることができる。

●電動機の回転数 $n \fallingdotseq \dfrac{Et}{k\phi}$ 〔r.p.m〕〈3・2式〉

　このときのKは電動機による一定の値なので、nの値を大きくする、つまり回転数を上げるためには、Etの値を大きくするか、φの値を小さくしてやればよいことがわかる。

　Etを制御する方法を「電圧制御法」といい、具体的な制御方法としては「抵抗制御法」と「直並列制御法」がある。これに対し「φ」を制御する方法を「界磁制御法」という。電気車の主電動機制御は、これら複数の制御法を上手に組み合わせて、速度がなめらかに上がるよう工夫されている。

　電気車では、電動車の輪軸1本につき1基の主電動機が取り付けられている。したがって、2軸ボギー台車では1台車につき2基、一般の電車の電動車では1両につき4基の主電動機が備わっていることになる（電気機関車の場合、D型は4基、F型は6基、H型は8基）。

176

主電動機の制御は、通常、電動車2両分8個の主電動機を1個の制御器（コントローラー）で一括制御する。この電動車2両のペアを1ユニットとよび、電気車の速度制御の基本として考えられてきた。近年は三相交流誘導電動機が主流になり制御方式が変わってきたため、主電動機1両分4基をセットにすることが増えてきている。

1 直並列制御法

　電気車が使用する電気（電力）は、直流では1500V（一部で600V、750Vを使用）、交流では2万V、新幹線にいたっては交流2万5000Vと大変高圧である。もし、この高電圧を起動時に一気に主電動機にかけたら、いきなり主電動機の回転数が上がったり、回路が焼損したりするなど、大変なことになる。

　このため、回路への電流の流し方（電圧のかけ方）にいろいろな工夫を施すことになる。主電動機にかける電圧を初めは抑えておき、段階的に上げるように、回路のつなぎ換えをする工夫もそのひとつである。電動機にかかる電圧を変えれば、異なる出力特性を得られ、制御が効率的にもなる。

　主電動機に電気を流すための回路を「主回路」というが、主回路のつなぎを主電動機の回転数に応じて変えてやることで速度の制御となる。

　前頁の〈3・2式〉にもあるように、主電動機に加わる端子電圧E_tが低ければ回転数nは少なく（つまり速度が低い）、E_tが高ければnが増える（つまり速度が高い）ことになるので、主回路のつなぎを組み替えることで意図的にE_tを変化させてやれば、速度が制御できるのである。

　このような制御を「直並列制御法」という。この"直並列"の意味するところは以下のとおりである。

　電気車は0km/hの状態から徐々に速度を上げていくので、まず速度が低い段階では、1ユニット内主回路中の8基の主電動機を数珠のように1本の電気回路でつなげる、いわゆる「直列つなぎ」の状態にする。すると直流1500V電化区間の場合、1500Vの電圧が8基の主電動機に均等にかかるので、主電動機1個あたりの端子電圧E_tは1500V÷8基で187.5Vとなる。

　次に、主回路中の8基の主電動機を4個×2列につなぎ直してやる。この「並列つなぎ」の状態にすると、1500Vの電圧が4基の主電動機に平均

してかかることになるので、主電動機1基あたりの端子電圧Etは1500V÷4基で375Vに上昇する。Etの値が上がれば、〈3・2式〉により回転数nも増し、速度が上がるというしくみである。

ただし、「直列つなぎ」と「並列つなぎ」の制御法だけでは大きく2段階にしかEt値を変化させられない。電気車をきめ細かく速度制御するには、もうひと工夫が必要となる。それが、次に述べる「抵抗制御法」である。

なお、1両につき主電動機が6基あるF形電気機関車などでは、最初は主電動機6基の「直列つなぎ」とし、途中で主電動機3個×2列の「直並列つなぎ」に変え、最後に主電動機2個×3列の「並列つなぎ」に変化させるという制御を行っている。

2 抵抗制御法

ここでいう「抵抗」は狭義の抵抗で、第2章で説明した抵抗とは若干異なり、電気回路のなかに挿入して流れる電流を制限する素子を指す。この素子に電流を通すと、電流を流れにくくするのと同時に熱を発する。

主回路に抵抗を挿入することによって、主電動機の端子電圧を制御する方法を「抵抗制御法」といい、次のような段取りをしている。

まず、低速時には多くの抵抗を主回路のなかに挿入することで電圧を下げ、回路に一気に大電流が流れないようにする。そして、主電動機の回転数を増やして速度を上昇させるために、主回路のなかに挿入していた抵抗を徐々に抜き、端子電圧を上げて回路中の電流量を増やす（図3-36）。

直並列制御が大きく電圧変化をさせる働きがあるのに対し、抵抗制御はきめ細かく小さく電圧変化をさせる働きがある。抵抗を抜く回数、つまり段差（ステップ）が多ければ多いほど、きめ細かな電圧変化が可能になり、なめらかな速度制御ができるようになる。通常の旅客用電気車では、11〜13程度のステップが設けられている。

ただ、この抵抗制御では、回路に流す電流の一部を制御のために熱に変換して大気に放出するため、エネルギー効率とともに抵抗器の発熱対策が必要になる。

速度制御に使う抵抗（主抵抗器）は冷却の必要があるので、起動から高速域にいたるまでのような長時間の使用はできない。通常は起動時から時速30〜40km/hくらいまでの低速域でのみ使われている。

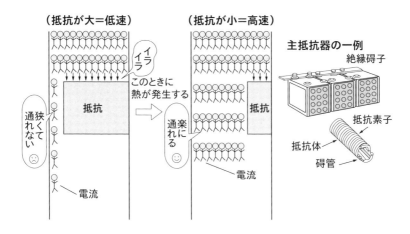

図3-36 抵抗制御法のイメージ

　抵抗器の冷却方法には、自然冷却式と強制冷却式がある。「自然冷却式」は、抵抗器を網状のケースに入れ、走行中にたくさんの風を当てることで自然に冷却する方法である（ひと昔前の電車は、停車中によく床下から熱気が上がってきた）。

　「強制冷却式」は、抵抗器をケースで保護し、内部でファンをまわして冷却する方法である。停車中でも冷却できるのは利点であるが、騒音が大きいという欠点もある。そのため、地下鉄での採用はほとんど例を見ない（旧国鉄の代表的通勤車103系は強制冷却式であったが、地下鉄千代田線・東西線直通用の103系1000番台・1200番台は自然冷却式となっていた）。

　抵抗制御の応用として、抵抗の段差（ステップ）を小さく（細かく）するため、主抵抗のほかに副抵抗を入れて超多段とした「バーニア制御（超多段式制御）」もあり、電気機関車や私鉄電車の一部に用いられている。

3 界磁制御法

　先の〈3・2式〉の分母にあるϕを制御する方法を「界磁制御法」という。ϕは磁極から出る有効な磁力線の数（界磁磁束）であるから、この磁力線をどんどん弱くしていく（ϕの値を小さくしていくことで界磁を弱くする）と電動機の回転数nが上昇する。では、どのようにして磁力線（界磁）を弱くするのか（図3-37）。

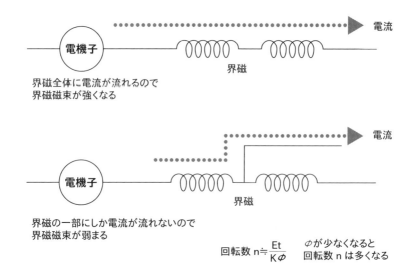

図3-37 界磁制御法のイメージ

　界磁は、鉄心に巻かれたコイルに電流が流れたときに発生するので、流れ込む電流が減少すればϕは小さくなる。つまり、電流が流れる鉄心とコイル（界磁コイル）の長さを物理的に短くしてやればよい。

　具体的には、界磁コイルに分路を設け短絡していくやり方をしている。このような界磁制御の方法を「弱め界磁制御」といい、高速度のときに電動機性能をよくする特性があるため、もっぱら高速域で高出力を出す際に利用されている。

　弱め界磁制御の方法には、分路界磁式と部分界磁式がある（**図3-38**）。

①分路界磁式（界磁分流制御）

　「分路界磁式」は、界磁コイルと並列に設けた分路に抵抗を接続しておき、分路側の抵抗値を変化させることで界磁コイルに流れ込む電流量を制御する。主電動機の内部構造を変化させることなく、別個に誘導分路を設けられるうえ、多くのステップをつくることができるので、新型電車のほとんどが分路界磁式を採用している。

②部分界磁式（界磁タップ制御）

　「部分界磁式」は、界磁コイルそのものに切換タップを設け、界磁コイルの一部を短絡することで、流れ込む電流を制御する。この方法は、制御

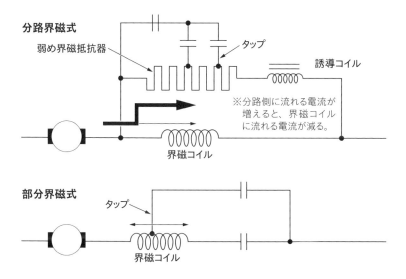

図3-38 分路界磁式と部分界磁式

段数に合わせて接続線を設けるなど内部配線が複雑となり、一定値以上に界磁磁束を弱めることも難しいという面がある。

4 各制御法の組み合わせによる速度制御

　電気車が加速するときには速度をなめらかに上げるため、低速域では小さな電圧変化の「抵抗制御法」と大きな電圧変化の「直並列制御法」を組み合わせている（**図3-39**）。そして、40km/h程度まで速度が上昇したら、高速特性のよい弱め界磁制御に切り替える。

　これらの切替を行っているのが、主制御器の「カム軸」と「接触器」である（**図3-40**）。カム軸が回転してカムの出っ張りが移動することにより、接触器の先がカムの形状に連動し、くっついたり離れたりしている。この

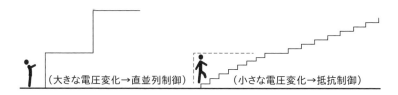

図3-39 抵抗制御法と直列制御法の組み合わせイメージ

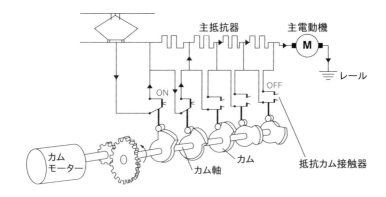

図3-40 抵抗短絡の様子とカム軸のイメージ

接触器が電気スイッチの役目をしており、その動作により電気の流れ方が切り替わる。

なお電気機関車では、電気スイッチの開閉動作に長らく「単位スイッチ」が用いられてきたが、近年は電車と同様のカム軸式が採用されている。

5 チョッパ制御

前述の抵抗制御は、比較的簡単に速度制御できる反面、余分な電気(電力)を抵抗器で熱に変換して捨ててしまうため、省エネの面では課題があった。そしてこの問題を改善するため、「チョッパ制御」が開発された。

①チョッパ制御とは

「チョッパ」とは"切り刻む"の意味があり、主電動機の回路に超高速でオン/オフ動作ができるスイッチ的なものを挿入し、1秒間に何百回という速さでオン/オフを行っている(図3-41)。このオン/オフの間隔を変えれば、見かけ上、平均電圧が変化したのと同じことになる。このような制御法で主電動機の回転数などを制御するのが「チョッパ制御」である。

チョッパ制御は、抵抗制御に比べて、次のような利点がある。
- 抵抗による熱損失がなく電力が節約でき、周囲の温度上昇も少ない。
- 主回路の無接点化が可能になるため、保守が容易となる。
- 抵抗値の切替による極端なトルク(駆動力)の変動がなく、乗り心地や粘着性能(車輪がレールを捉える力)がよくなる。

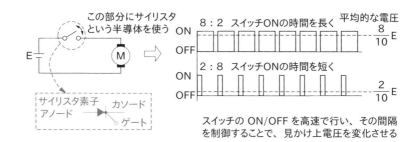

図3-41 チョッパ制御のイメージ

では、なぜ"無接点化"が可能になるのであろうか。

②スイッチの働きをするサイリスタ

チョッパ制御を行うためには、1秒間に数百回程度の高速でのオン/オフ動作をしなければならない。これほどの高速動作は機械式スイッチでは到底不可能であったが、1960年代後半以降、半導体素子、エレクトロニクス技術の開発発展によって高速のオン/オフの動作が可能になった。

チョッパ制御では、オン/オフ動作を行う機械スイッチの代わりに「サイリスタ」とよばれる半導体スイッチング素子が用いられている。この素子には、超高速のオン/オフ動作以外にも、無接点のため摩耗からくる故障がないという長所もある。

サイリスタというのは、アメリカの会社の商品名である。性質としてはサイリスタ素子のアノードと呼ばれる入口からカソードと呼ばれる出口に向かって電流を流そうとした場合、何もしないと電流は流れない。ゲートという信号の入力口に電圧をかけることで信号を送ると、アノードからカソードに向かって電流が流れる。カソードからアノードに向かっての逆向き電流は流れないようになっている。つまり電流の向きも制御できる。この性質をオン/オフのスイッチング動作に使用しているのである。

これを運河にたとえると、川の流れは一定方向に決まっており、上流がアノードで下流がカソードにあたる。またゲートは水門ということになる。水門を開いたり閉じたりする指令の電気信号が「ゲート信号」となる。サイリスタの動作とチョッパ制御のイメージを図3-41に示す。

6 チョッパ制御の種類

チョッパ制御には、大別して「電機子チョッパ制御」「界磁チョッパ制御」「高周波分巻チョッパ制御」の3種がある。

①電機子チョッパ制御

電機子チョッパ制御は、主電動機全体にかかる電圧をチョッパ制御（電機子回路を制御）するもので、1960年代にまったく新しい制御方式として登場した（図3-42）。

この方式では、直流直巻電動機を用いながら電力回生ブレーキを使用でき、発熱体である抵抗も排除することができる。そのため、地下トンネルという閉ざされた空間をもっぱら走り、少しでも発熱を抑えたい地下鉄車両で導入が始まった。

起動から低速時のあいだは平均電圧を低く抑えるので、スイッチング動作のオンの時間を短くし、オフの時間を長くする。オンのときに電圧がかかるひとつの山をパルスと呼ぶが、低速時はパルスの幅が狭い状態である。

やがて速度が徐々に上昇してくると、今度は平均電圧を高くしなければならない。そこでオンの時間を長くとり、オフの時間を短くすると、パルスの幅は広くなる。

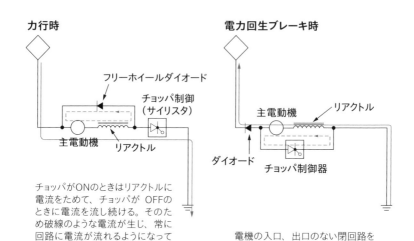

図3-42 電機子チョッパ制御のイメージ

このように平均電圧を変化させることで、主電動機の回転数を制御するのであるが、回路のオン/オフのくり返しだけでは、オフの時は瞬間的に回路に電流が流れなくなり、主電動機に負担をかけることになる。
　そこで、主電動機に対して閉回路（出口のない閉ざされた回路）を構成するようなかたちでリアクトル（コイルの一種）を接続する。リアクトルは電流が流れているあいだはその電流を溜めておき、電流が止まったあともまだ電流を流そうとするので、スイッチオフのときにはリアクトルからの電流が主電動機に流れ込み、つねに電流が流れている状態にできる。
　なお、閉回路に逆向きの電流が入ってこないようにするため、電流を決まった向きにしか通さないダイオードを閉回路内に入れておく。
　電機子チョッパ制御は、従来の抵抗制御と比べるとじつにすぐれた制御方式であったが、登場時はサイリスタの高値が問題視された。さらに開発当初は半導体の性能もいまひとつで、ゲート信号によりオンは簡単にできてもオフにすることが難しく、別のサイリスタを組み合わせて装置を構成するなどしたため、高価で大型になってしまった。そのため、地下鉄用車両以外ではあまり普及しなかった。
　電機子チョッパ制御の応用として、高速時の特性をよくするために自動

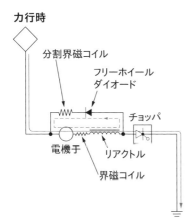

循環電流を流す回路の一部に界磁コイルを組み込むことで、連続的に磁界の制御を行う

図3-43 AVFチョッパのイメージ

的に界磁を連続制御する「自動可変界磁（AVF）チョッパ方式」も考案された（図3-43）。

余談になるが、電機子チョッパ制御の草分け的存在は、1971（昭和46）年に千代田線に投入された営団地下鉄（現東京メトロ）6000系電車である。むろん、省エネルギー効果と地下トンネル内の温度上昇を防ぐことが期待されたが、相互乗り入れ相手の国鉄が千代田線直通用に用意したのは、抵抗制御の103系（1000番台）であった。これが営団の電気をどんどん消費したのである。

一方の6000系は国鉄線内でも省エネ効果を遺憾なく発揮したため、このアンバランスを是正するため、のちに国鉄は営団に電気代の精算分を支払うようになったという。

②界磁チョッパ制御

界磁チョッパ制御は、電機子チョッパ制御よりも先に実用化された。基本的な制御は、従来どおりの抵抗制御と直並列制御の組み合わせである。主電動機の界磁制御のみ、チョッパ制御を行っている。主電動機は、直流直巻電動機ではなく、直流複巻電動機が用いられる。

直流複巻電動機は、架線（電車線）電圧が急激に変動したときに一時的に大きな電流が流れる特性があり、直流直巻電動機よりもブラシの摩耗が激しいので、保守に手間がかかるという難点がある。

このため、電気車の主電動機としては直流直巻電動機より特性が劣るが、別に独立した界磁をもっているため、界磁を制御しやすいという利点もある。この独立した界磁を制御することで、省エネルギー効果をもつ電力回生ブレーキが比較的簡単に使えるようになるのである。

また、界磁チョッパ制御は電機子チョッパ制御に比べて1秒間辺りのオン/オフの回路も少なくてすみ（電機子チョッパ制御では1秒間に数百回、界磁チョッパ制御では百回以下）、装置のコストを下げる事が可能であるという強みがあった。昭和40年代前半から、コストに敏感な私鉄を中心に広く普及した制御方式である。

では、界磁チョッパは具体的にどのような制御をしているのか。**図3-44**をもとに界磁チョッパ制御のしくみを見てみよう。

まず、低速域では電機子電流の増加にともなって界磁磁束が増すため、界磁コイルに流れる電流を増やす必要がある。しかし、直流複巻電動機は

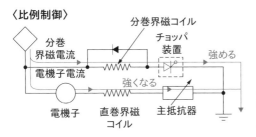
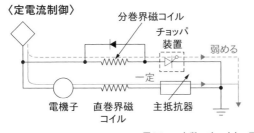

$$電機子電流\ Ia(一定) = \frac{電圧\ V-定数\ K(一定) \times 界磁磁束\ \phi \times 回転数\ n}{電機子抵抗\ Ra(一定)}$$

※回転数 n が増すときに電機子電流 Ia を一定にするためには界磁磁束 ϕ を減らす

図3-44 界磁チョッパ制御のイメージ

界磁コイルが2つに分かれているため、直流直巻電動機と同じような界磁磁束の特性にはならない。そこで、直流直巻電動機並の特性とするため、独立して制御できる分巻界磁コイルの界磁磁束を強めてやる。このような制御を「比例制御」という。

次に、高速域では界磁磁束を弱くしなければならないので、電機子電流を一定にして、分巻界磁コイルに流れる電流を少なくするように制御する。直流直巻電動機の弱め界磁制御に相当する「定電流制御」という方法である。

逆に電力回生ブレーキを使用するときは、分巻界磁を強くするように制御する。すると、

- 発生電圧 $Ec = K\phi n$
  （K:電動機による固有の定数、ϕ:界磁磁束、n:電動機の回転数）

という式から電圧を高くできることがわかる。架線（電車線）側と比べて

電気車回路側の電圧が高くなれば、電流は電圧の高いほうから低いほうへと流れ込むので、逆起電力により発生した電流は架線に帰ることになる。

要するに、界磁チョッパ制御は、直流直巻電動機の分巻界磁回路をいろいろと制御して界磁を弱めたり、電力回生ブレーキを働かせたりするものである。

③**高周波分巻チョッパ制御（4象限チョッパ）**

高周波分巻チョッパ制御は、主電動機に電機子と界磁の接続が別々になっている直流分巻電動機を用い、電機子と界磁を独立的に制御するものである。この制御方式を採用しているのは、東京メトロなどごく一部の鉄道会社に限られていたが、東京メトロで採用された車両も三相交流誘導電動機（後述）を使用した車両に置き換わり、地方の鉄道事業者に譲渡されている。

直流分巻電動機には、回転数によるトルクの変化が小さく、界磁制御の範囲が狭いという欠点がある。さらに、整流特性がほかの電動機に比べて少々劣るという欠点もあり、これまで電気車の主電動機としてはあまり使用されてこなかった。

高周波分巻チョッパ制御のしくみは図3-45のように表せる。電機子には電機子だけを制御するチョッパ装置を接続し、界磁のほうには、界磁を

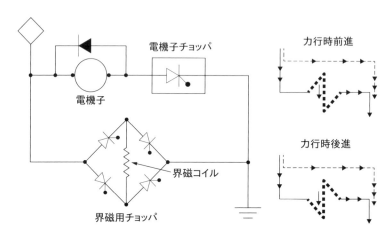

※界磁コイルに流れる電流の向きがかわるので、前進後進が切り替わる

図3-45 高周波分巻チョッパ制御のイメージ

囲むようにブリッジ状の回路を組んで、この回路に4個のチョッパ装置を接続する。そして、前進のときと後進のときとで動作するチョッパ装置の組み合わせを変えるのである。これにより、途中の界磁に流れる電流の方向を変えることができるので、機械的な切換接点を使うことなく前・後進を切り換えることが可能となる。

すなわち「前進力行」「前進ブレーキ」「後進力行」「後進ブレーキ」という4パターンの運転（これを4象限と呼ぶ）を、連続的かつ円滑に行うことができるようになるわけである。

切換接点が多いと、摩耗などから保守に手間がかかるうえ、接点の入・切により発生する火花が回路に悪影響を及ぼす危険もあるが、高周波分巻チョッパ制御では4象限の切換が無接点となるため、以上のような問題は見事に解決される。

また、従来のチョッパ制御と比較して、車輪がレールを捉える「粘着力」の特性も向上しているという長所もある。

④界磁添加励磁制御

電気車の主電動機として最も特性が良いとされるのは、直流直巻電動機である。しかし、それを用いて省エネルギー効果の高い電力回生ブレーキを実現しようとすると、高コストの電機子チョッパ制御を採用する必要があり、初期投資が大きくなることが問題であった。

この問題を解決するため、旧国鉄が最末期に開発し、205系電車などで実用化に成功したのが「界磁添加励磁制御」である。電機子チョッパを使わずに直流直巻電動機で電力回生ブレーキを可能にし、さらに高速域での特性をも向上させた画期的な制御方式であった（**図3-46**）。

界磁チョッパ制御と同様に、界磁の制御は独立して行うが、低速域では抵抗制御法と直並列制御法を組み合わせた従来どおりの速度制御をする。これまでの方式と違うのは、「界磁添加励磁」という名が示すように、界磁電流を制御するために別電源からの電流を加え、その大きさや向きを変化させることで界磁を制御していることである。

主回路は、直流直巻電動機の界磁コイルに対して、それぞれ直列に1本のバイパスダイオードと3本の励磁装置が接続されている（バイパスダイオードと3本の励磁装置は並列状態）。各励磁装置は、ダイオードとサイリスタでできており、電動発電機（MG）などの別電源から送られてきた交流

回路図

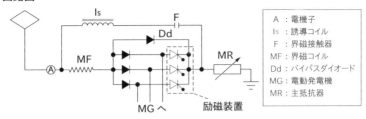

- A ：電機子
- Is ：誘導コイル
- F ：界磁接触器
- MF ：界磁コイル
- Dd ：バイパスダイオード
- MG ：電動発電機
- MR ：主抵抗器

力行1～3ノッチの低速域（抵抗制御＋直並列制御）

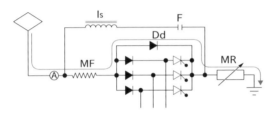

力行4～5ノッチの高速域（弱め界磁制御）

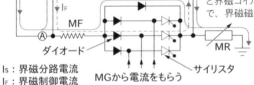

Is：界磁分路電流
IF：界磁制御電流

I_Fが強いあいだはI_Sが流れにくいので、界磁コイル（MF）に多くの電流が流れる。I_Fが弱くなると逆向きのI_Sが流れやすくなりI_Sが強くなる。すると界磁コイルに流れる電流が減るので、界磁磁束が弱くなる

回生ブレーキ制御

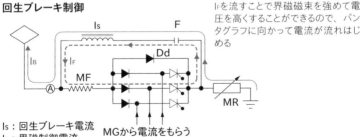

Is：回生ブレーキ電流
IF：界磁制御電流

I_Fを流すことで界磁磁束を強めて電圧を高くすることができるので、パンタグラフに向かって電流が流れはじめる

図3-46 界磁添加励磁制御のイメージ

を直流に変換して制御に使えるようにするものである。

　また、主回路の界磁部分が閉回路になるようなかたち（界磁分路を設けるかたち）で回路のオン/オフを司令する界磁接触器と誘導コイルを接続している（分路側に接続）。

　では、具体的な制御の様子を見ていこう。

　まず「低速域」である。従来の抵抗制御と直並列制御を行っているのであるが、この段階は界磁に特別な制御はないため、界磁コイルを通った電流は、バイパスダイオードを抜けそのまま流れていく。

　高速域に入り界磁制御を行う段階になると、分路側の界磁接触器が閉じ（オンになり）、界磁コイルに流れる電流の通り道とは別の電流の通り道（いわゆる抜け道）がつくられる。その結果、界磁コイルと新しくできた通り道（抜け道）の2ルートに電流が流れることになる。

　このとき、電動発電機などの別電源から取った電流を抜け道に逆向きで流してやる。つまり閉回路に対して逆向きに電流がぐるぐる回るようにするのである。最初は、逆向き電流を強く流し、抜け道側の正方向電流を流れにくくして界磁コイル側の電流を多くし、徐々に逆向き電流を弱めていく。すると、抜け道側の正方向電流が増して、界磁コイル側を流れる電流が少なくなる。当然、界磁磁束は減少するので、弱め界磁制御と同等の効果が得られるというわけである。

　電力回生ブレーキを使うときは、この別電源からの逆向き電流で界磁磁束を強め、電圧を高めている。電流は電圧の高い方から低い方へと流れ込むので、架線（電車線）に電流が流れていくというしくみである。

③ 直流電動機を使う交流電気車の速度制御の方法

　これまでは、電気車の主電動機に三相交流（三相かご型）誘導電動機が用いられる以前の直流電動機時代に速度制御法がいかに進化したのかという話をしてきた。

　ただ、出てきた制御法の多くは、その対象が直流電気車に限られるもので、1955（昭和30）年以降に台頭してきた交流電気車（直流電動機を使用）では、直流電気車とはやや異なる進化の道をたどった。

1 タップ制御

交流電気車は移動変電所ともいえる存在で、車両に「変圧器（トランス）」と「整流器」（交流を直流に変換するコンバータ）を搭載し、変電所からの単相交流2万Vまたは2万5000Vを低圧の直流に変換している（第2章参照）。この車両側で電圧が変えられることがポイントとなる。つまり抵抗制御法を用いなくても、主電動機の端子電圧が制御できることになる。

初期の交流電気車では、主電動機の電圧制御に「タップ制御」という方法が用いられていた（図3-47）。

交流の電圧を変換する場合、変圧器の一次コイルと二次コイルの巻数比を変えれば、それに比例した電圧が出力される。同じ原理を応用して、変圧器に多数の中間タップを設け、これをスイッチで切り換えることにより出力電圧を調整し、主電動機を駆動させるのがタップ制御である（変圧器の二次側出力を整流器で直流に変換し、直流電動機に供給している）。

高圧の一次コイル側にタップを設けたものを「高圧タップ制御」、低圧の二次コイル側にタップを設けたものを「低圧タップ制御」といい、どちらも直並列制御や弱め界磁制御を併用することができるようになっている。

タップ制御は、交直流電気機関車の開発過程で実用化された。ちなみに、新幹線電車では元祖の0系が低圧タップ制御である。

2 サイリスタ位相制御

タップ制御は、高圧タップ制御にせよ低圧タップ制御にせよ、切換のためのスイッチが必要となる。これを無接点の連続制御にできないかという発想で生まれたのが「サイリスタ位相制御」（サイリスタによる連続位相制御）という方法である（図3-48）。

直流電気車のチョッパ制御は、電気を切り刻むような感じでサイリスタのオン/オフを高速で行い電圧を制御するが、サイリスタ位相制御も考え方は似たようなものである。

それまでダイオードが用いられてきた「整流ブリッジ」（整流器の回路）の一部または全部をサイリスタに置き換え、オン/オフ動作を制御する信号電流の相を遅らせ（位相を変化させ）、遅れの度合いにより電圧を調整していくのである。交流の半サイクルごとにその一部を切り取って電圧を調

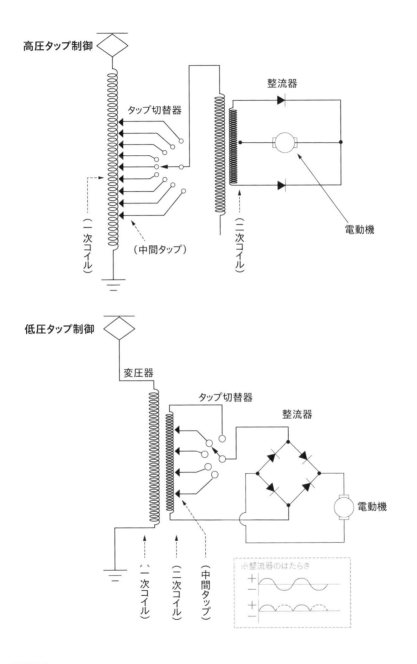

図3-47 タップ制御の回路イメージ

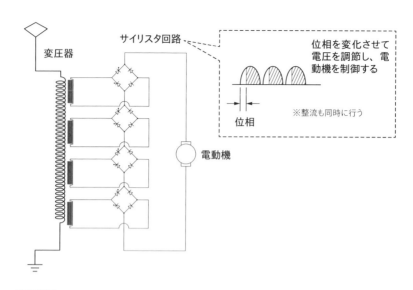

図3-48 サイリスタ位相制御の回路イメージ

節し、整流も同時に行うので、タップ切換器と整流器を合わせたような機能があると考えればよい。

サイリスタ位相制御を初めて採用したのは、交流電気機関車のED93形（ED77形の試作機）で、1965（昭和40）年に登場した。電車では北海道用711系が最初の事例で、新幹線電車では100系、200系、400系が該当する。それ以降に登場した形式は、三相交流誘導電動機を用いたことから新制御方式に移行している。

なお、サイリスタ位相制御の交流電気機関車のうち、ED94形、ED78形、EF71形の3形式は、抑速ブレーキとして電力回生ブレーキを備えている点は特筆に値しよう（いずれも、急勾配の難所として知られる奥羽本線板谷峠越えのために開発された）。サイリスタ整流装置を抑速ブレーキ時にインバータ（直流を交流に変換する装置）として機能させ、架線（電車線）に交流電気を戻しブレーキ力を得るという高度な技術であったが、3形式とも廃車となり現存していない。

❸ 交直両用電気車の速度制御法

交直両用電気車は、交流電気車と同じく変圧器・整流器を搭載するが、

その速度制御の方法は、直流電化区間を走行する関係から直流電気車をベースとする。

交流を車内で直流に変換して使用するため、理論的にはチョッパ制御も可能であるが、日本の交直両用電気車は長らく直並列制御、抵抗制御、界磁制御の組み合わせ使用が主流となっていた。現在は、直流電気車、交流電気車ともども、次に説明する三相交流誘導電動機対応の新制御方式に移行している。

④ VVVF（可変電圧可変周波数）インバータ制御

従来の電気車の主電動機には、回転速度の幅が大きく、起動時に強い回転力が出せ、速度制御が容易という理由から直流電動機が使われてきた。とはいえ、先にも述べたように、整流子やブラシの整備保守に手間がかかるという欠点がある。

このため、整流子やブラシがなく、高出力化が可能で粘着性能にも優れ、電力回生ブレーキも簡単に使え、さらに小型軽量な三相交流（三相かご型）誘導電動機の採用が検討されるようになった。

ただ、三相誘導電動機は周波数で回転数がほぼ決まるため（199頁参照）、電圧による回転速度の幅が狭いという問題があった。したがって、電圧と周波数を自由に変化させるような装置が必要となるわけである（周波数で回転数が決まるので、その周波数を思うように変化させれば、速度が制御できることになる）。そこで編み出されたのが「VVVF（可変電圧可変周波数）」制御である。

■ VVVF制御に必要なインバータ装置

「インバータ」という言葉が広く世間に知れ渡ったのは、1980年代初頭に発売された家庭用のインバータ駆動エアコンがきっかけであろう。それまでのエアコンはモーターをオンかオフの状態にしか制御できず、フル稼働の状態か停止の状態という極端な運転を行っていた。インバータユニットが搭載されたことにより、モーターの回転数をきめ細かく制御できるようになった。起動時は高出力によって短時間で設定温度まで冷やし、設定温度になったあとは低出力を持続することで設定温度を保てるようになっ

第6節　電気車の速度制御

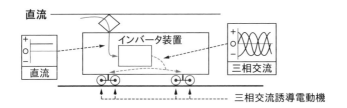

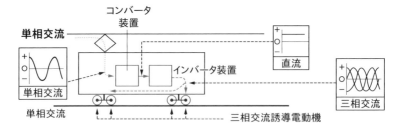

図 3-49 インバータのイメージ

たのである。

　インバータとは「逆変換」という意味で、直流を交流に変換する装置である。反対に交流を直流に変換する装置は「コンバータ」で、「順変換」を意味する。

　これまでは主電動機が直流であったので、架線（電車線）から取り入れた直流の電気をそのまま使えたが、主電動機が交流となれば、インバータ装置を用い、直流を交流に変換する必要が出てくる。

　変換後の交流は「三相交流」で、電圧の変化を示す正弦波が120度ずつずれている業務用のものである（通常家庭で使われている電気は正弦波が1本の単相交流）。つまり、インバータ装置を活用して、この三相交流の電圧と周波数を任意に変化させれば、三相交流誘導電動機の回転数を制御することができる。VVVF（Variable Voltage Variable Frequency）、すなわち「可変電圧可変周波数制御」とよばれる所以はここにある。

　なお、三相交流誘導電動機を用いる交流電気車では、架線（電車線）から取り込んだ単相交流をコンバータ装置（整流器）で一度直流に変換し、その直流を今度はインバータ装置で任意の周波数・電圧の三相交流に変換するという、手の込んだことをやっている（**図3-49**）。

2 三相交流のつくり方

インバータ装置は、電圧が一定の直流から三相交流（U、V、Wという3つの電圧が変化する相がある）への変換を、6個のスイッチング素子を組み合わせ、オンとオフのタイミングをずらすことで行っている。

図3-50の左上にある結線図を見てみよう。たとえば1と6のスイッチがオンになると、U相からV層に向かって電圧がかかる。つまり、U相−V相間にプラス側の電圧がかかるわけである。

では、1と3のスイッチがONになるとどうなるか。U相とV相のそれぞれに対し逆向きに電圧がかかるため、電圧は0となる。今度は、3と4のスイッチをONにしてみる。すると、V相からU相に向かって電圧がかかる。これでU相−V相間にマイナス側の電圧がかかることになる。

以上の動作を繰り返していけば、電圧が変化する交流が誕生する。同じことをV相−W相間、W相−U相間にも行うことで、正弦波が120度ずつずれた三相交流（あくまでも擬似的なものであるが）ができ上がる。

電圧がかかっている状態の山のひとつを「パルス」というが、このパルスの幅を変える（スイッチのオン/オフの間隔を変える）ことで、電動機にか

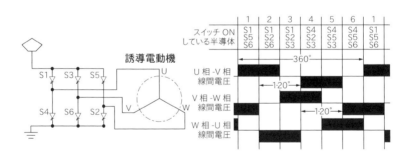

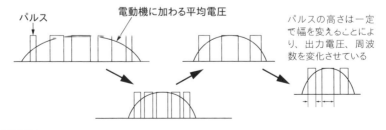

図3-50　三相交流のつくり方のイメージ

かる平均電圧、周波数を変化させるのである。

3 VVVFに使われる半導体

　電気回路を高速でオン/オフするのには、サイリスタが用いられる。従来のサイリスタはゲート信号を受けることでスイッチのオンはできても、オフができないという問題があった。それが技術の進歩で、ゲート信号によるスイッチのオフも可能な「GTO（Gate Turn Off）サイリスタ」が登場したため、インバータ装置の制作が可能となった。

　GTOサイリスタは、扱える電圧・電流が大きく、多くのモーターを制御する大容量インバータに使用できる。しかし、オフにするためのゲート信号に大きな電流が必要となるため、装置本体が大きくなってしまう。また、制御できるスイッチング周波数が比較的低い（小さい）ので、滑らかな交流（きれいな波形のパルス）をつくりづらいという欠点もある。

　そこで新たに使われだしたのが「IGBT（Insulated Gate Bipolar Transistor）」とよばれる素子である。

　IGBTは特性の違うトランジスタを組み合わせたもので、スイッチング周波数を高く（大きく）することができるため、滑らかな交流をつくることができる。しかし、あまり高い電圧を扱うことができないので、制御できるモーターの数が少なくなる。したがって長い編成を組む場合は、車両に搭載する制御器の台数が多くなり高価になってしまうという欠点もある。

　近年は新しい半導体素材が使用されるようになり注目を集めている。これまでインバータ装置のスイッチング部にはSi（シリコン〔ケイ素〕）が使われていたが、JR東日本E235系などでは、SiC（シリコンカーバイド。ケイ素と炭素で構成された化合物）が使われている。

　SiCはSiに比べて高硬度で、耐熱性・耐久性に優れていることから、装置全体を小型化することができるだけでなく、より高速でのスイッチング作用により滑らかな交流を作ることができる。また、消費エネルギーの削減も可能である。

4 すべり周波数

　三相交流誘導電動機が回転するのは、電動機の外枠にあたる固定子に回転磁界を発生させると、固定子内の回転子に電流が生じて、そこにも磁界

が発生し、回転磁界の移動により回転子もつられて回るという原理である（173頁参照）。回転磁界の回転速度と回転子の回転速度には若干の開きがあり、この開きのことを「すべり周波数」という。

これを増加させると、回転磁界がさらに回転子を引っ張ろうとするために回転数は上がり、速度が上昇する。逆に、回転子が惰性で回転を続けているときに、回転子よりも遅い速度の回転磁界を発生させると、回転子はその遅い回転磁界に引き留められるような格好となり、回転数が下がる。つまり、ブレーキが働くことになるわけである。

すべり周波数の制御では、回転磁界の回転数を、回転子の回転数と極端にかけ離れた値にしてしまうと、回転子は付いてこれなくなるので、最適な値で変化させることが大切である。

5 三相交流誘導電動機の回転数・トルク制御

電動機の回転数を制御すれば速度を変化させられるが、このほかに電動機の力を伝えるトルクを制御することも必要となる。

三相交流誘導電動機の回転数nと駆動力（トルク）Tは次の式で表すことができる。この式により、回転数を制御するには周波数を変化させ、トルクを制御するには主に電圧を変化させればよいことがわかる（**図3-51**）。

- 回転数$n=120fe/P$〔r.p.m〕
- トルク$T=K1 \cdot \phi \cdot I=K2 (V/fe)^2fs$

   fe:主電動機に与える周波数　　P:磁極数/K1、K2:定数　　fs:すべり周波数
   I:電動機電流　　V:主電動機電圧　　ϕ:磁束

6 VVVF制御の三相交流誘導電動機を導入するメリット

現在、新造される電気車のほとんどすべてがVVVF制御となっている。そのメリットは、その三相交流誘導電動機は直流電動機に比べて出力が大きいため、編成中の電動車の比率を下げられることである。出力が大きいということは、逆回転力を与えたときのエネルギーも大きくなるということなので、強いブレーキ力も得られることになる。

したがって、ブレーキ時は付随車の分も電動車の電気ブレーキでまかな

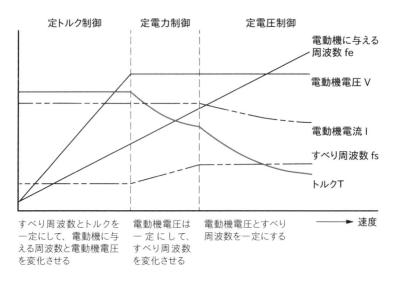

図 3-51 VVVF インバータ制御の特性（力行制御）

うことが可能となり、制輪子などの摩耗を少なくすることができる。さらに、三相交流誘導電動機にはブラシなどの交換が必要な部品がないので、メンテナンスの手間もかからない。

ただ、三相交流誘導電動機を用いるために必要な VVVF 制御は、消費電力が抵抗制御の半分以下という省エネルギー性も備えている反面、どうしても制御装置が倍額近い高価なものとなってしまう。そこで、国土交通省は減価償却費や固定資産税などに優遇措置を設けたり、地方のローカル鉄道が車両を新造する際に補助金を出したりするなど、鉄道会社が高価な VVVF 制御車を購入しやすくする施策を行っている。

第7節
鉄道車両の新造と検査

　今日も国内を駆けめぐる鉄道車両はどのように生まれ、どのように維持されていくのか。鉄道車両の製造と保守についてくわしく見てみよう。

① 車両製造の計画から完成まで

　鉄道車両は、自動車などと比較すると、耐用年数が非常に長いのが特徴である。近年は、一部の通勤型電車で10年程度の耐用年数とした車両も出ているが、通常は30年程度使われる。これを過ぎると老朽化による車両の置き換えが始まる。鉄道車両の技術革新はめざましく、既存車に比べてはるかに高性能で、より機能性を追求した新型の車両を導入することになる。

❶ 新型車両の設計

　車両は、鉄道会社が鉄道車両メーカーに発注して製造される。イメージとしては大きい住宅を建築するようなもので、そこには好みや使い勝手など発注側の要求がいろいろ加わる。一方で、「鉄道に関する技術上の基準を定める省令」だけでなく、「バリアフリー法」などの基準にも適合していなければならない（なお、2023年の鉄道運輸規程の改正により、客室内の防犯カメラ設置も義務となった）。

　さまざまな条件を踏まえ、鉄道会社と車両メーカーが入念に打ち合わせし、図面を作成する。図面枚数は、機関車では1両で2000枚を超えることもある。新規で在来線車両を設計する場合、設計期間は約6〜20か月、再製造で軽微な仕様変更でも約1〜3ヵ月を要する。

　設計が終わると、製造に移る前に車両が前述の基準を満たしていることについて国土交通大臣の「確認」を受けなければならない（鉄道事業法第13条）。具体的には、車両確認申請書の書類および図面により、車両ごと

に構造および装置、使用区間について確認される（鉄道事業法施行規則第19条）。構造および装置の記載事項は、空車重量、旅客定員、車両最高設計速度などの「一般」事項と、「走行装置等」「動力発生装置及び動力伝達装置」「ブレーキ装置等」「電気装置」「連結装置」「運転保安設備」「その他の設備」の8項目からなり、こと細かく申請しなければならない。

　なお、省令で定められた一定の基準を満たす能力をもっていると国土交通大臣が認めた「認定事業者」は、上記の手続に関して一部を簡略化することができる。

② 車両の製造

　国土交通大臣の「確認」後、車両の製造に入る。鉄道車両はさまざまな部品の集合体のため、すべてを車両メーカーでまかなっているわけではない。たとえば、車体に使う鋼材は鉄鋼メーカー、電動機や制御器などは電機メーカーが製造する。台車、連結器、ブレーキ装置や座席などの内装品、窓ガラスなどもそれぞれに専門のメーカーがある。このため、主要な部品については、鉄道会社側はあらかじめ各メーカーと直接打ち合わせすることが多いようである。

　車両は大きく分けて、車体と台車から構成される。台車は車両メーカーや鉄鋼メーカーで製造する。一般的に車両メーカーは、構体の組立や主要部品を集約し、構体にさまざまな部品を取り付ける（艤装）が作業の中心となる。鉄道会社が車両メーカーに支払う車両製造費の半分は、主要部品を製造するメーカーに支払われる部品代といわれている。

　車両の製造工程を見ていこう。台車は、側梁と横梁を溶接して台車枠を作る。溶接の技術が台車の安全性に大きく関わる。車輪と車軸を接合した輪軸の上に乗せ、主電動機や軸箱支持装置などを装備していく（主電動機1基で600kg近くあるため、クレーンが用いられる）。

　車体は、ステンレスやアルミニウムを加工して、台枠部、側構部（両側）、屋根部、妻構部（両側）を別々につくり上げ、アーク溶接やスポット溶接などで接合していく。溶接のとき、熱によって外板が歪むが、その歪みを修正すれば構体の完成である。構体の錆を落とし、錆止め塗料を塗り、パテなどで表面を平滑に修正したあと、塗装する。

　塗装が終わると、床と屋根を加工し、内外装工事、艤装工程へと進む。

甲種車両輸送列車を牽引するDE10形

ここで各メーカーから購入した機器・部品が取り付けられる。艤装が終われば、電気結線をし、車体と台車を合体させる。

車両メーカーではロボットなどの導入が進んできたが、まだ人間の手作業に頼る部分が多く、製造にはかなりの日数を要する。鉄道会社が車両メーカーに発注してから納品されるまでの期間は1年半から2年近くかかる。新規製造か再製造かによっても異なってくる。最近は部品の納入に時間がかかり、納品までの期間も延びる傾向にある。

完成した車両は、入念な検査と試運転を行ったのち、営業運転に投入される。車両メーカーから発注元の鉄道会社への搬送は、JR貨物の機関車で牽引する「甲種鉄道車両輸送」、道路を利用するトレーラー輸送、船舶による海上輸送などによる。

② バリアフリー法による基準

バリアフリーの基準には以下のようなものがある。
①乗降口
旅客用乗降口は、床面とホーム先端とも間の隙間や段差を極力小さくし、床面を滑りにくい仕上げにしなければならない。また、車両に段差がある

場合は、その部分の色の明度の差を大きくして簡単に識別できるようにする必要がある。さらに、車椅子の乗客に対応できるように、1列車に最低1ヵ所は80cm以上の有効幅を持つ乗降口を設けることが定められている。通常、乗降口は車両の両側にあるので、開閉する側の扉を音で知らせる装置も設置しなければならない。

②客室

通路など客室内の随所に手すりを設置しなければならない。また、便所を設備するときは、車椅子の乗客が利用できるものとしなければならず、車椅子スペースから便所までの通路も有効幅80cm以上にすることが定められている。さらに、次に停まる駅の名や運行に関する情報について、文字などで提供する設備と、音声で提供する整備の両方を備えることも義務づけられている。

車椅子スペースの設置も必須である。車椅子スペースは、バリアフリー法制定当初は1列車に1ヵ所以上の設置義務であったが、東京オリンピック開催を見越した2020年の法改正により1列車に2ヵ所以上、3両以下の車両で組成された列車は1ヵ所以上の設置に変更になった。

③車体

車体の側面には、列車の行き先と種別を見やすいように表示する必要がある。また、常時連結している車両と車両のあいだは、その隙間にホームから旅客が倒れこまないような構造（転落防止ホロを設置するなど）にしなければならない。JR西日本の電車の先頭部には車両前面の両脇に板のようなものが設置されている（図3-52）。これは先頭車同士を連結した場合の転落防止対策である。

新造する車両は、構造上難しい場合を除いて、以上の条件を満たしていなければならない。

図3-52 JR西日本車両の転落防止幌

また、既存の車両についても、できるかぎりこの基準を満たすよう努力する義務が鉄道会社には課せられている。

国土交通省では、2020年のバリアフリー法改正による移動等円滑化基準に適合する車両を、2025（令和7）年度までに総車両数約5万3000両のうち70%を達成する目標を立てている。2023年3月31日現在で56.9%が基準に適合した車両となっている。

③ 車両の検査

鉄道車両は大勢の人や貨物を乗せて高速で走るため、機構のどこかひとつに不具合が発生しただけで大変なことになりかねない。しかし毎日かなりの距離を走行するため、どうしても劣化が生じ、補修が必要となる箇所が出てくる。トラブルや故障が発生してから修繕を行う事後保全では、利用者を危険にさらしかねない。そのため、車両の状態を定期的に点検して安全を確認することが法令で義務づけられ、トラブルや故障を事前に防ぐ予防保全がとられている。

鉄道に関する技術上の基準を定める省令には、「車両の主要部分の検査を実施しなければならない」（第89条）とある。また、施設および車両の定期検査に関して、種類や構造、使用状況に応じて「検査の周期、対象部位及び方法を定めて行わなければならない」（第90条）と規定されている。さらに、国土交通大臣が告示で定める「施設及び車両の定期検査に関する告示」に従って定期検査を実施しなければならない。これらの省令や告示に沿って各検査が細かく定められている。

1 検査の種類

列車検査は告示では定められてはいないが、各社で実施されている。車両の運用からは外さず、車両が入庫し出庫するまでのあいだに行われ、列車検査と状態・機能検査は編成を解かずに実施する（車庫を有する電車区などで行われることが多い）。

重要部検査、全般検査はいわゆる工場で行われ、台車、モーターなど各機器の専門家がチームになって作業を行う。営業運転の前に試運転を行い、機器などの状態を確認しなければならない。

表3-1 電車の検査周期と内容

> **列車検査（仕業検査）：おおむね3〜10日ごと**
>
> 車庫から出庫する前に車両の機能を検査し、列車の運転に支障のないことを確認する。ブレーキ装置、合図装置や標識灯など主要部分の動作状態を確認。摩耗する部品の交換や空転防止用の砂の補充など。
>
> **状態・機能検査（月検査・交番検査）：3ヵ月に一度**
>
> 集電装置、モーター、発電機等カバーを外して各装置の動作状態や摩耗部品の劣化状況を検査する。部品の取り替え、調整、清掃、給油など。
>
> **重要部検査（要部検査・台車検査）：4年又は走行距離60万kmを超えない期間の短いほう**
>
> 車両の動力発生装置、走行装置、ブレーキ装置、その他重要な装置の主要部分を車体と各装置を分解した上で検査する。
>
> **全般検査：8年ごと**
>
> 機器や装備はすべて分解して細部まで検査をし、できるかぎり新製時に近い状態まで機能を回復させる。

　電車の検査周期は車両の種類によって異なる（**表3-1**）。たとえば蒸気機関車であれば、状態・機能検査は40日ごと、重要部検査は1年ごと、全般検査は4年ごとと電車よりも短くなっている。

② 検査周期の見直し

　前述の告示では、耐摩耗性・耐久性等について鉄道会社が安全性を証明できれば、検査周期や検査方法を会社独自で定められるようになった。たとえばJR東海は、検査・修繕実績の検証を行ったうえで、以下のように新幹線N700S系とN700A系の検査周期を見直している。

● 告示における台車検査（重要部検査）周期……1年6ヵ月または走行距離60万kmのいずれか短いほう

　［変更後］20ヵ月または走行距離80万kmのいずれか短いほう

● 告示における全般検査周期……3年（新造時に限り4年）また走行距離120万kmを超えない期間のいずれか短いほう

　［変更後］40ヵ月または走行距離160万kmのいずれか短いほう

　JR西日本では、VVVF制御装置を装備した車両の検査を旧型の抵抗制御車と同じ周期で行っていたが、仕様や性能が大きく変わったことを受け、重要部検査と全般検査を見直した。距離によって劣化する部位と時間に

よって劣化する部位を分けて、走行80万kmごとに行う「距離保全」と120ヵ月ごとに行う「期間保全」とし効率的にメンテナンスを行うことにした。

検査周期は、車両の性能向上やデータの監視体制の確立から延伸する傾向にある。これにより、営業運転に充当する時間が長くなることから、車両運用に余裕が出て、予備車を削減することも可能である。また、検査回数が減少することから人件費削減の効果もある。

3 CBM

鉄道の設備や車両は告示にもあったとおり、時間基準保全（TBM:Time Based Maintenance）に基づき、周期を決めて行う検査とメンテナンスを定期的に行う予防保全を基本としてきた。これに対して状態基準保全（CBM:Condition Based Maintenance）は、トラブルや故障の予兆を見定め、トラブル発生以前に適切な時機にメンテナンスを行うもので、予知保全ともいう。鉄道以外の業界でも予知保全に力を入れている。

CBMを実施するにあたり、状態を常時監視することが前提となっている。状態監視用のカメラを車両の屋根上に設置してパンタグラフの状態を監視したり、走行中の車両のモーターやブレーキの状態をリアルタイムで運転指令に通信を介して監視したりしている。自宅の家電が外出先から監視できるのと同じで、モノのインターネット（IoT）の技術が使われている。また、集積された大量のデータを分析して、最適なメンテナンス時機や故障傾向を見きわめている。ここにはAIの技術が活用されている。

故障の傾向や時機を見きわめて予防的に保全をすることで、効率よくメンテナンスすることが可能になる。時間基準保全はメンテナンスが必要でない時にもメンテナンスを行い、少なからず無駄も生じていた。CBMの導入によって労働人口の減少にも一役買うことであろう。

ビッグデータの解析やAIが用いられても最後の判断は人間である。機械の責任にするようなことがあってはならない。

第8節

近年の鉄道車両の傾向

　鉄道車両は、高性能であればよいというものではない。昨今の複雑化した社会背景から、いろいろな付加価値が求められるようになってきており、それらは車両をつくる際の基準にも色濃く反映されている。

① 鉄道車両の標準化

　従来、鉄道車両の新造は、鉄道会社ごとの独自のコンセプトや設計により、車両メーカーに個別発注していた。つまり、すべてがオーダーメードであった。当然、鉄道会社によって車両の大きさや整備的条件などが異なるうえ、自動車のように膨大な数が毎年つくられるわけではないので、製作コストが高くついてしまう。この問題の改善に向けた動きが、鉄道会社、車両メーカー各社の双方で近年活発である。

　最近の鉄道車両は、自動車のように車種が違っていても部品に関してはできるかぎり共通とする、といった考え方が取り入れられるようになり、前面デザインや車体寸法、車内設備などでは会社の独自性が残るものの、電気機器などでは共通仕様にするという方向にある。この考え方をさらに進め、車体までもほぼ共通仕様としたものが2000年から登場した。JR東日本E231系とこれをベースに製造された、総合車両製作所の「Sustina」ブランドである。

　E231系は中央・総武緩行線でデビューし、山手線、高崎線などに導入された首都圏の決定版的車両である。以降、相模鉄道、東急電鉄、東京都交通局にも当ブランドが採用された（各車とも車体側面や車内、乗降用扉のつくりがE231系そっくりであった）。これを皮切りにさまざまな会社で車体の標準化が見られるようになり、近年は、しなの鉄道や静岡鉄道、タイ・バンコクのパープルラインでもSustinaブランドが採用されている。

また、相互直通運転を行っている東京メトロ日比谷線と東武鉄道スカイツリーラインでは、2017年に共通設計の車両が登場している（東京メトロ13000系、東武鉄道70000系）。車体のサイズ、ドアの位置、各車両に設けた車椅子やベビーカー利用者向けのフリースペースの位置などを共通化し、旅客の利便性を高めている。また、操舵台車の採用や運転台の機器配置など主要な部分を共通化している。

　車両の標準化（共通化）にはさまざまなメリットがある。まず、1両1億円以上といわれる車両製作費用が大幅に低減される。また、相互直通運転を行っている会社では乗り入れてくる他社車両の取扱いが容易になり、乗務員の教育期間も短くて済む、相手の車両が自社線区でトラブルを起こしてもすみやかに対応でき、効率的なメンテナンスも可能になる。このため、（社）日本鉄道車両工業会は2003年に「通勤・近郊電車の標準仕様ガイドラインJRIS R1000」規格を制定し、車両の標準化を後押ししている。

　総合車両製作所以外の鉄道車両メーカーも標準化したブランドを打ち出しており、日立製作所「A-train」や川崎車両「efACE」といったブランドがある。

JR東日本E231系近郊型

東京メトロ13000系

東武鉄道70000系

相模鉄道20000系（日立製作所「A-train」）

山陽電鉄6000系（川崎車両「efACE」）

標準化の目的は、製造コストの削減だけではない。設計・メンテナンスが容易になるようにパターン化することで熟練技術者の不足を補うほか、低コスト車両の海外への輸出で国際競争力を強化するといった目的もある。

車体の標準化とは若干異なるが、JR東日本とJR西日本では、在来線車両の装置・部品の共通化の検討を開始した。パンタグラフ、主電動機、台車等を共通化し、生産コストの削減や効率的な調達を目的としている。

② 鉄道車両のエコロジー

近年の気温上昇やゲリラ豪雨などの異常気象は地球温暖化によるもので、人間活動によって排出されるCO_2の増加が原因であり、政府は2050年には「カーボンニュートラル」を達成することを目標としている。カーボンニュートラルとは、CO_2の排出量と吸収量を相殺することである。つまり、脱炭素を進めることが急務である。

ちなみに人を1人1km輸送するのに排出するCO_2量は、バス71g、飛行機101g、自動車128gに対し、鉄道はわずか20gである。とはいえ、省エネルギー化や車両のリユース（再利用）、リサイクル（燃料化、原料化）など、鉄道の世界でもさまざまな環境問題へのさらなる取り組みが求められている。

◼ 省エネルギー車両

近年、省エネルギー車両とよばれる鉄道車両の割合が増えている。電気エネルギーをより効率的に使用できるVVVF制御装置の装備、電力回生ブレーキの精度の向上、車両の軽量化、これら3つを満たした車両をさすことが多い。

JR東日本通勤型VVVF制御装置装備車両を例にとると、以前の抵抗制御に発電ブレーキを使う車両に比べ消費電力が約20%節約され、回生ブレーキ時に発生する有効な電力が30%以上にのぼり、合計で50%以上もの消費電力が節約されている。

新幹線では、1992年登場の「のぞみ」用として開発された300系から省エネ対策が実施された。N700S系の東京〜新大阪間の最高速度は285km/hであるが、同じく270km/hの300系と比べると消費電力は28%

JR貨物HD300形

削減されている。これはSiC素子駆動システムの採用、車両の軽量化、走行抵抗の低減、空調制御方式の改善などによるもので、初代0系と比べると、N700S系の消費電力は半分以下となっている。高速運転を行う車両の省エネ化は大きな効果を生む。

　一方、貨物を牽引(けんいん)する電気機関車の場合、軽量化により必要な牽引力を確保することができなくなるので、軽量化で省エネを進めることは難しい。このため、2011年に導入された入換用機関車HD300形は、ディーゼルエンジンと蓄電池のハイブリッドで大幅な省エネを実現している。ただ、入換用機関車は貨車を目一杯牽引して45km/h出せれば十分であるが、本線用機関車となると100km/h近い速度を確保できなければならず、出力の確保や艤装面から本線用機関車のハイブリッド化はいまのところ難しい。2023年に導入されたEF510形交直流電気機関車は、交流回生ブレーキを装備して省エネ化を図っている。

　鉄道会社、車両メーカー双方の努力により今後も車両における省エネルギー化はさらに進み、CO_2の排出量が減ることで、より地球に優しい交通機関となろう。

2 鉄道車両の再資源化

　自動車は法律でリサイクルが義務づけられているが、鉄道車両はどうか。

廃車となった新幹線電車を例にとると、車体は解体ののち、アルミ・鉄・ステンレスなどの素材別に選別され、自動車の素材と一緒に売られる。金属以外の素材はガス化溶融炉の燃料などに使われる。再資源化率は金属で91%、燃料になる部分も含めると100%近くになる。

　なかでもステンレスやアルミはリサイクル率が高く、原料として海外に輸出されるほか、国内で自動車部品に利用されたりすることが多い。JR東海では、廃車になった新幹線車両からスプーンや金属バットを再生したり、東京駅商業施設の建材に使用したりしている。

　アルミは融解温度が低いためリサイクルが容易とされるが、実際には車体の塗装などの除去が困難で、強度面の不安もあり、車体から車体へのリサイクルが難しい。しかし近年、東京メトロやJR東海では車体から車体へのリサイクルが行われるようになっている。

　車両ではないが、JR西日本では新幹線用線路で使用していたバラストやレールを在来線で再利用する取り組みが行われている。各社でさまざまな工夫が凝らされている。

　JRや大手私鉄で廃車となった車両が地方の中小私鉄にわたり、再び第一線で活躍したり、東南アジアなどで第二の人生を歩んだりすることを耳にすることがあろう。こうした例は大手私鉄同士でもあり、西武鉄道では、国分寺線や多摩湖線等の支線で使用するための車両を、東急電鉄や小田急電鉄から合わせて100両譲り受ける。西武鉄道には旧型車と呼ばれる抵抗制御車が30%ほどあり、東急電鉄や小田急電鉄から譲渡されたVVVF制御装置装備車を投入することで、2030年度までに新車と合わせて100%VVVF制御装置車とすることをめざしている。これにより、CO_2の排出を5700万トン削減、動力費も削減される。

　車両を譲渡する側は不要になった車両を廃棄せずに済み、譲渡を受ける側はVVVF制御装置車を安価に入手できる。まさに持続的な輸送への貢献といえる。

３ これからの鉄道車両

　国際鉄道技術見本市「イノトランス」が2年に一度ベルリンで開催され、各車両メーカーで一番売りとする車両が出展される。2022年開催時は56ヵ国2834社が出展し、コンセプトの主流は環境問題対応車両であっ

た。今後の鉄道車両のキーワードは「脱炭素」であろう。

　非電化区間はディーゼルエンジンを搭載した気動車により運転する。電路設備が不要のため設備費は削減できるが、気動車から排出される排気ガスに含まれるCO_2が問題視されている。国内鉄道路線の30%強は非電化区間であるため、非電化区間を走行する気動車の対策は重要である。

　JR四国では、国鉄型キハ車両を置き換えるため、ハイブリッド式気動車を2026年度から導入する。停車時はエンジンを停止させ、起動時は蓄電池からの電気で主電動機を動かし、回生ブレーキ時には蓄電池に充電もでき、エネルギーを有効活用できる。起動の際にエンジンを稼働させないことが省エネに貢献する。国鉄型キハ車両と比べて燃費は20%向上、CO_2は10%削減でき、環境問題改善につながる。主変換装置、モーター、台車は電車と同じシステムを使用することができる。これによりコストダウンは図れるが、エンジンとモーターの双方を搭載するため、全体の製造コストは高くなる。ハイブリッド気動車はほかのJRでも採用されている。

　JR東日本では、大容量の蓄電池を搭載した車両で、非電化区間を走行することができる蓄電池式駆動車を運行している。電化区間では、パンタグラフを上昇させ、架線からの電力により走行すると同時に主回路用蓄電池の充電を行い、非電化区間ではパンタグラフを降下し、蓄電池の電力のみで走行する。烏山線などの旧非電化区間で運用されている。ディーゼルエンジンの排気ガスは発生せず、また充電する駅以外は電化する必要がないことから地上設備の費用もかからない。さらに動力車操縦者運転免許も、内燃車でなく電気車で対応できることから、ある特定線区のためだけに内燃車の免許を取得する必要もない。

　このほかにも気動車の燃料に廃食油や微細藻類などから製造されたバイオマス燃料を導入する取り組みも各社で行われている。既存の燃料にとらわれない点としては水素も有望である。自動車では水素を燃料とした燃料電池自動車が実用化されている。JR東日本はトヨタ自動車、日立製作所と共同開発した水素をエネルギーとするハイブリッド燃料電池車両の試験を行っている。トヨタ自動車が「MIRAI」で培った燃料電池装置技術と日立製作所の主回路用蓄電池と電力変換装置技術、JR東日本の車両設計技術、とまさに技術の結集である。燃料電池は水素と酸素の化学反応によって電気エネルギーを生成する。水素をエネルギー源とすることでCO_2の

発生をほぼゼロにできる。蓄電池の消耗や安全性の確認を行い、2030年度の営業運転をめざしている。

　燃料電池車両は水素を使って発電しているが、水素をそのままエンジンに投入し動力を発生させる水素エンジンをJR東海が開発、試験中である。水素エンジンは水素を燃焼させて発生する水蒸気や窒素などでピストンを動かす。水素エンジンが鉄道車両に採用されると世界初となるが、まだ課題は多い。

　脱炭素につながる省エネの交通システムとして注目されているのが「エコライド」である。ジェットコースターの技術を用いる、これまでの鉄道とは違った公共交通システムである。ジェットコースター同様、車両側にはモーターやブレーキはなく、車両の動きは地上側から操作する。上り勾配はモーターの力で登るが、下り勾配は位置エネルギーを使って走行する。車両側の装備が少なく車両が軽量化できるため、地上設備が比較的安価に済むこともメリットである。

第4章 駅の構造

第1節　駅の構造と種類
第2節　駅務機器のいろいろ
第3節　新しい乗車券 ICカード
第4節　これからの駅づくり

阪急電鉄大阪梅田駅

第1節

駅の構造と種類

　鉄道に関する技術上の基準を定める省令では、「駅は旅客の乗降又は貨物の積卸しを行うために使用される場所」（第2条）とされている。駅について、営業や運転にかかわる規則面や建築構造面などさまざまな角度から見てみよう。

① 営業面から見た駅の分類

　駅の仕事は、旅客・貨物に対する「営業業務」と、列車を扱う「運転業務（運転取扱い業務）」に大別される。営業面からみた場合、駅は「直営駅」「業務委託駅」「簡易委託駅」「無人駅」の4つに分けることができる。

　また、駅は通年営業が原則であるが、なかには通年営業せずに期限を定めて営業する駅もある。「臨時駅」とよばれるもので、その多くはスキーや海水浴のシーズン、あるいは博覧会など特別な催事の開催に合わせて営業される。有名な駅としてはガーラ湯沢駅や偕楽園駅などがあげられる。

①直営駅

　その駅が帰属する鉄道会社の社員が配置されている駅をいう。

②業務委託駅

　乗車券類（乗車券や特急券などの各種料金券の総称）の発売や集改札などの駅業務を外部に委託している駅をいう。

- **外部委託**……駅業務専門の子会社や設備管理会社、駅ビル管理会社、警備会社など関連会社に業務を委託するパターン。たとえばJR東日本であれば運転取扱のない駅をJR東日本ステーションサービスに委託している。また東武鉄道は、すべての駅業務を東武ステーションサービスに委託し、一部助役や駅長は東武鉄道からの出向扱いである。このほか、駅ビルを管理する会社が駅業務を受託しているケース、駅設備サービス

管理会社、警備会社が請け負うケースもある。

● **ほかの鉄道会社に委託**……2社以上の鉄道会社が構内を共同で使用する「共同使用駅」に多く見られるケース。たとえば秩父鉄道、東武鉄道、JR東日本の3社が共同使用する寄居駅などがこれに相当する。寄居駅には秩父鉄道の社員しか配置されておらず、東武とJRは駅業務を秩父鉄道に委託している。

このほか、少し複雑な例として、JR東海と近畿日本鉄道の共同使用駅である三重県の松阪、津、伊勢市の各駅があげられる。この3駅は集改札業務に限っていえば、正面側の出入口がJR東海、裏口側が近鉄の管理で、両社がお互いに業務を委託している。首都圏では高尾駅が同様で、北口のJR東日本管理に対して南口では京王電鉄の管理となっている。

JR東日本とJR東海のようなJR同士の会社境界駅や、地下鉄と私鉄のように相互直通運転を行う鉄道会社同士の境界駅も共同使用駅であり、その多くは一方の会社から見れば業務委託駅となる。

JRグループ発足当初は、JR旅客鉄道会社がJR貨物に乗車券類の発売・集改札業務を委託していたこともある。貨物取扱量が多いためにJR貨物管理となった駅に散見された現象で、東海道本線の近江長岡駅、高山本線の坂祝駅、関西本線の冨田駅、桜島線の安治川口駅など多くの例があったが、現在は旅客会社直営か関連会社委託、あるいは旅客営業面のみ無人に変わっている。

③簡易委託駅

業務委託駅の簡略版で、乗車券類の発売を駅周辺あるいは駅舎内の商店、あるいは自治体や個人に委託している駅をいう。JRの地方路線に多く、駅舎内に併設されたそば店に委託している木次線の亀嵩駅や日本郵政に委託しているJR東日本千葉支社の江見駅、安房勝山駅などが有名である。

④無人駅

鉄道会社社員の配置がなく、業務の外部委託もしていない駅をいう。無人駅と聞くと地方ローカル線を思い浮かべるが、現在では経費削減や合理化のため、首都圏の駅でも無人駅が増えている。無人駅の多い路線では車内で精算を行うことが多いが、駅構内に簡易型の交通系ICカードリーダーが設置されていることも多い。

② 駅が行う運転業務

駅が行う「運転業務」とは、列車の取扱いである。ポイントのある駅には必ず継電連動装置や電子連動装置という信号や線路の切換えを操作する装置が設置されている。この装置により列車の進む進路（ポイント）を切り換えたり、信号を操作して列車を駅構内に進入・進出させたり、どの線路に停車させるかといった指示が出せるようになっている。

最近は「CTC（列車集中制御：Centralized Traffic Control）」が普及し、運転業務を日常的に行う駅は減少傾向にあるが、現在でも各駅による信号操作に重きをおく会社もある。CTC化された線区でも、構内の線路配置が複雑な駅や車両の入換がある駅、専門線を分岐する駅などはCTCから分離され、駅扱いとなっていることが多い。また、日常は運転扱いをしない駅でも、ダイヤ混乱時などは現地扱いとして各駅で運転業務を行う場合もある。

JR各社や大手私鉄では、このCTCにコンピューターで自動的に信号・ポイント操作を行うPRC（自動進路制御装置：Programmed Route Control）や、PRCをさらに発展させたPTC（列車運行管理システム：Programmed Traffic

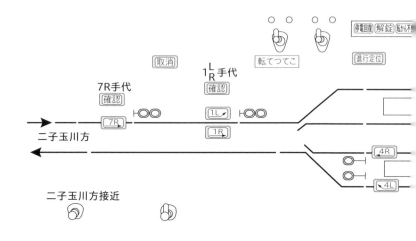

図4-1 継電連動装置制御盤

Control) を導入し、ダイヤ混乱時もなるべく人による手動介入を排除したシステムを導入している。

これに対し京浜急行電鉄では、人による手動扱いがダイヤ混乱時にも有用として、現在でも（CTC区間である）久里浜線を除く全線で信号・ポイント操作を駅扱いとしている。

③ 駅の運転業務に欠かせない連動装置

1 連動装置（継電連動装置から電子連動装置へ）

駅に安全に列車を進入・進出させるため、次のような装置が必要になる。
- 閉そく装置……進路にほかの列車がいないことを確かめる装置。
- 転てつ装置……進路の転てつ器を切り換える装置。
- 信号装置……上の2つの情報を対象となる列車に知らせる装置。

これらの装置はそれぞれ独立したものであるが、列車の安全運行のためには各装置がバラバラに動くのではなく、お互いが関係をもって連動して動作することが望まれる。

たとえば、閉そく装置が進路にほかの列車が存在しないことを確認して

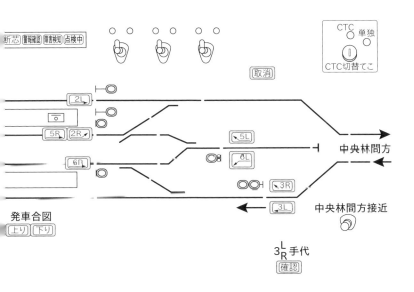

いないのに、信号装置が「進行を指示する信号」（停止以外の進行、減速、注意、警戒などの各信号を総称した言い方）を現示するようなことがあれば大変危険である。また転てつ器の開通方向とは違う進路に信号が現示されても困る。安全を確保するためには、ほかの列車がいないことが確認できなければ進行を指示する信号が絶対に出ない、転てつ器の開通方向にしか進行を指示する信号が現示できないというような連動関係をもった装置が必要になる。このように上記3つの装置を連動させて安全を担保する装置を「連動装置」という。

連動装置は転てつ器のある駅に設置されている。前述のCTCは各駅の連動装置を主に線区単位で設けられる指令所=CTCセンターで集中的に管理し、遠隔制御するものである。コントロールの手順は以下のとおり。

1. 閉そく装置により進路上にほかの列車がないことが確認される。
2. 転てつ装置に電流が流れ、転てつ器が正しい進路方向に開通しているか確認が行われる。
3. 開通状態が正しければ次に信号装置に電流が流れ、ここに「進行を指示する信号」が現示される。

以上のように、電気信号を次々とバトンリレーしていく機器を継電器（リレー）という。この継電器を用いた連動装置を「継電連動装置」というが**(図 4-1)**、現在はこの継電器の役割をコンピュータソフトで行わせる「電子連動装置」が多用されている。

2 定位と反位

駅にある転てつ器や信号機は、いつもどのような状態にしておくのか決まりがある。

転てつ器は、駅から列車を出発させるとき、進路構成によっては駅員が転てつ器を動かす必要がある。しかし列車の通過後は必ず決められた状態（位置）に戻しておかなければならない。

この「決められた位置」とは、その転てつ器を開通させる頻度が高い進路方向、あるいは安全が確保される進路方向のことで、その方向を「定位」といい、ノーマルポジション（normal position）の頭文字をとって「N」と表記する。これに対し決められた位置の反対方向を「反位」といいリバースポジション（reverse position）の頭文字をとって「R」と表記する。通常は、

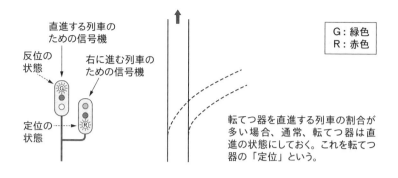

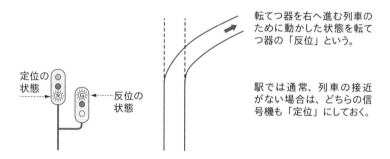

図4-2 定位と反位

　進路構成のため反位として列車を通過させたあと、すみやかに定位に戻すよう作業ルールが定められている（**図4-2**）。
　駅の信号機は一部の例外を除いて停止信号が定位、進行を指示する信号が反位となる。つまり駅に列車が接近したときや、駅から列車を出発させるときだけ定位（停止現示）を反位（進行を指示する信号現示）に変える。このような信号機（場内信号機や出発信号機、入換信号機など）を停止定位の信号機という。これに対し、駅間にある閉そく信号機は進行定位の信号機という。

3 駅構内の信号機

　駅が扱う信号機には次のようなものがある。
● 場内信号機……駅構内の入り口に設けられ、列車に対し駅構内への進入

の可否を知らせる信号機。基本的には転てつ器のない駅にはない。

- **出発信号機**……駅構内の出口に設けられ、駅構内から出発する列車、駅を通過しようとする列車に対して信号を現示し、駅から出発の可否を知らせる。駅長が手信号や出発合図をもって行う駅には設置されない。また場内信号機と同じく、基本的には転てつ器のない駅にはない。

- **誘導信号機**……駅構内で2つの列車を連結して1つの列車とするような場合に、あとから到着する列車に対して、停止信号を越えて進入させるための信号機。場内信号機の下や入換信号機の下に設置される。

- **入換信号機**……駅構内で列車または車両の入換を行う際、運転士に対して進路への進入の可否を現示する。

- **遠方信号機**……停車場間を1閉そく区間としている区間において場内信号機の見通しが悪い場合に場内信号機の手前に設置し、場内信号機の現示を予告する信号機。防護区間をもたず、停止を義務づける信号機ではないので停止信号を現示することはない。

- **通過信号機**……場内信号機に腕木式信号機や2現示の信号機を使用しており、進行か停止しか現示できない場合に、出発信号機の現示を予告する信号機。場内信号機の下部に設置し、駅を通過する列車に対して出発信号機の現示を予告することで運転士にその駅の通過の可否を伝え、冒進の危険を減らす役割がある。日本では2現示の信号機を使用し、かつ通過列車が設定されている駅自体がまれであるため、見学の機会はほとんどない。鹿島臨海鉄道の東水戸駅や島原鉄道の大三東駅に建植されている。

4 鎖錠

　駅員が連動装置を操作し転てつ器が動き、その結果として進行を指示する信号が現示されると、列車はその指示に従って進む。しかし列車が転てつ器上を通過中に突然、転てつ器が動作したらどうなるであろうか。このような危険が生じないように、列車が転てつ器を通過し終えるまでは電気回路を切ることにより絶対に転てつ器が動かないように固定する。このしくみを「鎖錠」という。連動装置は「閉そく装置」「転てつ装置」「信号装置」の鎖錠関係をつくるものともいえる（**図4-3**）。

　何か1つの機器を操作したとき、必要に応じてほかの機器を動作しなく

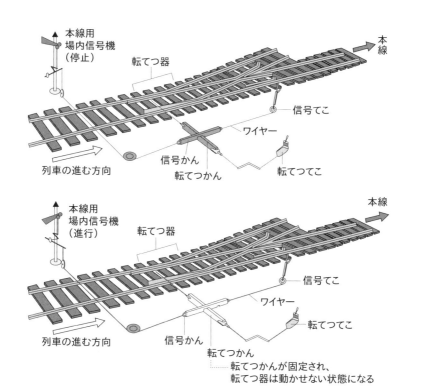

本線用場内信号機が停止信号のときは、信号かんと転てつかんの切欠きが一致しているので、転てつてこを動かして転てつ器を転換することができる。いま転てつ器が本線側に転換しているとすれば、信号てこを引くと本線用場内信号機が進行信号となり、信号かんと転てつかんの切欠きがずれた状態になる。すると、転てつ器は本線方向に固定され、転換できなくなる。

図4-3 鎖錠の実際例

することが鎖錠の関係で、たとえば機器Aを操作したことにより機器Bが動作しなくなる場合、BはAに鎖錠されたといえる。

　鎖錠関係をもつことを「連鎖」といい、連鎖の関係を保ったまま機器を動作させることを「連動」という。継電連動装置はその名のとおり、継電器を用いて電気回路を構成または開放することで閉そく装置と転てつ器と信号機を互いに連動させる装置である。代表的な鎖錠関係は以下のとおり。

- **表示鎖錠**……信号機と転てつ器の関係において、信号機が停止現示の時のみ転てつ器が転換でき、転てつ器が転換中は進行を指示する信号が現

示されない鎖錠関係をいう。

- **てっ査（轍査）鎖錠**……列車が分岐器を通過している最中に分岐器が途中転換しないようにする鎖錠のこと。分岐器のある軌道回路に車両があることを検知して、その車両を検知している間は分岐器を転換できないようにする鎖錠をいう。
- **進路鎖錠**……列車が信号機の内方に進入したあと、進路の先にある当該分岐器を通過するまで分岐器を転換できないようにする鎖錠をいう。
- **進路区分鎖錠**……進路鎖錠で通過し終わった転てつ器から解錠できるようにした鎖錠をいう。
- **接近鎖錠**……場内信号機や通過列車がある場合の出発信号機に一度進行を指示する信号を現示したあと、列車がその信号機の外方、一定区間に接近または進入しているとき、信号機を急に停止現示にしても列車が止まりきれず、信号機の内方へ冒進する恐れがある。このとき信号機が停止信号を現示してすぐに進路上の転てつ器が転換しては危険である。このため一定区間に列車が存在するとき、信号機を停止現示にしても一定時分経過するまでは転てつ器を鎖錠するものをいう。この鎖錠は、列車がその信号機の内方に進入するか、その信号機に停止信号を現示してから一定時間後に解除される。
- **保留鎖錠**……列車の位置に関係なく、進行を指示する信号を現示してから停止現示にしたとき、常に一定時分経過するまで転てつ器を鎖錠するもの。出発信号機に進行を指示する信号を現示し直ちに停止にしたが、すでに列車が出発してしまったとき、列車が止まりきれずに信号機の先（内方）に入り、転てつ器を壊してしまうという事を防止する鎖錠である。

(4) 「駅」を含めた「停車場」の種類

　鉄道に関する技術上の基準を定める省令では、停車場は駅・信号場・操車場の総称であると定められている。このうち駅は旅客の乗降または貨物の積み卸しを行うために使用される場所をいい、扱うものの種類や構内で行われる作業内容の違いから以下のように分類できる。

1 駅

● **一般駅**……旅客と貨物の双方が取扱い対象である駅。

例：品川駅（貨物扱いしていないが分類上は一般駅）/ 隅田川駅・東京貨物ターミナル駅（旅客の乗降施設はないが、分類上は一般駅である）

● **旅客駅**……旅客だけが取扱い対象である駅。

例：新宿駅

● **貨物駅**……貨物だけが取扱い対象である駅。

例：川崎貨物駅

　駅は上記のように旅客のみを扱う駅、貨物のみを扱う駅と旅客・貨物双方を扱う駅に分かれていた。明治の鉄道黎明期から昭和50年代まで、駅といえばそのほとんどが一般駅であったが、現在では鉄道貨物輸送の衰退、国鉄分割民営化による旅客鉄道会社と貨物鉄道会社の分離を経て、そのほとんどは客貨の分離を行い、貨物駅や旅客駅へと形態を変えた。

　しかし上記の例のように一見、旅客駅や貨物駅のように見える駅でも一般駅であることもあり、見た目だけで判断できないことも多い。旧国鉄やかつての一部私鉄では、荷物（手荷物・小荷物）の取扱いがあった。これは旅客輸送業務の一部という位置づけで、「一般駅」「旅客駅」が営業窓口となっていた（荷物であり、貨物ではない）。

　東海道本線の汐留駅や常磐線の隅田川駅、関西本線の百済駅、鹿児島本線の東小倉などの一部の国鉄貨物駅では手荷物・小荷物も扱っていたため（つまりは形式上、旅客輸送業務も行っていたことになるので）正しくは「貨物駅」ではなく「一般駅」であった。現在、隅田川駅は一般駅となっているが旅客扱いはない。また東京貨物ターミナル駅や仙台貨物ターミナル駅も同様の形態となっている。百済駅は百済貨物ターミナル駅と改称され貨物専用駅となっている。このように、現状は一般駅、貨物駅、旅客駅の区別は有名無実化している。

2 信号場

　信号場は、専ら列車の行き違いまたは待ち合わせを行うために使用される場所をいう。単線区間で列車の行き違いのために設けられるほか、駅間にある単線区間と複線区間の境界点、線路（本線）の分岐点、線路（本線）の交差点にも設けられる。一部の例外を除き、旅客・貨物の営業扱いはしない。

3 操車場

専ら車両の入換または列車の組成を行うために使用される場所をいう。

- **客車操車場**……旅客列車の組成、組み換えを行う施設。車両の洗浄、清掃、検査などの機能を備える場合もある。旅客の営業取扱いはしない。客車操車場は現在はほとんど見なくなり、操車場と呼称されていても駅構内に属するものや、信号場としての機能のみとなっているものもある。
- **貨車操車場**……貨物列車の組成、貨車の入換を行う施設。貨車の検査機能を備える場合もある。一部の例外を除き貨物の営業扱いはしない。1984年のヤード終結型の貨物輸送の廃止に伴い、全国各地にあった貨物操車場は信号場や貨物駅となった。廃止後に再開発用地に転用され総合公園や巨大ショッピングモールとなったケースも多い。
- **その他の施設**……このほかにも、検車区や機関区と呼ばれる施設、車庫などがある。鉄道に関する技術上の基準を定める省令によれば、車庫とは、専ら車両の収容を行うために使用される場所をいい、車庫には車両検査修繕施設として十分なものを有することとしている。したがって、電車区や検車区などとよばれている施設は、車庫と操車場の機能を併せもつものといえる。なお民鉄の電車区や検車区は駅の一部となっていることが多い。

⑤ 「駅」と「停留場」

鉄道に関する技術上の基準を定める省令で定める「停車場」（駅・信号場・操車場）の概念はもともと「国有鉄道建設規程」すなわち国鉄の規定であった。一方で私鉄に対しては「地方鉄道建設規程」という規定があり、このなかで、「停車場」とは、停車場・停留場・信号所に分かれると規定されていた。私鉄には法規上、駅・信号場・操車場というものがなかったことになる。

私鉄における「停車場」と「停留場」の違いは転てつ器の有無であった。列車が停止して旅客の乗降または貨物の積み卸しを行う場所のうち、構内に転てつ器のある場所（場内・出発の信号機〔標識〕のある場所）を「停車場」とよび、転てつ器のない場所（場内・出発の信号機〔標識〕のない場所）を「停留場」とよんでいた。そして旅客の乗降をしない場所を信号所とよんでいた。

1987（昭和62）年の国鉄の分割民営化以前、国鉄と私鉄とはまったく別の法令で規制されていた。国鉄は「日本国有鉄道法」、私鉄は「地方鉄道法」が根拠となる法令である。しかし国鉄が民間企業であるJRとなり新たに発足したことで国有鉄道法、地方鉄道法がひとつにまとまって鉄道事業法になった。これにより「国有鉄道建設規程」や「地方鉄道建設規程」も新しく生まれ変わり、JR・私鉄共通の「普通鉄道構造規則」となった。このため私鉄に対する停留場という概念、用語は存在しなくなり、停車場は駅・信号場・操車場の総称と規定されることとなった。「普通鉄道構造規則」は「新幹線鉄道構造規則」や各種運転規則と合わさり、2002年「鉄道に関する技術上の基準を定める省令」に生まれ変わったのである。一部の私鉄を中心に現在も停車場、停留場（所）という言葉が使われているが、これは慣習的、車内的な用法になる。

　なお、路面電車などの軌道については、鉄道に関する技術上の基準を定める省令の適用がないため、停車場や駅といった概念はない。俗に停留所、電停などとよばれる乗降場は「軌道建設規程」などで停留場と記されている。

⑥ 旅客駅の構造上の分類

　駅は駅本屋（駅長室や主要な駅事務室がある建物）と線路やプラットホームの位置関係から以下のように分けられる。

①地平駅（地上駅）

　地平駅は最も一般的な駅の構造タイプで、文字どおり地平（地上）に駅本屋やプラットホームが存在するもの。駅構内の線路を含めた鉄道施設のほとんどが地平に置かれるため建設費用が少なくて済むが、駅の表側と裏側の通行が阻害されやすい。各施設を平面的に配置するため用地を広く確保する必要もあり、土地の確保が困難なケースや、土地代の高い都市部などでは敬遠される傾向にある。

②橋上駅

　橋上駅はプラットホームと線路の上空を跨ぐ形で駅本屋と自由通路が作られるもの。自由通路により往来ができるため、鉄道線路で分断されていた都市の一体化にも寄与できる。地平駅に比べて用地費も軽減できるため、駅舎の建て替えに合わせて地平駅を橋上駅化する傾向がある。

③高架駅

　高架化された鉄道の標準的な駅構造である。通常はプラットホームを併設する高架橋の下に本屋と自由通路あるいは一般道が設けられる。また高架下スペースの有効活用として、商店街や駐車場・駐輪場などが併設されるケースも増えてきている。線路下の自由通路はアップダウンがほとんどないので、橋上駅以上に都市の一体化に寄与することができる。また高架駅の前後区間も高架化することで、地方自治体の都市計画事業と一体化して連続立体交差化事業を行い、駅間の踏切をなくし、交通渋滞の軽減、街の一体化にも貢献することができる。

④地下駅

　地下駅はトンネル区間に併設される駅で、地下鉄では一般的なものである。都市計画事業の一環で鉄道を地下化し、地上駅を地下駅にする例も見受けられる。地下区間に駅施設を建設するため、スペースや配置にはさまざまな制約が生じる。また密閉された空間のため換気や防災には十分な対策をとる必要があり、地震・火災・水害・停電など緊急時の旅客案内や誘導にも配慮しなくてはならない。駅事務室は地下にあるのが一般的である

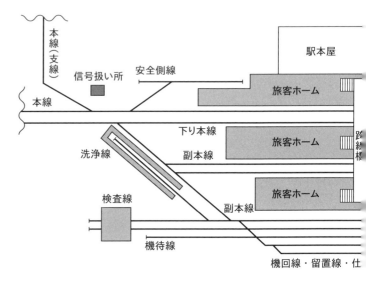

図4-4　一般駅の構内配線の例

が、駅本屋だけ地上に設ける場合がある（JR西日本の北陸本線筒石駅、北越急行ほくほく線・美佐島駅など）。

⑦ 駅（停車場）の配線

駅（停車場）の構内にはさまざまな線路が配備されるが、それらの線路は大まかな類別として「本線」と「側線」に分けることができる（図4-4）。

1 本線と側線の役割

列車の運行に常用される線路を「本線」という。下り線・上り線として用いられる線路を「主本線」、通過列車などに追い越される列車が待避線として利用する線路を「副本線」という。構内に本線が4本ある駅（上り線側と下り線側双方に待避線がある、新幹線の中間駅のような駅）では、各線路を下り副本線、下り本線、上り本線、上り副本線という具合によぶ。

側線は、本線以外の構内線路のすべてをいう。旅客駅では、次のような

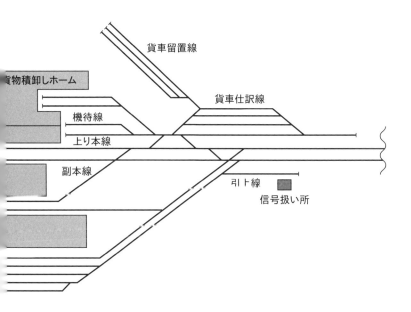

用途の線路がある。

- **留置線**……列車の折り返し待ちや夜間留置の車両が使用する線路。
- **仕訳線**……列車の組成を変更するときに使用する線路。
- **引上線**……列車の折り返しや留置線、仕訳線へ車両の入換をする線路。
- **洗浄線**……駅構内に車両基地的な機能がある場合などに車両を留置し洗浄する線路。
- **機回線**……折り返し運転の客車列車（機関車牽引列車）の機関車を前後に付け替えるときなどに利用する線路。
- **機待線**……機関車が一時的に待機する線路。
- **安全側線**……ブレーキ操作の遅れなどから過走した列車が他の列車の進路を支障しないように設けられる線路。

2 特徴的な構内配線の例

　駅の構内配線を決める要素は、その駅の機能や性格、立地の条件、発着列車の種類や本数、信号保安方式などであり、起終点の駅は配線がとくに個性的となる。

　起終点を最も印象づけるのは、くし型のホームに行き止まり線路がずらりと並ぶ「頭端式」の駅であろう。ヨーロッパなど外国のターミナル駅に多く見られ、日本でも私鉄に多数の事例がある（阪急電鉄の大阪梅田駅、南海電鉄のなんば駅、近畿日本鉄道の大阪上本町駅・大阪阿部野橋駅など）。いずれも電車列車が主体となって発達した私鉄の駅である。頭端式の最大の欠点は、機関車牽引列車の場合、折り返し運転に手間がかかることである。日本では昭和30年代まで機関車牽引列車が長距離輸送の主役を担っており、旧国鉄では頭端式の駅はあまりなかった。国鉄を引き継いだJRの駅では、頭端式は上野駅地平ホームや門司港駅、阪和線の天王寺駅などごくわずかであり、それぞれ日本鉄道、九州鉄道、阪和電気鉄道という私鉄の駅であった。なお、ヨーロッパも機関車牽引列車が主体であるが、駅の規模が大きく列車本数が少ないなど日本とは条件が異なる。

　中間駅の構内配線は、単線では列車の行き違いができない駅よりもできる駅のほうが、さらに待避線のある駅のほうが、複線では列車の追い越しができない駅よりは、それができる待避線のある駅のほうが複雑になるが、この待避線（副本線）についても退避する列車が何なのかで配線に大きな

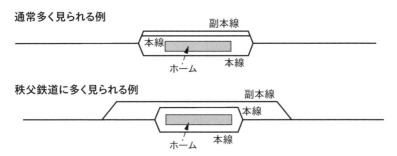

図4-5 秩父鉄道に多い構内配線

影響を与える場合がある。

　ひとつ例をあげる。単線の鉄道をイメージしてほしい。通常本線と副本線（待避線）の線路有効長（隣接線路に支障なく列車が停車できる長さ）はほぼ同じか、副本線のほうが本線より少し短いことが多い。退避する側の列車（普通列車など）のほうが編成が短いことが多いためであるが、先にあげた寄居駅の話で出てきた秩父鉄道の多くの駅ではそのようになっていない。下り本線、上り本線よりも副本線（待避線）のほうがはるかに長い。駅進入時に前方を見ていると、先に本線から副本線が分岐し、ついで下り本線と上り本線が分岐していく（**図4-5**）。秩父鉄道を訪れた際には、ぜひ武州荒木、永田、波久礼、樋口、野上、親鼻、皆野、和銅黒谷などの駅で現物を見てみてほしい。

　この現象は退避する側の列車のほうが追い越す列車よりも編成が長いという秩父鉄道ならではの特殊性が生んだものである。追い越す側の列車は急行列車と普通列車であり、長さはわずかに電車3両分、60mほどである（西武からの乗り入れ列車は4両編成）。一方の退避列車は「鉱石列車」とよばれる石灰石輸送の貨車を20両連ねた貨物列車で長さは電気機関車を含めて170mにも及ぶ（重量は積車で1000トン）。これ以外にも羽生〜寄居駅間では東武鉄道の回送列車が走る。こちらも最大で10両編成で、長さは200mになる。

⑧ プラットホームの配置

　鉄道に関する技術上の基準を定める省令では、「駅には旅客または貨物

の取扱量等に応じ、プラットホーム、貨物積卸場その他の旅客又は貨物の取扱いに必要な相当の設備を設けなければならない」（第35条）とされている。旅客が列車に乗り降りするプラットホームは、その配置から次のように分類される（**図4-6**）。

- **単式ホーム**……単線区間の分岐器のない駅で見られる最も単純なタイプ。1本の線路に片面ホームが1つだけ接する、1面1線といわれる形態。
- **相対式ホーム**……対向式ホームともいう。下り本線、上り本線などの2本の線路が2つの片面ホームに挟まれる、2面2線といわれる形態。線路ごとにホームが独立して設けられている。
- **島式ホーム**……下り本線と上り本線の間など、2本の線路で1つの両面ホームを挟み共有する、1面2線のホームといわれる形態。
- **頭端式ホーム**……くし形ホームに行き止まり線路が並ぶ形態。

ほかのタイプもあるが、いずれも上記各ホームの変形版か組み合わせ版といえるもので、以上の4つがホーム配置の基本形となる。

基本形のなかでも都市部でよく目にするのは、島式ホームと相対式ホームであろう。島式ホームは2本の線路に対して1つのホームで済むので建設費が削減でき、敷地の面積も少なくて済む。またホーム係員の人数も少なくて済み、経営的なメリットは大きい。しかし2本の線路に同時に列車が到着するとホームが混雑する、線路に挟まれているためホームの拡張が難しいなどの欠点もある。異なる方向に向かう列車が1つのホームに発着するケースも多く、旅客案内表示にも細心の注意が必要となる。

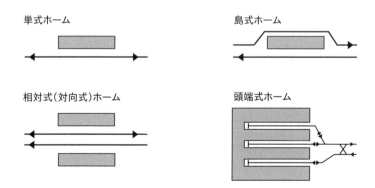

図4-6 旅客駅ホームの配置

⑨ 線路配置

- **線路別複々線**……複線がふたつ並んでいるタイプで、JR東日本の複々線区間のほとんどがこれにあたる。京浜東北線と平行に走る上野東京ラインや、中央・総武緩行線と中央線快速・総武線快速のように、各路線がそれぞれ独立して運行している。

- **方向別複々線**……同じ方向に進む線路が隣同士に並んでいるタイプで、JR西日本の東海道本線・山陽本線（草津〜新長田間）や、私鉄の複々線区間の多くがこの構造である。同一ホームで対面乗り換えが可能となり、緩行線と急行線を一体的に運用できる利点がある。

第2節
駅務機器のいろいろ

　近年の都市部の駅を中心とした出改札業務の自動化推進には目を見張るものがある。いまでは切符を買わずICカードをタッチして電車に乗るのが普通になった。自動化、省力化に貢献する各種駅務機器を見てみよう。

① 自動券売機

　駅の旅客取扱いに関わる業務の代表格といえば、乗車券類を発券する「出札業務」、旅客の乗車に際しその所持する乗車券類の確認を行う「改札業務」、使用済みの乗車券類を回収する「集札業務」、過不足金の精算を行う「精算業務」などであろう。

　これらの業務は人の手作業という時代が長く続いたが、世界で最も鉄道利用者が多い日本ではいつまでも人海戦術というわけにはいかず、早くから自動化・機械化が進んだ。近年では、コンピュータ、IT技術の発展に伴い駅務機器のさらなる効率化が進んでいる。これから先、労働人口の減少という時代を迎えるにあたり、さらなる効率化・省力化が進められよう。

　「自動券売機」は、主に近距離乗車券などを旅客の操作により自動的に発券する。近年のJR各駅では、遠距離切符や指定席券、特急券も買える指定席券売機も登場している。そのため、みどりの窓口は減少傾向にある。

　自動券売機の歴史は古く、旧国鉄では1929（昭和4）年に東京駅で乗車券を自動発売する機器の実用化第1号が登場している（輸入機器を用いての入場券の自動発売は大正15年が初年。明治40年代にはすでに始まっていたとする説もある）。これは、印刷された乗車券を機器に入れておき、乗客がテコによる購入操作を行うと日付を印字し発券するという単純な機械式であった。したがって1台の機器で1種類の乗車券しか発売することができず（これを単能式という）、導入時は東京駅から5銭区間と10銭区間の2種類の乗

車券だけが取扱いの対象であったという。

戦後、昭和30年代から単能式ながら電動式に移行、ついでボタン操作により何種類かの乗車券（印刷されたもの）を1台で扱える「多能式」が登場した。多能式の登場とほぼ並行して機器内蔵のロール紙にその都度、券面記載事項や日付を印字する印刷式も実用化され、昭和50年代に入ると、印刷式・多能式の「標準型自動券売機」が国鉄と私鉄で普及していった。

以降も自動券売機の進化は進み、操作の方法もボタン式からタッチパネル式に移行し、扱う乗車券類も普通乗車券はもとよりグリーン券や指定席券、一部の企画乗車券など多岐にわたるようになった。決済も、プリペイドカード、ICカード、クレジットカードにも対応するようになった。

自動改札機の登場により、自動券売機で発券される乗車券類も、裏面に磁気情報が入るようになった。ついでICカードの登場により、発行機能やチャージ（入金）機能を備えるものも登場した。日本の鉄道のICカードはSONYが開発したフェリカ（FeliCa）が使われている。フェリカは現在クレジットカードやスマートフォンにも搭載されており、カードだけでなくスマートフォンやクレジットカードを改札にタッチするだけで通過できるになっている。なおICカードは、カードに記憶できる情報が磁気切符より大きく、その都度書き換えができるため使い捨てにならないというメリットもある。さらに近年は、切符も磁気データを書き込む方式からQRコードを印刷する方式へ変わろうとしている。これは磁気情報を含む切符の処理が複雑で環境負荷が大きいためである。

ここまで便利になった自動券売機であるが、現代ではその数を減らしつつある。インターネットの普及により、スマートフォンから直接モバイルICカードに入金ができるようになったからである。駅に来て切符を買う、券売機でICカードにチャージするという時代から、インターネット経由でモバイルICカードに入金する、スマートフォンを使って好きな場所で切符を買い、チケットレスでそのまま電車に乗る時代になりつつある。券売機の数はさらに減ることになろう（実際、京王電鉄では2010年から2020年で約2割の券売機が減少した。券売機のあった場所にはモバイルバッテリーを貸し出すスタンドが設置されている）。

モバイルICカードの普及は鉄道会社としてもメリットが大きく、券紙の補充や釣銭の準備、機器のメンテナンス、売上金の計算や納金などの作

業から一気に解放される。これらは駅員の削減にもつながる。先述のとおり、労働人口の減少は鉄道会社にとって死活問題である。少ない人員で効率よく鉄道を走らせる。そういう時代が目前まで迫っている。

② 自動集改札機

「自動集改札機」は改札口・集札口に設置され、入出場する旅客の乗車券類の確認を無人で行う機器である。1927（昭和2）年に開業した日本初の地下鉄ではターンスタイル式の自動改札機が導入されていたが、磁気データを読むタイプの自動改札機は1975年前後から関西の大手私鉄、地下鉄で本採用されたのが始まりである。

首都圏では国鉄（当時）武蔵野線の中間駅や営団地下鉄（当時）有楽町線池袋駅、東京急行電鉄（当時）の一部の駅などごく限られたところのみの採用となった。これは、関西の駅に比べて首都圏の駅は乗降人員が多く、国鉄と私鉄の共同使用駅や連絡乗車券の設定が多かったことによるが、国鉄の分割民営化後はJR東日本が自動改札機を積極的に導入し、私鉄や地下鉄にも一気に普及していった。

改札機内での乗車券の流れは以下のようである。磁気情報の入った乗車券類を投入口に入れると、ベルトの誘導により細長い機器のなかを抜けていき、瞬時に磁気情報が読み取られる。適正な乗車券であれば、投入者はそのままゲートを抜けられるが、何か問題があった場合にはチャイムとともにゲートが閉まり通行が阻止される。子供用の切符を入れると改札上のランプが点灯しピヨピヨと音が鳴り、監視装置にその旨が表示される。

ICカードの場合、乗車券類のデータの入ったICカードを読み取り部にタッチすると瞬時にそのデータを読み取り、問題がなければゲートが開く。ICカードやモバイルICの普及により、専用の自動改札機も増えた。磁気データの読み取りは複雑なメカが必要であるが、ICカードの読み取りにはその部分が必要ない。そのため機械的故障や券づまりなどのトラブルがなく、メンテナンスの省力化が進む。さらに現在は外国人観光客や多くの決済方式に対応するため、クレジットカード決済対応の自動改札機も登場している。今後、磁気乗車券からQRコードを印刷するタイプに切り替えていくことが鉄道各社から発表されており、改札の形式も大きく変わるか

もしれない。

従来の自動改札機では、乗車券に関するデータは各改札機に記憶され、データの照合は各改札機が行っていた。しかし近年はすべての自動改札機をホストコンピュータとつなぎ、データの照合はすべてホストコンピュータで行うように変わりつつある。運賃改定や新駅開業、相互乗り入れに伴う運賃計算経路の変更などのデータの更新も、ホストコンピュータのデータの書き換えのみで済むようになり、効率化を進める一助となっている。

③ 自動精算機

「自動精算機」は集札口の手前に設置され、乗り越しなどの精算と出場券（精算券）の発行を無人で行う機器である。定期券の区間外でほかの乗車券などを買って乗車し、定期券で出場するような場合なども自動精算機で対応していたが、最近は中抜けなどの不足金がない場合に限り、自動改札機でも対応できるようにシステムが更新されている（JR西日本は当初から自動集改札機で対応していた）。いまの自動集改札機はICカードのチャージ機能も併せもつようになっている。自動精算機は自動集改札機の付属物的な位置づけのため、やはり関西の大手私鉄での採用が早かった。

④ 定期券発行機

かつて定期券の発券は、駅係員が窓口内にある定期券発行機を操作して行っていた。タッチパネルなどで駅名や有効期限などを入力すると定期券が発行されるしくみで、旅客が古い定期券（磁気情報入り）を提出すれば、使用者の名前入力など操作の一部を省くことができた。現在は係員が身分証を確認したあと、駅の券売機でできるようになり、定期券発行機は少なくなってきた。また、モバイルICでもサーバーに身分証をアップロードすることで通学定期券を購入できるようになっている。

定期券券売機の導入は、定期券発行箇所の集約を進めた私鉄で先行し、昭和40年代後半には大手私鉄各社でかなり普及した。国鉄は1973（昭和48）年開業の武蔵野線の主要駅で設置した以外は導入が遅れ、手作業による定期券の発券が続いていたが、昭和50年代になると定期券のほか中長

距離乗車券や急行券、自由席特急券なども発券可能な乗車券類印刷発行機が全国規模で普及した。やがてこの発行機の機能が、指定券類を扱うコンピュータシステム「MARS」の端末に加えられていく。現在のJR各社はMARS端末により定期券を発券している。

　近年は旅客自らが機器を操作して定期券を発券できる自動券売機も増えてきており、IC定期券も大都市部ではごく当たり前になっている。

⑤ 指定券発行機

　「指定券発行機」は、定期券発行機と同様に、駅係員の操作により旅客の要望列車を入力するとシステムが瞬時に空席情報を検索し、空席があれば特急券や指定券を発券する。最近は旅客自らが操作するものやスマートフォン上でどこからでも購入できるシステムも当たり前となった。システム自体は各社が独立独歩で構築したもので、鉄道会社間の連携はない。このため特急列車の直通運転などを行う際にはいろいろな問題が出てくる。

　2006（平成18）年、東武鉄道はJR東日本と特急列車の相互直通運転を開始したが、当該列車の座席情報だけは東武のシステムではなくJRグループのMARSに入れて対処している。このため東武の一部の駅には、自社の端末以外にMARS端末も置かれている。

　MARS端末は、指定券、乗車券、定期券、自由席特急券、各種企画乗車券類のほか、航空券、ホテル・旅館の宿泊券、イベントチケットなどありとあらゆるものが発券できる。システム名の「MARS」は「Magnetic electronic seat reservation system」の略で、その始祖が日本最初のオンライン・リアルタイム・システムといわれている。

　国鉄が開発した最も初期の「MARS-1」が稼働したのは1960（昭和35）年のことであるが、1日当たりの座席収容能力はわずかに4000席、発券できずに台帳代わりに使用されていたという。座席収容列車は東海道本線の下り特別急行列車「第1こだま」「第2こだま」「第1つばめ」「第2つばめ」の4本だけであった。1965年に本格稼働した「MARS-102」では、1日当たりの座席収容能力は10万席となり、指定券の発券も可能となった。このとき初めて全国の国鉄主要駅にMARS端末を備えた指定券専用窓口「みどりの窓口」が開設された。

第3節

新しい乗車券 ICカード

　ひと昔前までは、駅に着くと運賃表から目的の駅を見つけ出し、運賃を確かめて券売機にお金を投入し、切符を買って駅員にはさみを入れてもらったものであるが、いまではICカードを自動改札機にタッチして電車に乗るのが当たり前になった。ICカードのことを簡単に説明しておこう。

① ICカードのしくみ

　これまで鉄道を使用するときには、券売機で乗車券類を購入する必要があった。しかし近年は自動改札機にタッチするだけで改札を通ることができる非接触型ICカードの利用者が激増している。ICカードの最初の導入例はJR東日本の「Suica」で、少し遅れてJR西日本が「ICOCA」を導入した。以降、スルッとKANSAI協議会加盟の私鉄・公営交通各社局用「PiTaPa」、JR東海の「TOICA」、首都圏の私鉄・公営交通各社局用「PASMO」など続々と登場している。地方でも、札幌市交通局や高松琴平電気鉄道、伊予鉄道などICカード導入に積極的な社局が数多くある。

　ICカードにはICチップが内蔵されており、リーダー、ライターといった情報交換装置にかざして使用する。カード内のアンテナが情報交換装置からの電磁波を受けると電力を発生し、わずか0.1秒でデータの読み取り、書き込みなどの相互通信を行う。また、通信の信号自体も暗号化され、データの読み取り、書き込みのたびに乱数を発生させて解読に必要なキーコードを変えているので、セキュリティ性も万全となっている。

　ICカードは、ストアードフェアカード機能に加えて定期券としても使えるため、定期券区間から乗越精算を行う際も自動改札機にタッチするだけで、自動で改札機が精算処理してくれる。SUICAやPASMOなどの交通系ICカードは、駅の売店やコンビニエンスストア・飲食店など利用でき

る場所がどんどん広がっている。さらに現在はオートチャージ機能として、クレジットカードと紐づけることで改札機を通過するときに残額が設定値以下であった場合、自動的にチャージしてくれる機能まで登場している。

② 増えるICカードの相互利用と残る問題点

ICカードの多くは相互利用ができるようになっており、1枚の交通系ICカードを持っていれば、ほかのエリアでも使用することができる。ただし複数エリアにまたがる利用はできない。また、以下のようなケースも起こりうる。

ICカードのシステムでは、カードを所持する旅客の乗車駅から下車駅までの経路を識別するため、JRと私鉄の接続駅では改札を通る必要がある。このため、以前は改札を通らずに乗り換えられたJRと私鉄の接続駅で新たに中間改札が設けられ、乗り換えが多少わずらわしくなったケースがある。その代表は西船橋駅である。

SuicaとPASMOの相互利用開始に伴い、JR線と東京メトロ東西線・東葉高速鉄道線のあいだに中間改札が設置された（出札・集改札業務は従来どおり私鉄2社分をJR東日本が管理）。JR中央線（中央本線）方向とJR総武線（総武本線）、東葉高速線方向の間を相互に移動する旅客がJR線経由なのか、地下鉄東西線経由なのかをチェックし、経路に対する適正な運賃を徴収するための中間改札であるが、その目的に対しても万全な備えとはいえない。

地下鉄東西線と総武線のあいだには、平日の朝夕に限り直通電車が走っている。直通電車を利用した場合、中間改札を通ることができない。たとえば、中央線の高円寺駅でICカードで入場したとする。その人が地下鉄東西線経由総武線直通津田沼行の電車に乗り（中央線と東西線は終日にわたり直通運転を実施）、津田沼駅で出場するとどうなるか。金額の高いJR線経由の運賃がICカードから引かれてしまうのである。こうしたケースについてJR東日本は乗客に注意を呼びかけている。

路線網が過密で、相互直通運転も多い首都圏だからこそ生じたICカード相互利用上の問題点といえるが、何か新しいことを始めようとするとき、鉄道では緻密な思慮、配慮が必要であるということの一例として理解していただきたい。JR・私鉄路線の独立性が高い関西地区では、首都圏のよ

うな運賃割高問題は起きていないが、乗り換えのときに慣れていなければ戸惑ってしまうケースはある。

たとえばJR西日本と近畿日本鉄道の共同使用駅の柏原駅（JR西日本管理）では、近鉄道明寺線と関西本線（大和路線）の天王寺・JR難波方面の電車が同じホームの対面に発着する。そこでICOCAとPiTaPaの相互利用開始時にホームにIC専用簡易改札機が設けられ、近鉄〜JR間の乗り換えだけでなく、近鉄だけを利用して柏原駅で乗り降りする旅客も、ICカード利用ならばこれにタッチしなければならなくなった。つまり、近鉄線だけの利用者は柏原駅ではホームの簡易改札機と集改札口の自動改札機に2回タッチする必要が生まれたのである。JR西日本と近鉄はほかに吉野口駅などでも同様に2度のタッチが必要になる。

しかしこうしたルールは、初めてこれらの駅を利用する人にはわかりづらい。ホームの簡易改札機は縦に細長いパーキングメータのようなものなので、見落とすことやタッチを忘れてしまうことも考えられる。近鉄もJR西日本も大きな案内板を駅構内の随所に設けているが、便利なICカードの裏にはそんな問題があることも心にとめておきたい。

2025年現在、Kitaca、PASMO、Suica、manaca、TOICA、ICOCA、PiTaPa、SUGOCA、nimoca、はやかけんにより、各サービスエリア内における鉄道・バスおよび加盟店などの相互利用が可能である。

第3節　新しい乗車券　ICカード

第4節

これからの駅づくり

① バリアフリー新法による駅の基準

　いまの日本は諸外国に例をみないほどの急速な勢いで高齢化が進み、すでに「超高齢社会」(65歳以上の割合が「人口の21%」を超えた社会。2030年の推計値は30%)である。また身体障害者と健常者が区別されることなく社会生活を共にするというノーマライゼーションの理念も社会に浸透してきた。

　1994(平成6)年、「高齢者、身体障害者等が円滑に利用できる特定建築物の建築の促進に関する法律」(ハートビル法)が成立し、鉄道駅やホテルなど不特定多数の人が出入りする公共的な建物では、高齢者や身体障害者などへの対応が義務付けられ、エレベータの音声案内やボタン横の点字表記、立体的に浮き出された数字ボタンなどの普及が進んだ。

　2000年には「高齢者、身体障害者等の公共交通機関を利用した移動の円滑化の促進に関する法律」(交通バリアフリー法)が成立し、エレベータやエスカレータ、スロープなどが駅構内に設置されるようになり、運賃表や駅構内の案内板などの点字表示も改善されるようになった。

　2006(平成18)年にはこの2つの法律が統合された「高齢者、障害者等の移動等の円滑化の促進に関する法律」(バリアフリー新法)が制定された。バリアフリー新法では、公共交通機関と不特定多数の人が利用するような建物の一体的なバリアフリー化が促進されることとなった。1日当たりの平均利用者数が5000人以上の駅について、2010年までに原則としてすべてバリアフリー化することが掲げられた。駅バリアフリー化の具体的対策のうち最も注目されるのは、高低差が5m以上ある駅の「段差解消」(公共用通路から車両の乗降口まで、エレベータやエスカレータ、スロープなどを用いて段差をなくし、高齢者や身体障害者が苦労せずに移動できる経路にすること)であ

ろう。とくにエレベータとエスカレータは段差解消の根幹をなす設備といえ、交通バリアフリー法以前から整備が図られてきたこととも相まって、設置駅が着実に増えている。視覚障害者誘導用ブロックの整備、トイレ・洗面所の身体障害者対応型化、車いす用昇降装置の設置なども、バリアフリー新法で定められている。

② 駅の複合施設化・多機能化

　駅はこのところ、列車の乗降場という本来の機能に加えて、デパートや飲食店街、ホテル、カルチャーセンターなど鉄道以外の商業機能を備えつつある。託児所や居酒屋、なかには温泉まで備えた駅もあり、いわゆる「駅中ビジネス」が大盛況のようである。

　駅の複合施設化、多機能化は何も都会の駅に限ったことではない。ローカル線の駅でも、規模こそ小さいものの、自治体の出先機関や郵便局、コミュニティセンターなどが併設された駅がたくさんある。景色のいい駅では、駅舎をカフェにして集客するなどの工夫も見られる。地方のこうした例は、地方自治体がお金を出して駅舎を建て替える際にあわせて行われるケースが多い。クルマ社会といいながらも、鉄道の駅を地元の玄関と位置づけ、守り育てようとする動きが顕著なことは、まだまだ鉄道が地域から見捨てられていないことの証といえよう。

　また、JR西日本の岡山支社では、2020年から無人駅を支社のオフィスとして使用している。コロナ禍での分散勤務のために始めたものであるが、自宅に近い無人駅で仕事ができること、勤務しているのが鉄道会社社員なので旅客案内や急病人救護もできるなど、利用者と社員の双方から評判がいいという。

　鉄道の駅はそれぞれの町の顔として、単なる乗降場から地域交流の場へと進化しつつある。

③ 駅の安全対策

◼ 案内表示器

　昔はホーロー看板に列車名と発車時刻が記されていたが、いまでは

CTC装置と連動し、列車の発車時刻や停車駅はもとより、列車遅延時にはその遅れや運転状況が表示されるものへと進化した。反転フラップ式案内表示器（複数のフラップを回転させて文字や数字を表示する。通称パタパタ）は過去のものとなり、3色LED、フルカラーLED、液晶画面など、視認性が高く情報量が増える方向に進化している。

② 監視カメラ

駅構内をあらためて見回してみると、監視カメラの多さに驚くことであろう。駅係員が少なくなった分、監視カメラが設置され、駅事務室ですべてのデータをリアルタイムに見ることができ、データの保存もできる。また、車掌が見通しの悪いホーム前方を確認するためのITVも設置されている。これらにより利用者の安全が確保されている。

③ ホームドア

ホームからの旅客の転落事故や列車との接触事故、ワンマン運転時の安全確保のためホームドアが設置される駅が増えた。国は1日の乗降客数10万人以上の駅にホームドアを設置するよう求めている。ホームドアは可動式ホーム柵、固定式ホーム柵、ホームドアと大きく分けて3つのタイプがある。

- 可動式ホームドア……腰高の固定柵と可動するドア部分から構成される。列車のドアの開閉に合わせてホーム柵も連動して開閉する（係員が操作するタイプもある）。低コストでフルスクリーンとほぼ同じ効果が得られることから広く普及している。
- 固定式ホームドア……可動するドア部分がなく、ホーム柵のみ設置したもので、ホーム安全柵ともよばれる。開口部があるため完全な転落防止にはならない。開口部はセンサーなどが設置され、センサーを支障した場合に非常停止の信号が動作するものや自動でブレーキがかかるものがある。
- フルスクリーンタイプ……天井まで覆う大型のドアでホームと線路を完全に仕切るタイプのホームドア。腰高のホームドアと違い、乗り越えることができないため、転落事故や接触事故を完全に排除することができる。ただしコストが高いため、あまり普及していない。

近年ホームドアが多く設置されるようになったが、その裏には鉄道会社の大変な苦労があることは想像に難くない。地下鉄各社は比較的設置率が高い。これは地方自治体が運営しているということが理由のひとつといえよう。また、ワンマン運転の安全確保のためにホームドアの設置を早くから進めていたということもある。

　一方で、広いエリアをカバーするJRや中小民鉄ではまだまだ進んでいない。ホームドアの設置には多くの費用がかかる。国や自治体の補助制度があるとはいえ、基本的には自社で費用を負担しなくてはいけない。

　たとえば、バリアフリー化を目的とした「地域公共交通確保維持改善事業」の制度を活用すれば、国が3分の1、自治体が3分の1を上限に補助し、事業者の負担を抑えることができる。しかしホームドア設置にはそれでもなお多額の費用がかかる。JR東日本の資料によると、ホームドアの設置費用は1間口あたり200万円〜600万円。4ドア10両編成に対応するホームドアの設置費用は8000万円〜2億4000万円にのぼる。上下線に設置すればこの倍の金額が必要となる。

　ホームドアの設置にはホームそのものの補強工事や拡張工事、車両の改修も必要となる。停止位置にピタリと列車を止めるための支援装置「定位置停止装置（TASC）」を入れる場合、信号装置や列車制御装置の改修も必要になる。こうした車両の改修費は1編成あたり数千万円といわれ、JRや大手私鉄の場合、車両改修費だけで数十億円規模になる。一度機器を導入すれば保守、改修などランニングコストも発生するが、現在それらに対する国や自治体の補助金はない。

　少子高齢化で運賃収入の減少が見込まれるなか、これだけの費用を捻出するのは容易ではない。加えて、近年は作業員の確保、作業時間の確保の問題もある。ホームドアの設置工事は、終電後から翌朝の始発までに完了しなければならない。作業員の労働時間確保とコロナ禍とがあいまって終電の繰り上げが行われたが、それでも3時間程度でホームドアを設置するには多くの人員が必要となる。

④ 列車非常停止装置

　「列車非常停止装置」は、ホームから旅客が転落したり、線路上に障害物があるのを発見したりしたとき、駅係員に対して非常事態を知らせるた

めの装置である（ホーム異常報知装置、非常停止スイッチともよばれる）。

　この装置は、ホームに設置された「非常停止ボタン」（列車非常停止スイッチ）と、ホームや出発信号機・場内信号機に設置された異常を知らせる表示器で構成される。危険を察知した乗客が非常停止ボタンを押すとホーム上で警報ランプとブザーが鳴動、駅係員に危険を知らせると同時に表示器が動作し、駅から一定の距離内で運転されている列車に停止信号が現示され、すべての列車が停止するシステムとなっている。

5 転落検知マット

　ホームから乗客が転落した場合、停止信号を現示して列車を停止させるための装置である。しかし、この転落検知マットは列車とホームのあいだ、乗降口の直下付近にしか設置されていないため、線路上全域をカバーすることができない。そこで監視カメラの画像を解析し、異常があった際は駅係員へ通知するシステムの導入も進んでいる。このシステムであれば線路上のほぼ全域を検知エリアとすることができるため、安全性がさらに向上することが見込まれる。

6 足下灯

　曲線区間の駅などホームと車両の隙間が空いている場合、足元からホームと電車との隙間が空いていることを点滅する光で警告する装置。

7 その他

　精神を落ち着かせる効果のある青色照明の使用、万が一に備えたAED（自動体外式除細動器）や「いのちの電話」看板の設置、ホームのふちを示す注意喚起シートの設置や内方線付き点状ブロックの設置、転落してもホーム上に上がりやすくするためのホームステップなど、さまざまな安全対策が行われている。

第5章 鉄道信号と保安装置

第1節　列車同士の衝突を避ける
第2節　鉄道信号
第3節　保安装置
第4節　これからの列車制御と支える技術

北条鉄道法華口駅の行き違い設備

第 **1** 節

列車同士の衝突を避ける

　鉄道は線路上を走行し、原則として線路外から進入するものがなく、ほかの交通機関よりも安全といえる。ただし、同じ線路を複数の列車が運行するため、列車同士の衝突・追突について最も気をつけなければいけない。

① ブレーキ距離と列車間の間隔

■ 鉄道は急に止まれない

　2023年12月に廃止となった上野動物園のモノレール（東京都交通局上野懸垂線）では、2両1編成の列車が上野動物園東園〜上野動物園西園間0.3kmを毎日往復していた。1編成しかないということは線路上に存在する列車が1つだけであるから、ここでは列車の衝突事故・追突事故は物理的にはありえない。ほかの鉄道も上野懸垂線のようであれば問題ないが、ほとんどの鉄道では、線路上に複数の列車が混在している。

　複数の列車が線路上にいる鉄道で、列車本数を増やしたいがために好き勝手に各列車を運転させたら、走る方向が同じ場合は追突、対向の場合は衝突が起きてしまう。

　列車同士がぶつかりそうになったら止まる、そうすれば追突や衝突は起きない。しかし「止まる」ことはそう簡単ではない。ここでもう一度、鉄道車両のブレーキを自動車と比べてみよう。

　自動車も鉄道車両も、基本的には車輪にブレーキシューを押しつけて車輪の回転を止め、車輪と地表のあいだの摩擦によって速度を落とす。車輪（タイヤ）と線路（路面）の接触面積を見ると、自動車が葉書1枚分であるのに対し、鉄道車両は直径1cmのだ円（指の爪ほど）といわれ、接触面積は自動車のほうがはるかに大きい。接触面が大きいということは摩擦が大きいということで、自動車のほうが鉄道車両よりもはるかに止まりやすい

といえる。

80km/hで走行中にブレーキをかけてから停止するまでの距離は、自動車は約80mであるが、鉄道車両は通常で300mを超える。そのため、前を走っている列車を運転士が発見し、早急にブレーキをかけたとしても、間に合わず衝突してしまうことが十分考えられる。

自動車は鉄道に比べ、法定速度が低くブレーキ距離も短いため、運転者の注意力と判断力で前方の自動車との間隔を空けながら運転できるが、鉄道は運転速度が比較的高く路線の形状も複雑なので、運転士の注意力だけに頼って前方の列車との間隔を保つことは、まず不可能である。

ちなみに路面電車では運転士の注意力頼りの運転方法がとられているが、これは速度が低くブレーキ距離が短いために可能となっている。

2 列車間の間隔を保持する方法

距離（S）＝速さ（V）×時間（T）の式を使って列車間の間隔について考える。大きく分けて3つの方法で列車同士の間隔を空けることができる。

先行列車と後続列車の間隔を距離（S）とする。このSがゼロだと列車同士が衝突してしまうので、Sがゼロにならないようにすることを考える。そのためにはS、V、Tのいずれかを調節すればよい。

物理的に先行列車と後続列車間の距離をとり、S≠0とするのが「空間間隔法」である。後続列車の速さを調節し先行列車に追いつかないようにする、つまりVを調節することで列車間の間隔を調整するのが「間隔制御法」である。そして、先行列車が停車場を発車したあと、一定の時間を空けて後続列車を運転する。このようにTを調節するのが「時間間隔法」である。

ただし時間間隔法による運転は、先行列車が上り勾配を上れないなどの事象が生じた場合など、後続列車が追突してしまう危険性がある。よって、この方法が実施できるのは通常運転ができないときのみである。

日本では、鉄道黎明期から先行列車と後続列車の距離を物理的に空ける空間間隔法が用いられてきた。線路を一定の区間に区切り、1つの区間に1つの列車しか入れないようにする。これを「閉そく（塞）」という。つまり、ある空間を1列車に占有させ、ほかの列車が入れないようにするので、列車同士の衝突や追突は起こらない。

② 閉そく

1 閉そく区間と信号

　線路を区切り、ある区間を1つの列車に占有させることを「閉そく」という。また、1つの列車に占有させる区間を「閉そく区間」という。通常は、信号機から次の信号機までの間を1つの閉そく区間としている。

　図5-1は、複線区間のうちの片側、つまり同じ方向にしか列車が走らない線路の閉そく区間の様子を示したものである。各閉そく区間は同じ長さにする必要はなく、上り勾配の途中など、信号機で停止して再起動が難しい場所などには信号機を設けないのが基本である。閉そく区間は数百メートルから1キロメートルが一般的である。

　閉そく区間には、編成の長さにかかわらず1本しか入れない。この約束で前の列車との間隔を空け、ブレーキ距離を保っている。

　閉そく区間の境界となる閉そく信号機が停止信号を現示していれば、原則信号機の先の閉そく区間にほかの列車がいることになる。閉そく区間の状況とその区間に対する運転条件を信号機で表し、後続の列車を進入させないようにし、「1つの閉そく区間に1つの列車しか入れない」を保持する。このように、閉そくと信号機は密接な関係にある。

　単線区間の場合はもっと単純で、基本的には転てつ器・信号機のある停車場と停車場の間が1つの閉そく区間となる。つまり、停車場の出発信号機から次の停車場の場内信号機までが1閉そく区間となる。ただし、単線でも列車密度が高い線区では、停車場間に閉そく信号機を設ける。

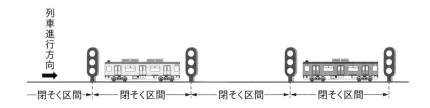

図5-1　閉そく区間の考え方

高密度な運転

「1つの閉そく区間に1つの列車しか入れない」という約束があると、運転間隔をつめてたくさんの列車を走らせることができないように思われるかもしれないが、そんなことはない。簡単な工夫で高密度運転は十分可能である。

大都市圏のターミナル駅で見られる、朝夕ラッシュの光景を思い浮かべてみよう。2分前後の間隔での列車の発着が日常的で、ホームへの入線待ちの列車が駅の手前で何本も数珠つなぎに連なっているようなこともあるが、通常は追突事故など起こらない。そして、ホームにいる列車が次の閉そく区間に移動すると信号現示が変わり、後続の列車がホームに入線する。そのあとの列車も同様である。

「1つの閉そく区間に1つの列車」が原則であるが、信号機の数を増やして、閉そく区間を安全が確保できる範囲内で短くすることはできる。そうすれば、列車の運転間隔をつめて運転本数を増やすことができる。

貨物列車などの編成の長い列車が、2つの閉そく区間にまたがるケースも起こりうるが、列車が在線する区間にほかの列車が入ってこないというルールが守られていればよい。

図5-2のように、信号機を3本から5本に増やすことで、閉そく区間が

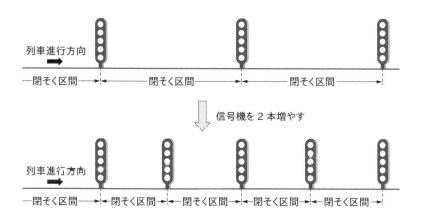

図5-2　閉そく区間の区切り方

5つになり、この区間で運転できる列車の最大本数も2本増やすことができる。都市の鉄道では、信号機が次から次に現れるような印象を受けるが、これは閉そく区間の短さに起因するものである。大きな駅では、手前の閉そく信号機の数を増やすだけでなく、停車場構内の場内信号機も複数にして列車をつめられるようにしている。

③ 閉そく方式

１ 閉そく方式の種類

閉そく区間への列車の出入りのコントロールは「閉そく方式」という一定のルールに基づいて行われる。通常時の運転に用いられる「常用閉そく式」には、**表5-1**のような種類がある。

1つの閉そく区間に1つの列車しか入れないようにするためには、その区間内に列車が在線しているかどうかが事前に確認できなければならない。列車は、先の閉そく区間にほかの列車が存在しない確証を得て、初めて先へと進むことができる。

閉そく方式は大別すると「非自動の閉そく方式」「特殊自動の閉そく方式」「自動の閉そく方式」に分けられる。ここでいう「自動」とは、閉そく区間内の列車の有無を軌道回路などにより自動的に検知し、この結果を自動的に信号に表すことをいう。要するに自動/非自動の違いは、閉そく区間内の列車の有無の検知、信号機の制御が自動であるか、そのすべてまたは一部が人によるか、である。

表5-1 閉そく方式一覧

自動／非自動	閉そく方式
非自動の方式	スタフ閉そく式
	票券閉そく式
	タブレット閉そく式
	連動閉そく式
	連査閉そく式
特殊自動の方式	特殊自動閉そく式
自動の方式	自動閉そく式
	車内信号閉そく式

２ 軌道回路

列車の有無の検知を自動で行うには「軌道回路」を用いる。軌道回路とは、閉そく区間ごとに設けられる電気回路の一種で、レールの一端に電気

を流し、レール間に設置された軌道リレーに電気が流れるか否かで列車の在線を判断する。

　その閉そく区間（検知区間）に列車がいないときは軌道リレーに電気が流れ、軌道リレーが動作、「その区間に列車なし」と判断する。逆にその区間に列車がいるときは、車両の輪軸によって回路が短絡されるため（軌道リレーに電気が流れないため）、軌道リレーが動作せず、その区間に「列車あり」と判断する。なお、検知区間どうしは電気的に絶縁されているので、どの区間に列車がいるのかがわかる（262頁、図5-8）。

　ところで、第2章のき電系統の話では、レールは帰線（車両から変電所までの電気の戻り道）の役割も担っていると述べた。では、軌道回線と帰線の2つの電気が入り交じることはないのか、絶縁箇所が異なるものを同じレールで処理できるのか（軌道回路は閉そく区間ごと、き電系統は変電所ごとに絶縁されている）、といった疑問が生じるかもしれない。が、両者の電気の周波数を変えたり、絶縁箇所に帰線の電気だけが流れる装置を入れたりしているので問題ない。レール脇を見ると、電線やさまざまな機器などが接続されているのがわかる。

④ 非自動の閉そく方式のしくみ

　非自動の閉そく方式は単線区間で用いられるもので、転てつ器・信号機のある停車場と停車場のあいだを1つの閉そく区間とする。停車場間に閉そく信号機はなく、停車場間に1つの列車しか入れない。列車本数の多くない区間で使われることが想像できるだろう。

　非自動の閉そく方式では、「閉そく」と信号機の取扱いは別々に行われる。手動式の閉そく機と信号機、通行手形となる備品などを駆使して「1つの閉そく区間に1つの列車」の原則を守らせるしくみである。

　したがって非自動の閉そく方式では、転てつ器・信号機のある停車場にこれらを操作する運転取扱い担当係員を配置しておかなければならない。閉そく区間内の列車の有無を駅係員同士が電話などで確認し、転てつ器と信号機の操作を手動で行うのである。

　単線区間で双方向に列車が運転される場合、いちばん気をつけなければならないのは正面衝突であるが、停車場間に1つの列車しか入れないよう

にすればよい。具体的には、停車場間で1つしかない通行手形を定めて列車の運転士に携帯させる。そして、これを持っている列車しか運転できないというルールにする。こうすれば、1つの停車場間に複数の列車が在車することはなくなる。列車が複数あっても、列車の鍵が全列車共通で1本しかなければ1つの列車しか動かせない、と考えればイメージしやすいであろう。これが非自動の閉そく方式の基本的な考え方である。

非自動の閉そく方式では、軌道回路などを用いないので費用がかからない。そのため、列車本数が極端に少ない線区や行き止まりの棒線のような線区では、明治の鉄道草創期から使われてきた比較的安価な「非自動閉そく方式」をいまも見ることができる。

1 スタフ閉そく式

「スタフ閉そく式」は単線区間で使用される最も単純な方式で、1閉そく区間にただ1つしか存在しない「スタフ」を通行手形として設定する。そして、当該区間にはこのスタフを持つ列車しか運転できない約束とする。列車の運転士から見れば、スタフを所持することが安全の担保となり、1列車しか運転していないことが一目でわかる（図5-3）。

A駅～B駅間が1つの閉そく区間である。A駅からB駅へ向かう列車がスタフを持って発車すると、スタフのないB駅の列車は発車できない。B駅の列車は、A駅からの列車が到着し、スタフを受け取ってはじめてB駅からA駅へ向かって運転できる。陸上のリレー種目で、バトンを持つ走者だけが走るのと同じである。

図5-3 スタフ閉そく式

列車の運転は交互に行うことができ、スタフが行ったり来たりする。スタフは1つしかないため、同じ方向に続けて運転することはできない。そのため、1列車が行ったり来たりするだけの行き止まりの棒線や線区の末端区間などで多く用いられている。なお、2011（平成23）年の東日本大震災後、三陸鉄道では応急的にスタフ閉そく式による運転が行われた。

2 票券閉そく式

「票券閉そく式」は、スタフ閉そく式を基本としながら、その欠点を補い、同一方向に続けて列車を運転できるようにした方式である。

通行手形として、閉そく区間にただ1つしかない「通票」と、閉そく区間ごとに設定される「通券」とよばれる紙片を複数枚用意する。そして、閉そく区間の両端の停車場に「通券箱」を置き、箱のなかに当該閉そく区間用の通券を何枚か収めておく。通券箱は通票を差し込むことで開けることができる。通票は、いわば通券箱を開ける鍵である。同一方向に続けて列車を運転する場合は、先行の列車に通券を持たせ、最後の列車に通票を持たせる約束とする（**図5-4**）。

A駅からB駅に向かう列車のうち、先行を1列車、後続を3列車とする。まず、A駅は通票を用いて通券箱を開け、通券を1枚取り出し、必要事項を記入する。1列車の運転士に通券を渡し、1列車はB駅へ向かう。

1列車がB駅到着後、通券は使用済みの処理を施す。B駅は1列車が到着した（A駅～B駅間に列車がない）ことを電話でA駅に通知する。通知を受けたA駅は、後続の3列車に通票を持たせてB駅に向けて発車させる。

通票が通券箱を開けるための鍵の役割も果たしているため、通票のある側からしか列車を運転することができない。また、通券か通票を持っている列車しか運転できないため、1つの閉そく区間に複数の列車を同時に運転することはない。同一方向に続けて運転できないというスタフ閉そく方式の欠点をカバーした方法といえる。

続行列車が3本でも4本でもやり方は同じであるが、列車本数の多い線区では、通券箱の取扱い、電話連絡、信号機の手動による操作など駅係員の作業が繁雑となり、混乱を招くおそれがある。

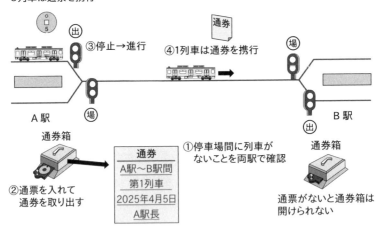

図 5-4 票券閉そく式

3 タブレット閉そく式

「タブレット閉そく式」は運転本数の多い単線線区で用いられた方式である。閉そく区間の両端の停車場に、2つで1組となるタブレット閉そく機を置き、どちらの閉そく機にも同じ種類のタブレットを複数枚収めておく。双方の駅が連絡を取り合い、協同でタブレット閉そく機を同時に操作したときに限り、タブレットを1個だけ取り出せるようになっている。「タブレットを1個しか取り出せない」ということが1閉そく区間に1列車しか運転できないことを確実にしている。

「タブレット」というと、板状のコンピュータや錠剤を思い浮かべるかもしれないが、ここでいうタブレットは直径約10cmの金属製の薄い円板で、これが通行手形となる。「○」や「△」などの穴があけられたものが4種類あり、隣り合う閉そく区間では、同じ穴のものは用いない **(図5-5)**。

A駅からB駅に向けて発車させるとする。両駅の駅長は1対の閉そく機を同時に操作して、A駅がA駅〜B駅間用タブレットを1個取り出し、このタブレットを列車に携行させる。その列車がB駅に到着し、B駅の駅長がタブレット閉そく機に収めるまで、A駅もB駅もA駅〜B駅間用のタブレットを取り出すことは一切できない。結果、A駅〜B駅間にほかの列車が進入することは絶対にない。

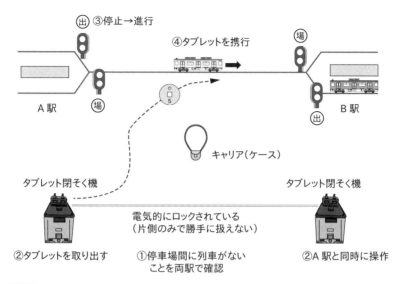

図5-5 タブレット閉そく式

　タブレット閉そく式では、タブレットを取り出していない状態ならば、どちら側の駅でも閉そく機からタブレットを取り出せるので、同一方向に向かう列車が何本連続していても問題はない。

　通常、タブレット、スタフ、通票は、キャリアと呼ばれる大きな輪のついた革製のケースに収められ、駅長（駅員）と運転士のあいだで受け渡しを行う。

　ただ、停車場を通過する列車の場合、さすがに手渡しはできない。駅から運転士に渡すときは、ホームに設けた柱状の授器にキャリアを掛けておき、通過列車の運転士はキャリアの輪を腕に引っ掛けるような感じでタブレットを受け取る。運転士から駅に渡すときは、ホームに設置してある螺旋状に加工した鉄棒のついた柱（蚊取り線香型受器）などに輪投げのようにしてキャリアを投げ込む。

　駅から運転士にタブレットを渡しそびれたり、運転士がタブレットを線路上に落としてしまったりしたときは緊急停車し、タブレットを所持しなければならない。なぜなら、安全の担保となる通行手形がない状態で次の閉そく区間に進入してはならないからである。

　タブレット閉そく式は単線区間の閉そく方式の基本中の基本といえる

が、タブレット閉そく機の扱いや列車到着の電話連絡、信号機の操作やタブレットの授受など相当な手間がかかる。列車側も、通過列車の場合は運転士以外にタブレット授受のための係員を乗務させなければならないなどの問題がある。要は、人件費がかさむのである。このため、特殊自動閉そく式の普及により、急速に姿を消していった。現在、タブレット閉そく式を採用するのは、地方の私鉄数社、貨物線など合わせて7路線のみである。

　手順さえ守れば非常に安全な方式なので、災害時の臨時措置、たとえば複線自動閉そく方式施行区間の単線運転を行う際などに応急的に登場することがある。2004（平成16）年の新潟中越地震後には、上越線でタブレット閉そく式が臨時で施行された。

４ 連動閉そく式、連査閉そく式

①連動閉そく式

　タブレットの授受が困難な箇所に導入された方式で、非自動の閉そく方式であるが、通行手形を使わないのが最大の特徴である。通行手形の代わりに列車の有無を検知する軌道回路を場内信号機付近と停車場間に連続して設け、1閉そく区間1列車の原則を守る。1943（昭和18）年の使用を皮切りに、列車本数の多い幹線系単線線区へ導入されていった。

　閉そく区間両端の停車場が電話で連絡を取り合いながら1対の「閉そくてこ」を協同で操作し、運転方向を決定する。閉そくてこは軌道回路、出発信号機と連動している。A駅〜B駅間に列車がいないことを停車場間の軌道回路で検知し、閉そくてこを操作することでA駅の出発信号機を進行信号にできる。なお、両駅の出発信号機は同時に進行信号にならないしくみとなっている。駅間に連続して軌道回路を設けていることから、列車が分離した場合も検知ができ、安全性が高い。

②連査閉そく式

　通過列車のある単線区間で、タブレット閉そく式から特殊自動閉そく式、自動閉そく式に移行する途上の過渡期に多用されたのが、1961年に導入されたのが連査閉そく式である。

　連査閉そく式は、駅の出入口（場内信号機）付近に設けた2つの短い軌道回路と出発信号機により、1閉そく区間1列車の原則を守るしくみである。連動閉そく式は、場内信号機付近から駅間に連続して軌道回路を設けるた

めコストがかかったことから改善を図った。

閉そく区間の両端の駅には、短い軌道回路と出発信号機に連動した1対の連査閉そく機が設けられている。両駅の駅長が電話で打ち合わせ、「閉そくてこ」を操作し、列車の運転方向を決めて出発を許可する。

連動閉そく式と同様、閉そく区間両端の停車場が電話で連絡を取り合いながら1対の「閉そくてこ」を協同で操作し、運転方向を決定する。両端停車場の軌道回路で列車の出入りを確認し、A駅の出発信号機を進行信号とする。連動閉そく式と同様、停車場間に列車を一本しか運転することができないため、先行列車がA駅またはB駅に到着すれば、停車場間に列車がいないことがわかる。そのため、停車場間の軌道回路は必要としないという考え方になっているが、停車場間で列車分離が起きた際には検知することができないというリスクがある。

連動閉そく式と連査閉そく式は、通行手形は持たず、出発信号機の進行信号によって駅間（閉そく区間）にほかの列車がいないことを確実にしている。通行手形の授受はないものの、両端の駅同士で連絡を取り合って協同で閉そく機を操作するため、人による操作は不可欠である。このため、自動ではなく非自動の閉そく方式に分類される。

連動閉そく式、連査閉そく式はともに自動閉そく式、特殊自動閉そく式へのつなぎ的な役割であったため、タブレット閉そく式よりも速いスピードで姿を消していった。現在、連動閉そく式は私鉄1路線、貨物支線1路線、連査閉そく式は貨物支線1路線のみで使用されている。

⑤ 特殊自動の閉そく方式のしくみ

特殊自動の閉そく方式も単線区間で用いられ、停車場間には1つの列車しか運転できない。停車場内には列車検知用の軌道回路を設けるが、停車場間には軌道回路は設けない。軌道回路による列車検知の結果を受け、列車があるときは停止信号を、列車がないときは進んでよい信号を自動的に現示する。「信号」が閉そくの証拠となる。

列車が停車場を出発したら、ほかの列車を発車できないように出発信号機を停止信号にする。列車が停車場に到着したら、ほかの列車が運転できるよう出発信号機を進行信号とする。

通行手形の授受や隣の停車場との閉そく機のやりとりはなく、非自動の閉そく方式から比べると、格段進んだ方式である。

1 特殊自動閉そく式

特殊自動閉そく式は、停車場構内の連続した軌道回路と、停車場間（1つの閉そく区間）への列車の出入りを検知する装置によって自動的に信号を制御する。列車の出入りを検知する装置の違いから「軌道回路検知式」と「電子符号照査式」の2種類がある。

①軌道回路検知式

列車の出入りを検知する装置として、停車場の出入口付近に短い軌道回路を設ける方式である。停車場構内の列車の有無は、連続する軌道回路が検知して場内信号機を制御するが、停車場間については出入口付近の軌道回路を列車が通過したかどうかで検知する（**図5-6**）。

A駅の出発信号機が進行信号とする。列車がA駅を発車し、軌道回路を通過すると、両駅の出発信号機は停止信号のままとなる。列車がB駅入口付近の軌道回路を通過するまでB駅出発信号機の停止信号が解除できないようなしくみとなっている。

②電子符号照査式

列車の出入りを検知する装置として、閉そく区間の両端の駅に列車の固有番号を送受信する閉そく装置を設ける。

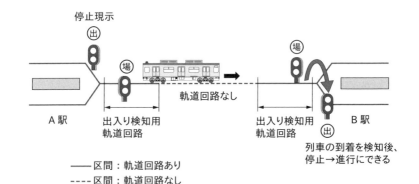

図5-6 軌道回路検知式

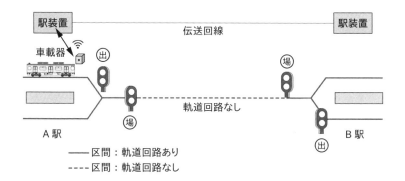

図5-7 電子符号照査式

停車場構内では連続した軌道回路により列車の有無を検知するのは軌道回路式と同じであるが、停車場間への列車の出入りのチェックは、駅装置が列車個々の識別符号を照らし合わせて行う（**図5-7**）。

A駅を発車する列車の準備が整うと、運転士は運転台に備えられた車載器の出発ボタンを押す。すると、A駅の駅装置に車載器から電波で情報が送られ、その列車の固有番号が記憶される。

A駅〜B駅間にほかの列車がいなければ、A駅の駅装置はA駅の出発信号機を進行信号とし、同時にB駅の閉そく装置にも情報を送信する。固有番号が記憶された列車のB駅到着まではA駅〜B駅間にほかの列車が進入しないように関連する信号機を停止信号にするというしくみとなっている。

車載器と駅装置および両駅駅装置間で相互に列車の固有番号をチェックして停車場間の列車の有無を検知し、その結果を信号機に現示する。

車載器と駅装置を無線で結び、コンピュータを使って閉そくを確保するという画期的なシステムであり、駅を無人化することができた。1986年に実用化され、分割民営直前の国鉄の地方路線に多数採用された。

⑥ 自動の閉そく方式のしくみ

閉そく方式の変遷を学ぶと、安全のしくみである「閉そく」を維持しつつも、列車本数や人件費の考慮のうえに、現在の方式ができあがったことがわかるであろう。

複線区間は自動の閉そく方式のみ認められている。それぞれの閉そく区間に軌道回路を設けて列車の有無を検知し、列車があるときは停止信号を、列車がないときは進行を指示する信号を自動的に現示する。信号機が進行を指示する信号を現示していれば、信号機の先（内方）には列車がいないことが確実である。通行手形の携行は不要で、電子符号照査式のように車載器の扱いもない。運転士は信号機を見て運転すればよい。

1 自動閉そく式

　閉そく区間に列車がいるときは区間入口の信号機に「停止信号」を、列車がないときは「進行を指示する信号」を自動的に現示させる。軌道回路、軌道リレーや信号機から構成される「自動閉そく装置」によって、この機能を果たす。軌道回路で列車の有無を検知し、信号機などを制御する。列車の有無を調べて信号機を手動で操作することはなく、自動で行われる。

　図5-8は、複線区間用の最も単純な自動閉そく装置の例である。軌道回路に信号機を追加し、軌道リレーが動作すれば列車がいないと判断し、こ

〈閉そく区間に列車が存在しないとき〉

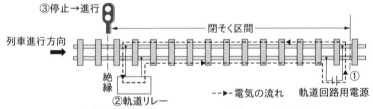

①軌道回路電源からレールを通じて軌道リレーに電気が流れる
②軌道リレー動作
③軌道リレー動作によって信号機が進行現示に変わる

〈閉そく区間に列車が在線するとき〉

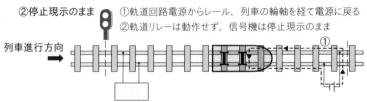

①軌道回路電源からレール、列車の輪軸を経て電源に戻る
②軌道リレーは動作せず、信号機は停止現示のまま

図5-8 自動閉そく装置

の区間に入ってよいかを表す信号機は進行信号となる。閉そく区間内に列車が在線し、軌道リレーが動作しなければ信号機は停止信号のままとなる。単線の場合はこれに正面衝突対策が必要で、隣り合わせの停車場に設けた「方向てこ」を操作することで、どちら側から運転するかを設定する。

　レールの損傷や電源の故障などから軌道回路に電気が流れなくなった場合はどうするのか。この場合、軌道リレーが動作せず、閉そく区間内に「列車がいる」ときと同じ状態になる。これにより、信号機は停止信号となる。このように故障が発生しても安全側に動作する、つまり「列車を止める」ようにするしくみのことを「フェールセーフ（failsafe）」という。

　レール上を走行しているため、危険があっても避けることができず、「止まる」ことが重要だということは前に述べた。鉄道の車両や装置はすべてフェールセーフの考えのもとにつくられ、異常や故障が発生したときには原則列車を止めるしくみとなっている。

❷ 車内信号閉そく式

　自動閉そく式の一種で、列車有無の検知に軌道回路等を使い、その結果を信号に現示することは同じである。自動閉そく式は線路上に信号機を設置し、列車に対し信号を現示するが、車内信号閉そく式の信号機は車両の運転台に設けられた車内信号機に信号を現示する。

　線路上に信号機がないため、閉そく区間はわかりづらいが、標識を線路脇に設置し、閉そく区間の境界を示している。なお、車内信号機を使用するため、後述の「ATC」を保安装置として用いる。

　車内信号閉そく式は、埼玉新都市交通伊奈線、東京モノレール、名古屋市営地下鉄などで採用されている。かつては東海道新幹線やJR東日本山手線なども車内信号閉そく式であったが、現在は列車間の間隔を確保する装置による方法を採用している。

⑦ 列車間の間隔を確保する装置による方法

　旧鉄道運転規則では、列車運行の際は「閉そくによる方法」で、列車同士の間隔を空けなければならないとされていた。鉄道に関する技術上の基準を定める省令になってからは、「列車間の間隔を確保する装置による方

図5-9 列車間の間隔を確保する装置による方法

法」も認められるようになった。線路を区間で区切って列車を一本しか入れないという方法ではなく、列車と列車を衝突させない「装置」を用いることで先行列車との間隔を空ける方法である（**図5-9**）。

　この装置は、曲線など線路の制限と先行列車の位置を連続して把握し、自列車の走行速度と照らし合わせ、自動的に列車を減速・停止させる機能をもつ。先行列車の位置によって、後続列車の運転条件は細かく変わる。運転条件を即反映できるように地上の信号機ではなく、車内信号機を用いる。列車間の間隔を確保する装置は、特定の装置を指定してはいないが、一般的にはATC（自動列車制御装置：Automatic Train Control）が該当する。

　この方法は列車間の間隔の空け方としては、列車の速さを調節する間隔制御法に該当する。JR東日本山手線、京浜東北線、JR各社の新幹線、東京メトロなどで採用され、近年増加する傾向にある。

⑧ 通信技術の進化と新しい閉そく方式

　北条鉄道は粟生駅〜北条町駅を結ぶ13.6kmの単線の路線である。列車の行き違い設備がなく、全線を1つの閉そく区間としスタフ閉そく式で運転を行ってきた。

　通勤時間帯に粟生駅でJR線と接続して利用者の利便性を高めるには、列車が行き違いできる設備をつくり、朝夕の列車を増発する必要があった。これは票券閉そく式に変更すれば可能であるが、非自動の閉そく式は駅での通行手形の授受があるため駅に係員を配置しなければならない。しかし、北条町駅以外は無人駅で票券閉そく式は現実的でない。したがって特殊自動閉そく式が望ましいが、高額な工事費がかかる。そこで票券閉そく式を

ベースとした「票券指令閉そく式」を開発し、2020年から運用を開始した。

　同一方向に列車を続けて運転する際、先行の列車には通券を携帯させ、最後の列車に通票を携帯させる点は票券閉そく式と同じである。ただし票券指令閉そく式では、通票・通券にはICカードを用い、閉そく機にはICリーダーを用いる。

　通票・通券をICリーダーにタッチし、ID番号で列車を認識する。通票・通券を収納する票券箱は安易に取り出せないような構造になっており、停車場間の列車有無の確認を運転指令で行い、はじめて票券箱から通票・通券を取り出すことができる。運転士は通票または通券を携行してICリーダーに通票・通券をかざしID番号をチェック、運転士は運転指令へ出発要求をする。出発要求により、出発信号機は進行信号となり列車は出発することができる。地方単線線区における閉そく装置更新時には参考になる事例といえよう。

　またJR東日本小海線は、電子符号照査式を採用していたが、2020年から停車場への列車の出入りの検知を無線で行うようになった。停車場間（閉そく区間）は、速度発電機によって列車自身が走行位置を把握し、かつ列車を識別できるIDで1列車しか運転できないように管理している。この方式により、運転士は車載器押しボタンを扱う作業が省略され、停車場構内の軌道回路などの設備も大幅に削減できた。特殊自動閉そく式（車両ID照査式）として整理されている。

　このように通信技術の発達により、列車間の安全を確保しながらも保守の手間や費用を削減できる新たな方式が実現している。安全の根拠を理解し、確実に守りつつも柔軟に新しい技術を積極的に取り入れていくことが重要であろう。

第2節

鉄道信号

　列車や車両（列車等）を安全に運転するためには、さまざまな情報が必要となる。自分の列車の前方にほかの列車がいるか、このあたりの地形はどうなのか、非常事態が発生しているなどの情報を関係係員に伝えるのが「鉄道信号」である。鉄道信号は信号、合図、標識からなる。これらは明瞭かつ単純で、万人にわかりやすいものでなくてはならない。

① 信号

　前節で見たように、閉そくは鉄道を運行するうえで最も大事なルールのひとつである。信号は閉そく区間への進入の可否をはじめ、一定の区域内を運転するときの条件を示すもので、鉄道信号のなかでも最も大事なものといえる。ここで、信号の種類と意味をしっかりと学ぼう。

■ 種類

　交通信号機にさまざまな種類があるように、鉄道の信号機も目的に応じてさまざまな信号機がある。線路上に設置された信号機のほか、工事の際などに臨時に設置される信号機や、係員が旗で示す信号もある（**図5-10**）。

　線路上に常に設置されている信号機（常置信号機）は、主信号機、従属信号機、信号付属機に分けられる。

　「主信号機」は、「停止」や「進行」などの主となる信号を現示する。最もよく目にする長方形の角を丸くした信号機である。「従属信号機」は場内信号機、出発信号機、閉そく信号機の手前に設置され、各信号機の内容を予告する。見通しの悪い場所に設けられるのが一般的である。「信号付属機」は主信号機等に添装されるもので、主体となる信号機では示すことのできない進路の情報を提供する。各信号機の役割は**表5-2**、主要信号機

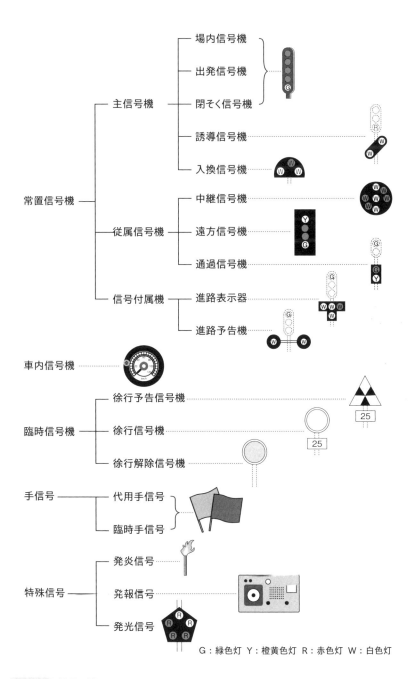

図5-10 信号一覧

表5-2 常置信号機の役割

種類	役割
主信号機	
場内信号機	停車場の入口に設けられ、停車場へ進入の可否を示す
出発信号機	停車場の出口に設けられ、停車場からの進出の可否を示す
閉そく信号機	閉そく区間の境界に設けられ、次の閉そく区間への進入の可否を示す
入換信号機	停車場構内や車両基地内を移動する際に使用する
誘導信号機	列車の併結をする停車場にあり、併結する場所への進入の可否を示す
従属信号機	
中継信号機	曲線などがあり、場内・出発・閉そく信号機が確認できない時に現示を中継する
遠方信号機	停車場間に閉そく信号機がない区間で場内信号機の現示を予告する
通過信号機	場内信号機下部に設けられ、停車場を通過してよいかを示す
信号付属機	
進路表示機	1つの場内・出発・入換信号機が2進路以上の共用となる場合に、開通進路を示す
進路予告機	1つ先の信号機の開通進路を予告する

の設置例は**図5-11**を参照。

　近年増えているのが「車内信号機」である。運転席に設置され、運転してよいかどうかを示す。新幹線や首都圏在来線などで採用されている。「臨時信号機」は工事などで線路の状態がよくないときに臨時に徐行をさせるために使用するもので、徐行予告信号機、徐行信号機、徐行解除信号機があり、後二者のあいだを指示された速度以下で徐行運転させる。

　「手信号」は信号機故障時や線路上の係員が列車を緊急停車させたいときなどに行うもので、赤色旗と緑色旗を使って係員が現示する。

　このほか、非常事態発生時に列車を緊急停止させる発炎筒による「発炎信号」、半径1kmの列車に無線通信で緊急停止を知らせる「発報信号」、踏切での自動車の立ち往生などの危険を知らせる「発光信号」がある。

2 信号現示と意味

　子どもの頃、出かける際に「出発進行!」と叫んだことがあるかもしれない。「出発進行」とは「出発信号機が進行信号を現示」している、つまり、列車に対して停車場から進出して（進んで）よいことを表すのである。

　信号は運転の条件を表すもので、信号が表す条件（符号）を「現示」という。

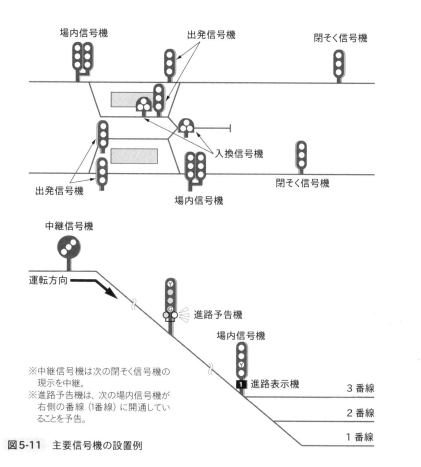

図5-11 主要信号機の設置例

第2節 鉄道信号

簡単にいえば、列車などに対し「止まれ」または「進んでよい」という指示内容のことである。あらためて、それぞれの意味を見てみよう。

「停止信号」は、信号機の先に列車等がいる、あるいは転てつ器が行きたい方向に向いていないことを表す。つまり、信号機の先には危険があり、この先は物理的に進めないので、「止まれ」という意味である。

これに対して「進行信号」は、信号機の先に列車等がなく、転てつ器が自列車の行きたい方向に向いていることを表す。つまり「進んでよい」という意味で、信号の先の安全を保証している。

なお、信号機の先の区間、信号の現示によって安全を保証している区間を「内方」といい、信号機の手前側を「外方」という。

交通信号は、信号機を通過してよいか、いけないかを示すだけである。

青信号も「進んでよい」ことを示すが、その先の安全は保証していない。たとえば渋滞している道路では、青信号になっても進めない。信号のもつ意味と重みは、鉄道信号と交通信号では大きく異なるのである。

　鉄道のブレーキの特性上、高速運転中に急に「停止信号」が現れると、信号機までに止まりきれないことがありうる。しかし「停止信号」の信号機を越えることは危険なエリアに進入することを意味するので、絶対に止まらなければならない。このため、停止信号と進行信号以外にも必要に応じて信号現示が設けられている。

　「注意信号」は「注意して進んでよい」という意味で、進行信号と停止信号のあいだに設けられる。次の信号機に停止信号が現示されていることを予期するための信号現示である。このほか、注意信号と進行信号のあいだの「減速信号」、停止信号と注意信号のあいだの「警戒信号」もある。進んでよい信号を総称して「進行を指示する信号」という。

　信号現示の方式は二位式と三位式に分けられる（図5-12）。「停止信号」と「進行信号」の2種類で信号を現示する方式を二位式という。これに対し、「停止信号」と「進行信号」のあいだにもう1つ現示を挿入した方式を三位式という。運転士の立場で考えると、進行信号を確認して運転し、次の信号機が停止信号であれば慌ててブレーキ操作をしなければならないが、三位式では「進行→注意→停止」の順で現示されるため、運転士にとっては停止信号を予期しやすく、心理的負担も少ない。

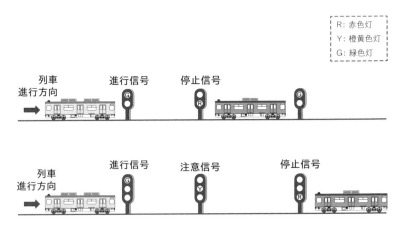

図5-12　二位式と三位式

3 信号現示の体系

まず「停止信号」「注意信号」「進行信号」の三位式の3現示で考える。停止現示の信号機内方は、列車が在線しているなどの危険がある。最初に停止現示の信号機の位置が決まり、停止現示の信号機外方（手前）に注意信号、さらに外方に進行信号となる。

列車を運転する場合を考えてみよう。最初の信号機は進行信号を現示し、制限なく運転可能である。次の注意信号では、停止信号に近づいていることを予期し減速（一般に45km/h以下）する。その次の信号機は停止信号を現示しているため、信号機外方で停車する。

では、停止信号、注意信号、進行信号に「警戒信号」と「減速信号」を加え、5種類（5現示）で表すとどうなるか（図5-13）。

3現示よりも5現示で表すほうが、停止現示の信号機までの距離が長くなる。先行列車に近づくにつれ、制限速度を低くし、安全に先行列車との間隔を保つ。一般的に警戒信号の制限速度は25km/h以下、減速信号は65km/h以下と定められている。停止現示の信号機に向かってだんだんと速度を落とし、停止現示の信号機までに確実に停車することができる。現示数を増やすことで前方の状況が予測しやすくなるのである。

たとえば、減速信号であれば4区間先に先行列車が在線していることがわかり、警戒信号であれば2区間先に先行列車が在線していることがわかる。そして、停止信号の先には先行列車が在線する。このように鉄道の信号現示は先の状況がわかるようになっている。

停止信号を基準として現示が決まるが、先行列車が動くと信号の現示はどう変わっていくのか。停止信号、注意信号、進行信号の3現示で考えてみよう。

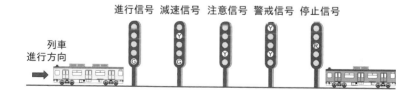

図5-13 三位式5現示

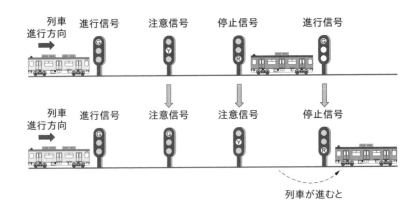

図5-14 現示の移り変わり

　先行列車が一区間進むということは、危険な区間が先にずれることになるから、進行現示であった信号機は停止信号に変わる。停止現示の信号機を基準に注意信号、進行信号となるので、結果として現示がアップし、速度制限が緩和されることになる（**図5-14**）。

　1995年、京浜急行は品川～横浜間の最高速度を105km/hから120km/hに上げるにあたり、新たに「抑速信号」を設定した。従来のままでは停止現示の信号機までに止まれないおそれがあったからである。この対策として、信号機の間隔を空けるよう移設するか、中継信号機を増設する必要が生じた。このため、減速信号と進行信号の間に「抑速信号」を設け、6現示とした。これにより、停止信号までの予測が手前からできるようになった。なお、抑速信号は橙黄色と緑色が同時に点滅（明滅）することで表す。

　また、北越急行ほくほく線の特急「はくたか」（最高速度160km/h）運行に際しては、進行信号の上位に「高速進行信号」が登場した（現在「はくたか」は運転されていないため、当線区では高速進行信号は使用されていない）。

　京成電鉄は、2010年の成田空港スカイアクセス線開業とともに印旛日本医大～空港第2ビル間で160km/h運転を開始し、高速進行信号を導入した。「停止」「注意」「減速」「抑速」「進行」と合わせて6現示である。

4 信号の現示方法

　これまでに登場した信号現示は、赤・橙黄・緑の3色による信号現示で

あった。色で信号現示を表す方法を色灯式という。鉄道の信号機では最も一般的な方式で、場内信号機、出発信号機、閉そく信号機、遠方信号機などで採用されている（図5-15、図5-17）。

　2つ以上の白色灯を一組とし、配列の変化などで方法を「灯列式」という。入換信号機、中継信号機などで採用されている（図5-15、図5-18、図5-19）。

　地下鉄の中継信号機は、照明と紛らわしくならないように色灯式を用いる。入換信号機についても、地下鉄や阪急電鉄、阪神電気鉄道など一部の私鉄では色灯式となっている。

　1本の信号柱に2種の信号機を縦方向に並べて設けることは、色灯式と灯列式の組み合わせならば許される。これは見間違いを防ぐためで、旧鉄道運転規則に示されていた「色灯式信号機は垂直に2種類並べてはならない」という規定が大元である。たとえば場内・出発信号機の下に入換信号機が併設されている場合、場内・出発信号機は色灯式、入換信号機は灯列式が採用されている。

　最近は見かけなくなったが、「形」で表す信号機としては腕木式もある（図5-15）。鯉のぼりの吹き流しのような格好の腕の角度（水平か45度下向き）によって2種類の信号を現示する。夜間は腕が見づらくなるので、灯を1つ点灯させ、腕木の角度に連動する緑色と赤色のフィルターを用いて灯の色を変える。腕木式は信号機の原点ともいえるが、色灯式に取って代わられ、いまも現役なのは津軽鉄道のみである。

5 車内信号機の信号現示

　車内信号機の信号現示は「車内進行信号」と「車内停止信号」の2種類で、それぞれに制限速度あるいは条件が定められている。

　地上信号機は信号機の先の区間（内方）の状態を示すため、地上信号機までに現示している速度に合わせればよい。しかし、車内信号機は現在在線する区間の状態を示すものであるから、指示されている速度に即座に合わせなければならない。

　車内進行信号は「100」「90」「75」「65」「55」「45」「25」「15」といった速度（km/h）、車内停止信号は「0」または「×」で表される。車内進行信号が速度ではなく、緑色のランプのみで表される方式もある（図5-20）。

〈腕木式〉

信号現示			停止信号	進行信号
腕木式	夜間は色灯	2現示	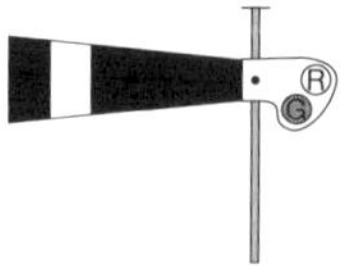	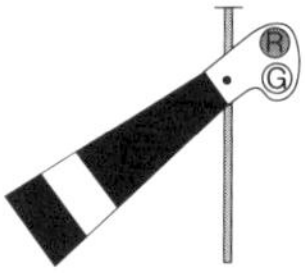

〈色灯式〉（場内信号機、出発信号機、閉そく信号機）

信号現示		停止信号	警戒信号	注意信号	減速信号	進行信号
色灯式	2現示					
	3現示					
	4現示					

	5現示					

R：赤色灯　Y：橙黄色灯　G：緑色灯

図5-15　場内信号機、出発信号機、閉そく信号機の現示例

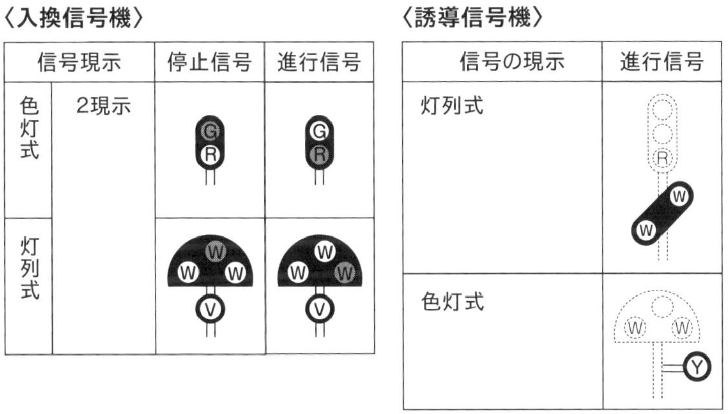

〈入換信号機〉

信号現示		停止信号	進行信号
色灯式	2現示	ⒼⓇ	ⒼⓇ
灯列式		ⓌⓌⓌⓋ	ⓌⓌⓌⓋ

〈誘導信号機〉

信号の現示	進行信号
灯列式	ⓌⓌ
色灯式	ⓌⓌⓎ

図5-16 入換信号機、誘導信号機の現示例

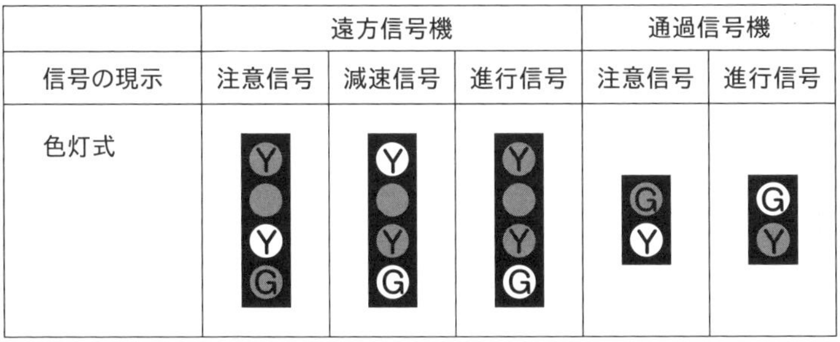

信号の現示	遠方信号機			通過信号機	
	注意信号	減速信号	進行信号	注意信号	進行信号
色灯式	Ⓨ●ⓎⒼ	Ⓨ●ⓎⒼ	Ⓨ●ⓎⒼ	ⒼⓎ	ⒼⓎ

図5-17 遠方信号機、通過信号機の現示例

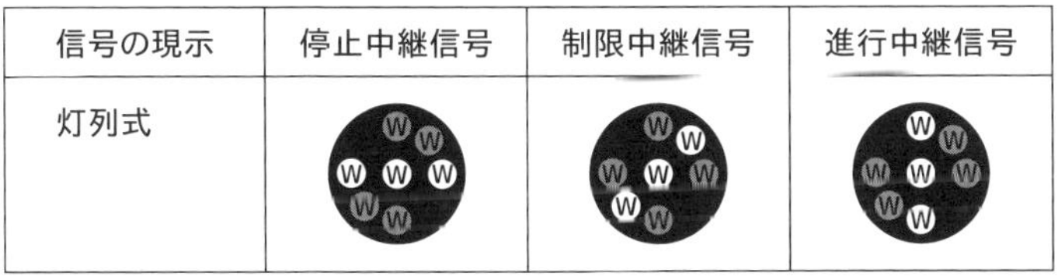

信号の現示	停止中継信号	制限中継信号	進行中継信号
灯列式	ⓌⓌⓌⓌⓌ	ⓌⓌⓌⓌⓌ	ⓌⓌⓌⓌⓌ

W：白色灯

図5-18 中継信号機の現示例

第2節　鉄道信号

〈進路表示機〉

	3 進路用			多進路用
	進路が中央より左方に開通	進路が中央に開通	進路が中央より右方に開通	進路が数字で現示する方向に開通
灯列式				

〈進路予告機〉

	進路が主要な線路より左方に開通	進路が主要な線路に開通	進路が主要な線路より右方に開通
灯列式			

図5-19 進路表示機、進路予告機の現示例

信号の種類	停止信号		通行信号
	×信号	0信号	
現示の方式	⊗	0	（例）㉕ ▼

25km/h 以下の速度で進行することを指示する信号を示す

▼（65km/h）以下の速度で進行することを指示する

図5-20 車内信号機の現示例

② 合図

　合図は、係員同士でその相手方に対して合図者の意思を表示するものをいう。係員同士が対面、口頭でどのような作業をするかを伝えられればよいが、離れた位置で作業をするなどの場合、合図が用いられる。

　駅係員が赤色旗や緑色旗を高く掲げたり、振ったりしている姿を見たことがあろう。これは列車の運転士や車掌に対して意思を伝える合図である。旗を用いた合図ではなく、無線機を使って言葉で伝える場合やモールス信号のように車内のブザーで運転士と車掌がやりとりをする方法もある。

　ターミナル駅などでは、車掌が機器を操作していないにもかかわらず、ホームの端でベルやブザー音が流れることがある。これは、駅から車掌に「出発合図」を出す時機を知らせる「出発指示合図」である。

　出発合図は、列車を駅から発車させる際に運転士に送る合図である。従来は駅長が片腕または緑色旗を高く掲げる形式であったが、現在はほとんどの列車で車掌が出発合図を出している。一般的に、発車時刻と出発信号機を確認、旅客用扉を閉め終えてから運転士に対してブザー（ベル）を押して伝えるが、JR東日本では運転台の戸閉め表示灯（運転士知らせ灯）の点灯を出発合図としている。列車到着時の合図では、「停止位置指示合図」がある。臨時列車に対する停止位置や、貨物列車の荷扱いおよび連結・解放作業時の停止位置を示すもので、白色旗が使われる。

　列車を分離・増結する駅では「入換合図」がある（**図5-21**）。これは、駅係員や車掌が赤色旗や緑色旗を使って、運転士に対して車両を移動してよいことや停止の指示を出すものである。また、危険な場所で警告を発したり、周囲へ注意を促したりする際には「気笛合図」が用いられる。

③ 標識

　「標識」は、係員に対して物の位置、方向、条件などを表示するものをいう。線路の形状や制限速度を表すもののほか、列車の存在を示すなどたくさんの種類がある。

　列車の前面に点灯している白いライトを見たことがあろう。これも立派な標識で、「前部標識」という。列車の前面であることを表すとともに、

図5-21　出発合図と入換合図の表示例

列車が接近することを保線係員や踏切で待つ人に知らせている。また、列車の最後尾の赤い2つランプは「後部標識」という。後続列車に対して列車の存在を知らせるとともに、列車の最後部であることを表示し、編成が完全であることを駅係員に知らせるものである。

　道路標識は看板タイプのものだけであるが、鉄道の標識はランプが点灯するタイプや木材を加工した立体状のタイプもある。標識の例を図5-22に記す。

〈停車場に関係する標識〉

名称／役割	図
出発反応標識（レピーター）	
出発信号機の見通しが困難な停車場において、出発信号機が進行を指示する信号が現示されたことを表示する。進行を指示する信号が現示されると点灯する。ホーム頭上に設置されている	
入換標識	
停車場構内の線路で、ポイントが転換し進路が開通していることを示す。入換信号機と同形を使用している事業者もある。その場合には入換信号機識別標識を添装し、紫色点灯の場合は入換信号機、消灯の場合は入換標識として使用する	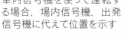

〈信号機に関係する標識〉

名称／役割	図
場内標識・出発標識	
車内信号機を使って運転する場合、場内信号機、出発信号機に代えて位置を示す	
列車停止標識	
行き止まりなどの駅で出発信号機がないとき、出発信号機を所定の位置に設けられないときに列車を停止させる限界を示す	
車両停止標識	
入換信号機で入換をする区間の終端や入換信号機を所定の位置に設けられないときに車両を停止させる限界を示す	
閉そく信号標識	
閉そく信号機であることを表示する。数字は閉そく信号機の番号を記す	

〈線路に関係する標識〉

名称／役割	図
車両接触限界標識	
線路が分岐、交差する箇所の付近に設けられ、ほかの線路の列車と接触しない限界を示す	
転てつ器標識	
転てつ器の開通方向を示す。（左）普通転てつ器が定位側に開通。（右）普通転てつ器が反位側に開通	
速度制限標識／解除標識	
曲線や分岐器などの制限速度を示す。分岐器用は制限する方向に上下の隅を黒く塗る	
速度制限区間の終端を示す	

〈電車線路に関する標識〉

名称／役割	図
電車線区分標識	
トロリ線を電気的に区分する位置（セクション）を示す	
架線終端標識	
トロリ線の終端を示す	

図 5-22　標識例

第3節
保安装置

　運転士も人間である。ミスをしたり、体調不良で運転不能になったりする可能性がある。そのようなときに安全を保つ装置のことを「保安装置」といい、車両や地上に各種装置が設置されている。

　鉄道の場合、停止信号を行きすぎなければ、つまり先行列車のいる区間に進入しなければ列車同士の衝突は起こらない。したがって、停止信号までに列車を停止させることが最重要であり、各種の保安装置もこれを意図したしくみになっている。

　以下、各種の保安装置の地上装置・車両装置について見ていこう。

① ATS（自動列車停止装置）

　ATSは「自動列車停止装置（Automatic Train Stop Device）」の略称で、運転士が停止現示の信号機を見落としたり見誤ったりしたとき、自動的にブレーキを作動させ、停止信号の手前で列車を停止させる装置である。停止信号の手前に列車を停止させるだけでなく、警戒信号や注意信号に対して速度オーバーを防止する機能を備えたものが主流になりつつある。

　鉄道に関する技術上の基準を定める省令に「閉そくによる方法により運転する場合は、信号の現示及び線路の条件に応じ、自動的に列車を減速させ、または停止させることができる装置を設けなければならない」（第57条）とあるが、この装置がATSである。

　ATSは「地上装置」と「車上装置」の双方があってはじめて機能を発揮する（図5-23）。地上装置は線路上に設置される装置で、信号機の現示や線路の速度制限などの情報を車両に送る。車上装置は車両に搭載される装置で、地上装置からの情報を受け取り、その内容によっては自動的にブレーキを作動させる。地上装置と車上装置間の情報のやりとりは電磁波に

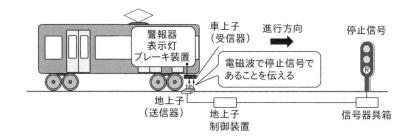

図5-23 ATSの地上装置と車上装置

よって行われ、伝達する情報の種類ごとに周波数が分かれている。

なお、ATSは地上装置と車上装置が同一のシステムによるものでなければ作動しない。ATSは会社ごとに装置が異なるため、たとえばA社の車両をB社の線路で走らせる場合、A社所有車両はB社ATSの車上装置を搭載する必要がある。

1 ATSの歴史

旧国鉄（現在のJR）と私鉄は規制する法律が異なっていたため、規程類や設備の面でも大きな違いがあり、ATSもまた異なっていた。ここでは、国鉄分割民営化以前のATSの歴史を振り返る。

国鉄では、1920（大正10）年からATSの試験が進められていたが、なかなか実用化には至らなかった。第二次世界大戦後、日本経済の復興とともに都市部で列車の運転本数が激増したため、この安全対策として、1954（昭和29）年に車内警報装置が山手線と京浜東北線に導入された。車内警報装置はATSの前身にあたる装置で、停止信号に対して運転士に注意を促す警報を鳴らすものであった。その後、1956年の参宮線六軒駅（現・紀勢本線六軒駅）での機関士の信号見誤りが原因による列車衝突事故をきっかけに、国鉄全線への車内警報装置の導入が決まった。

しかし、その作業のさなかの1962年、常磐線三河島駅で三重衝突事故が発生した（三河島事故）。乗務員の信号見落としと列車防護措置の不手際によるもので、死亡者160人、負傷者296人を出した大惨事である。これを機に国鉄は全線へのATS設置を決め、4年後の1966年にはATS-S形の導入が完了した。

ATS-S形は車内警報装置に確認扱いを加えたもので、警報鳴動後5秒以内に確認扱い（ブレーキハンドル操作+確認ボタン押下）をしないと自動的にブレーキがかかるしくみであった。しかしATS-S形には機能的欠陥があり、導入後も追突・衝突事故が発生したため、その問題点の改善と機能強化を図ったATS-S改良形、ATS-P形などが開発された。

私鉄のATSの草分けは、1927年開業の東京地下鉄道・浅草〜上野間（現・東京メトロ銀座線）に導入された機械式の打子式ATSである。すべてがトンネル内という地下鉄の特殊性からの先進的導入であった。

1957年には、東京急行電鉄（現・東急電鉄）と京阪神急行電鉄（現・阪急電鉄）で車内警報装置が導入された。そして1963年、旧地方鉄道建設規程により、地下鉄とモノレールについてATSの設置が義務づけられた。

1966年、私鉄では事故が立て続けに発生したため、事態を重くみた運輸省（現・国土交通省）は翌年、大手・準大手私鉄に対しATS整備の指示を出した。対象は、最高速度100km/h以上の線区全線で、100km/h以下60km/hを超える線区については、列車の運転本数に応じてATSを設置するよう定めた。

構造上の基準についても通達が出された。問題点のあった国鉄型ATSは一切手本とはせず、列車の運転速度がある値を超えたときに自動的にブレーキを作動させる速度照査（速度チェック）機能をもたせた。また、警報は必要なく、できるなら常用ブレーキで許容速度まで低下すると自動解除となる機能をもつこととされた。この通達は性能要求に重きをおいた指導であり、細かい構造については私鉄各社に任されていたため、結果として多種多用なATSが生まれたといえる。

2 点伝送式と連続伝送式

ATSは情報の送り方によって「点伝送式」と「連続伝送式」に大きく分けられる（**図5-24**）。

点伝送式は、信号機外方の一定の位置（点）に地上子を設け、この地上子で情報を伝達する方式である。弁当箱のような平たい装置がレール間に設置されているのを見たことがあろう。それがATSの地上子である。

地上子は信号機の信号を受け、車両に情報を送る。車両の床下に設けられた受信器（車上子）が地上子の上を通過した際、電磁波により地上側か

図5-24 点伝送・連続伝送のイメージ

ら車両側に情報が伝わるというしくみである。

　点伝送式の地上装置は、必要な箇所に地上子を設置するだけなので、安価かつ容易にATSを導入することができる。ただ、列車が地上子を通り過ぎたあと、注意信号→進行信号のように信号が上位に変化した場合、列車の運転速度を上げられないという欠点がある。車上装置が下位の注意信号の情報を記憶したままなので、次の閉そく区間まで運転速度を上げることはできないのである。目先の信号機が注意信号から進行信号に変わったとしても、次の信号機まで45km/h制限で運転しなければならないといったことが起こりうるわけで、高密度運転線区などでは運転に支障が出ることもある。

　一方の連続伝送式は、軌道回路などを利用してレールに電気を流し、車両側に連続的に電磁波で情報を伝達する。列車はレールを通じて速度情報を常時受けているので、いつでもどこでも速度照査ができる。速度照査のチェックポイントが点ではなく線であるため、点伝送式に比べて安全性が高く、また、信号現示の変化に常に対応できる。したがって、列車の間隔が縮められ、列車本数を増やすことにもつながる。

3 JRのATS

①ATS-S形〈点伝送式〉

　ATS-S形では、停止現示の信号機に対応する地上子を列車が通過すると、地上子から車上子に次の信号機が停止信号であることが伝えられる。停止信号の情報を受けた車上装置は警報鳴動後5秒以内に運転士が確認扱い（ブレーキハンドル操作+確認ボタン押下）を行わないと自動的に非常ブレーキがかかる。逆に5秒以内に確認扱いをすれば非常ブレーキは作動せず、運転士の注意力によって運転し、停止現示の信号機までに停止させる。

　ATS-S形の欠点は、確認扱いをしたあとは自動的にブレーキがかかるという防護機能がなくなり、運転士の運転操作にすべてが委ねられる点であ

る。確認扱いさえしてしまえば完全フリーになってしまうため、列車が停止信号を越えてしまうことが十分に考えられる。

この問題点を受け、安全性の高いATS-P形が一部区間に導入されたが、費用面などからJR全線への導入は進まなかった。

②ATS-S改良形（ATS-Sx形）〈点伝送式〉

その後、ATS-S形を活用しつつ、欠点を補うべく改良されたのがATS-S改良形である。ATS-S形は確認扱いをすると防護機能が解除され、自動的にブレーキがかからない点が問題であった。これを解決するため、ATS-S改良形では即時停止機能が付加された。

ATS-S改良形では、警報を与える地上子とは別に信号機の外方約20mの地点にもう1つ即時停止機能用地上子を設置する（**図5-25**）。即時停止機能とは、停止信号に対応した地上子を列車が通過すると強制的かつ瞬時に非常ブレーキを作動させるもので、確認扱いはない。この地上子により停止現示の信号機を行き過ぎることを防ぐ。地上子は信号機の直下ではなく、信号機の20m手前に設置している。非常ブレーキといっても、すぐには止まれないからである。

警報を与えるために信号機手前600mに設置された地上子を「ロング地上子」、非常ブレーキ指示を出すための、信号機の直下に設置された地上子を「直下地上子」という。ロング地上子と直下地上子では車上装置への指示が異なるため、各地上子の周波数は異なる。

ATS-S改良形は1989年にJR東日本で初めて採用され、ほかのJR各社でも同形が採用された（JR各社で名前が異なるが、機能はほぼ同じ。JR北海道とJR東日本はATS-SN、JR東海はATS-ST、JR西日本はATS-SW、JR四国はATS-SS、JR九州はATS-SK）。JR貨物はほとんどの区間で旅客会社の路線を走行しているため、地上設備はなく、車上装置だけのATS-SFを使用している。各社のものをまとめてATS-S改良形（ATS-Sx形）とよぶ。

また、国鉄民営化時に第三セクター化した会社や、国鉄と直通運転を行っていた私鉄、新幹線開業とともにJRから新会社に移管された第三セクターなどは、JR時代のATSをそのまま引き継いでいる（たとえば、2024年3月の北陸新幹線・金沢〜敦賀間延伸開業時にJR西日本から業務移管されたハピラインふくい（敦賀〜大聖寺）形はATS-SWを採用）。

なお、JR東海のATS-ST形はATS-P形と同機能のATS-PT形に置き換

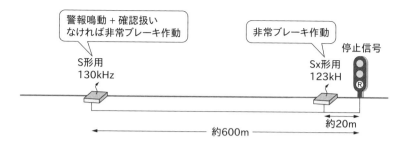

図5-25　ATS-S改良形

えられ、廃止された。JR東日本、JR西日本の幹線もATS-P形に置き換わっている。

③ATS-P形〈点伝送〉

　ATS-S形では、停止信号に対して確認扱いをしたあとは防護機能がなくなり、停止現示の信号機を越えることができてしまうという問題があった。その改良形のATS-Sxは、信号機直下で即時停止させる機能があるものの、高速で列車が進入した際には、停止現示の信号機までに止まることができない。

　これに対してATS-P形は、停止信号に対して確認扱いを必要とせず、停止現示の信号機手前で確実に列車を止めることを念頭に国鉄時代に開発された。JR東日本では1987年に京葉線に、JR西日本では1992年に大阪環状線などに導入された。最大の改良点は、点で情報を与えているにもかかわらず、連続して列車の走行速度と停止パターンをチェックしている（速度照査）ことである。これにより飛躍的に安全性が高まった。

　停止現示の信号機までに完全に停止できるように、ATS-P形では信号機の現示内容、信号機までの距離などの情報をトランスポンダ地上子にもたせる。列車が地上子を過ぎると、車上子にこれらの情報が伝送される。それを受けた車上装置では、地上からの情報をもとに、自列車の減速度から停止現示の信号機までの停止パターンを発生する。列車の走行速度と停止パターンを常時比較し、走行速度が停止パターンを超えると常用最大ブレーキがかかるしくみである（図5-26）。

　停止パターンは車両のブレーキ性能によって異なる。よって、ATS-S形のようにすべての列車に非常ブレーキがかかるわけではなく、ブレーキに

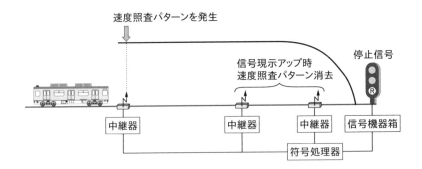

図5-26 ATS-P形

無駄がないため、列車の運行も効率よくできる。

「停止パターンを発生する」といっても、**図5-26**のように放物線状の減速パターンが運転席のモニターに表示されるわけではない。そのため、いつ自動的にブレーキが作動するかはわからない。また、意図しない場所でブレーキが作動してしまうことは運転士の負担になるので、列車の走行速度が減速パターンに接近した際には「チン」とベルが鳴って知らせるたり、「パターン接近」という表示が点灯する機能がある。

電気機関車などは**図5-27**のようなパターン表示器があり、現在の走行速度と停止パターンの速度が表示され、停止パターンに接近している場合には運転士が自発的にブレーキをかけることで、停止パターンを超え、機械的にブレーキが作動しないようにしている。

もう少し詳しく説明すると、停止現示の信号機の手前約600m地点の地上子を列車が通過すると、車上装置は停止信号までの距離を認識、停止パターンを発生する。以降は走行中の列車位置を把握、停止パターンと走行速度を比較し続ける。停止パターンを超過した場合、つまり「この速度では停止現示の信号機までに止まれない」と装置が判断した場合、自動的に常用最大ブレーキがかかり、信号機の手前で列車を停止させる。

地上子は信号機180m手前と85m手前にもあり、信号機の現示内容が変化した際に、停止パターンを解除する役目をもつ。600m手前の地上子で停止信号に対する減速パターンが発生し、この後現示が注意信号などに

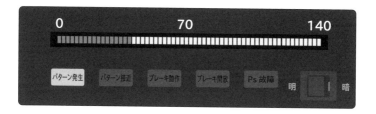

図5-27 パターン表示器

変化した場合、次の信号機までに停車する必要はなくなる。しかし、減速パターンが解除されずに車上装置が記憶したままだと加速できないため、この地上子で停止パターンを解除し加速できるようにする。加えて30m手前にも地上子がある。ATS-Sx形の即時停止機能用地上子と同じ働きで、これを過ぎると強制的に非常ブレーキがかかる。

応用機能としては、分岐器、曲線、下り勾配などに対しての速度照査がある。速度照査したい箇所の手前に地上子を設置し、その地上子で制限速度パターンを発生させ、列車がパターンを超えた場合にはブレーキがかかる。さらには、停車列車の駅誤通過防止用、列車種別による踏切の遮断時間適切化用の地上子を設け、ブレーキを作動させることも可能である。

地上装置と車上装置の情報伝達には、トランスポンダとよばれる装置が用いられている。これはトランスミッタ（送信機）とレスポンダ（応答機）から構成される通信機器で、地上・車上の双方からデジタル伝送により情報を大量に伝送できる。ATS-P形では大量の線路情報を車両側に送信するためトランスポンダが採用され、常時速度をチェックする速度照査が可能になった。信頼度が高く、鉄道以外においても、たとえば飛行中の航空機を交通管制官が識別する際にも用いられている。

④ATS-DX形〈点伝送式〉

JR在来線ではATS-Sx形から、常時速度照査が行われるATS-P形導入の流れが高まった。しかし、ATS-P形はATS-Sx形との互換性がないため、ATS-P形の地上装置・車上装置を新たに整備しなければならず、導入に踏み切れない会社もあった。そこでATS-P形と同等の機能を、ATS-Sx形を改良することで実現した。これがATS-DX形である。車上子はATS-Sx形

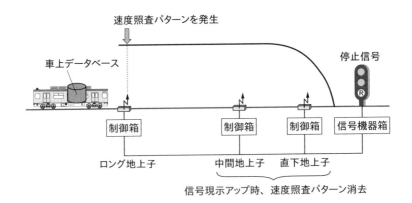

図5-28 ATS-DK形

をそのまま使用することができ、地上子はATS-SxからATS-DX形に置き換えられるため、地上側のケーブル等をそのまま利用でき、安価で導入が可能となった。DX形地上子はデジタル伝送方式のため、大量な情報伝達が可能である。

　JR北海道のATS-Dn形、JR九州のATS-DK形、JR貨物のATS-DF形（車上装置のみ）が同仕様である。

　JR九州ATS-DK形について紹介する（図5-28）。車両に設けられたデータベースには車両性能のデータと停止現示の信号機までの距離、線路の速度制限区間までの距離や制限速度等のデータをあらかじめ記憶しておく。地上子は、その位置から信号機までの距離情報を伝える。絶対位置地上子を通過した際に自列車の位置を確定し、停止現示の信号機までの距離と車両性能を考慮して車上で速度照査パターンを発生する。走行速度がパターンを超えると常用最大ブレーキが作動する。

　地上子から情報を送る点伝送式であるが、ATS-P形同様、連続して速度照査が可能である。

4 私鉄のATS

　私鉄のATSは会社や線区によってさまざまな方式が存在する。ここでは、大きく分類して概要を記す。

①打子式ATS〈点伝送式〉

営団地下鉄（現・東京メトロ）銀座線で70年にわたって用いられてきた ATSである。丸ノ内線や名古屋市営地下鉄1号線（東山線）などでも採用 されていたが、CS-ATC化ですべて姿を消した。

現在のATSは電磁波によって信号の情報を送るが、打子式は機械的な 機構が特徴でATSの原点ともいえる方式である。地上装置は「打子」と 呼ばれるハンマーのようなものを設置し、車上装置は車両の床下に設けら れた非常ブレーキ用の圧縮空気弁（トリップコック）が装備されている。

信号機が停止信号以外のときは、打子は圧縮空気によってレール付近に 水平に倒されている。停止信号になると打子が起立し、列車が停止信号を 無視して進入すると打子が床下のトリップコックを叩き、空気弁から空気 が吐きだされ、非常ブレーキがかかる。きわめて単純であるが、確実な仕 掛けといえる。

打子は信号機の直下にあり、非常ブレーキがかかっても当該信号機を越 えてしまうため、列車進行方向に向かって「進行」→「注意」→「停止」 →「停止」と停止信号の区間を二重に設けることで安全を確保している。

②2点間速度照査式ATS〈点伝送式〉

地上子間の通過時間により速度照査する。2つの地上子を連続して設置 しておき、1つめの地上子を列車が通過すると、車上のタイマーがスタート する。2つめの地上子を通過した時点で車上のタイマーがストップする。こ の時間が標準時間0.5秒以下であれば速度超過と判断し、非常ブレーキが 作動する（図5-29）。地上子は、**表5-3**のように照査したい速度に応じて間 隔を空けて設置すればよい。

曲線、分岐器、下り勾配など速度を制限する必要がある箇所の場合、そ の制限速度に対応した間隔で地上子を設置し、速度超過を防ぐことができ

る。車上装置はタイマーがあ ればよく、シンプルで地上・ 車上装置とも簡易的なシステ ムである。

なお、ほかのATS方式を採 用している会社でも、部分的 に速度照査したい場所で導入

表5-3 制限速度と地上子間距離例

制限速度	照査速度	地上子間隔
65km/h	70km/h	10.37m
45km/h	50km/h	7.59m
25km/h	30km/h	4.81m
15km/h	20km/h	3.42m

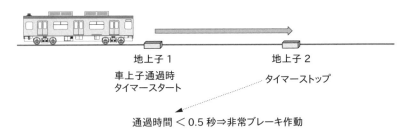

図5-29 2点間速度照査式ATS

している例もある。たとえば行き止まりの終端駅など、所定の位置までに確実に停止させるために、何段階か制限速度を設定する際に使用され、名古屋鉄道や地方の中小私鉄でも採用されている（かつては京阪電気鉄道、南海電気鉄道などでも多数使用されていた）。

③多情報階段状連続速度照査式ATS〈点伝送式〉

この方式では、1つの地上子で5～6種類の周波数を準備し、周波数ごとに制限速度を割り当てる。一度に送れる情報は1つであるが、送信できる周波数が多いので細かく情報を伝えることができる。

地上子から制限速度の情報が車上子に送られ、車上装置がこれを記憶し、車上装置は地上からの情報と走行速度を照らし合わせ、速度オーバーならば自動的にブレーキがかかる。信号現示の制限速度に応じて階段状に減速する。地上子から点で伝送されるが、連続して速度照査ができる（図

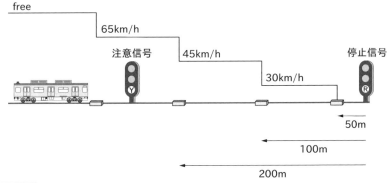

図5-30 多情報階段状連続速度照査形ATS

5-30)。近畿鉄道、三岐鉄道などの私鉄で採用されている(かつては京王電鉄や小田急電鉄でも採用されていた)。

④軌道回路式ATS〈連続伝送式〉

この方式では、レールに流れる軌道回路などの信号電流を利用し、電磁波により車両側に連続的に情報を伝達する。レールを通じて速度情報を常時受けているので、いつでもどこでも速度照査機能がはたらく。速度照査のチェックポイントが点ではなく線であるため、点伝送式に比べて安全性が高く、また列車は信号現示の変化に常に対応できる。電磁波を送信する周波数によって、50または60Hzの商用周波数、数百Hz～数kHzの可聴周波数(AF:Audio Frequency)や数kHz以上の高周波を使って送信する方式がある。

信号機の手前にブレーキポイント(B点)を設けておき、列車がB点を通過すると信号現示に応じた周波数に変化し、車両側に速度指示を出す。運転速度が指示速度を超えれば、ブレーキがかかる(図5-31)。信号現示に応じた減速指示は、現示ごとに階段状に減速するタイプと減速パターンとして放物線状に減速するタイプがある。西武鉄道、阪神電気鉄道、阪急電鉄などで採用されている。

5 2006年省令改正以降の私鉄ATS

2005年3月、高知県の土佐くろしお鉄道宿毛線の終点・宿毛駅で特急列車が線路終端部分に衝突する事故が発生した。同駅の線路終端には列車

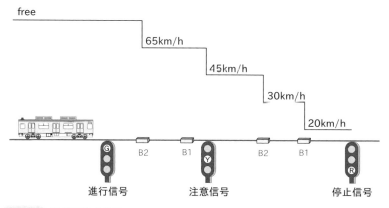

図5-31　軌道回路式ATS

衝突を防ぐために終端防護用ATSが設置されていたが、想定をはるかに超える速度で列車が進入してきたため、その機能を活かせず事故となった。

　事故後、国土交通省は、列車の運転速度が100㎞/h以上の線区を対象に行き止まり線路の終端防護用ATSの設置を指示した。そして、点伝送式の速度照査機能は列車の最高運転速度と非常ブレーキ距離を考慮して線路終端までに必ず止まれるような基準とするよう定めた。

　同年4月には、JR西日本の福知山線においても曲線で列車が脱線転覆、死者107名、負傷者500名以上を出すという大事故が起こった。制限速度超過が原因として挙げられたため、翌月には制限速度を大幅に超える速度で列車が進入した場合、脱線転覆に至るおそれのある箇所を対象に、速度超過用ATSを設置するように国土交通省から指示が出された。全国の約3000ヵ所が整備指定となり設置が進められた。指定外の箇所についても鉄道会社が独自に社内基準を設け、ATSを設置した箇所が多数ある。

　以上のような背景から、鉄道の安全性、信頼性をより高めるため、鉄道に関する技術上の基準を定める省令が見直されることとなり、2006年に改正された。

　改正以前は、「信号の現示に応じ、自動的に列車を減速させ、または停止させることができる装置を設けなければならない」と規定されていたが、改正後は「線路の条件によっても列車を減速、停止させる装置でなければならない」とされた。改正以前は信号現示に対して列車を減速・停止させればよかったが、改正後は加えて制限速度を超えると危険が考えられる箇所（急曲線、分岐器、線路終端、下り勾配など）に対しても列車を減速・停止させなければならなくなり、制限速度を超過しないように速度を連続して制御することが義務づけられた。

　これを受けてJR各社の都市圏では、ATS-P形を曲線や分岐器などの手前の地上子が増設された。地方線区では、主要駅にはP形機能に準ずるものを設置するなどの対策がとられた。ATS-P形を有していない会社はATS-Sxの地上子を増設し、2点間速度照査式による速度照査を行い対応した。

　私鉄各社も同様に対応を迫られた。信号現示に対してだけでなく、曲線や分岐器などの線路に対する制限速度の情報も車両側に送らなければならない。点伝送式であれば、曲線や分岐器等の手前に地上子の数を増やす、

レールから線路情報を伝送する方式であればアナログ伝送からデジタル伝送にして伝送できる情報を増やす、などの対策が講じられるようになった。

相模鉄道はJR線との直通運転に合わせてATS-P形に改修、京王電鉄や東武鉄道東上線はATSから安全性の高いATCへ変更した。私鉄のATSは相互直通運転をしている同士は同じATSを採用していることがあるが、省令改正を機に各社が信号メーカーとタッグを組んで会社特有の機能を織り込んだ、さらにバラエティに富んだATSとなった。以下に具体例として3つを取り上げる。

①近畿日本鉄道

多情報階段状連続速度照査式により、信号現示ごとに階段状に減速する方式を採用。しかし、これだけでは線路の制限に合った速度照査ができないため、曲線や分岐器など速度照査が必要な箇所の手前に新たにトランスポンダを設置した。トランスポンダから曲線などの制限速度情報を受け取り、車上装置で減速パターンを発生させ、運転速度が減速パターン速度を超えると自動的にブレーキが作動するしくみである。

これを応用して、駅手前にトランスポンダ地上子を設置し、車上装置に停車すべき列車種別と速度制限に必要な情報を送信し、列車種別に応じてパターンを発生させる。これにより、駅誤通過防止や駅に近接した踏切手前で確実に停車できるようにしている。また、駅間ごとの最高速度があることから、駅手前にトランスポンダ地上子を設け、次駅間の最高速度を超過させないようにしている。

②京浜急行電鉄、京成電鉄、北総鉄道、都営地下鉄浅草線

以前使用されていた「1号型ATS」は日本初の電気式ATSであった。1号型ATSも軌道回路を利用したものであったが、速度制限が45km/hと15km/hしか照査できず、また停止信号で停止させる機能がなかった。システム更新の時期が重なったこともあり、相互直通運転をしている各社での導入が同時に行われた。

新しい方式はC-ATS方式という。各信号機の現示に応じた減速パターンを、レールを介して連続してデジタル信号で車上装置に伝送する。地上装置からの速度制限情報と自列車の運転速度を連続して照査し、列車の走行速度が減速パターンを超えた場合には常用ブレーキにより減速させる。

列車が停止現示の信号機に接近し、信号機外方のB点（ブレーキポイント）

を過ぎると絶対停止パターンが車上装置に送られる。走行速度が絶対停止パターンを超えた場合には非常ブレーキが作動する。

応用機能として、駅誤通過防止、踏切遮断時機の適正化を図るために該当箇所手前から減速パターンを発生させる。減速パターンを超えるとブレーキがかかるようになっている。また、駅に停車する列車が停止位置を過走した場合にもATSが作動しブレーキがかかる。この場合、信号機を越えて停止すると、安易に退行できないようになっている。

③京阪電気鉄道

以前は2点間速度照査式を採用していた。簡易的なシステムであるが、地上子の設置されていない箇所では速度超過ができてしまう問題があった。また、制限速度箇所それぞれに地上子を設置し、地上子間を精密に整備しなければいけない手間もあった。

曲線や勾配などの速度制限箇所の情報はあらかじめ車両のデータベースに搭載しておき、地上装置からレールを介して信号現示などの情報がデジタル伝送により送られる。走行位置は、地上装置からの情報と車両のデータベースがもつ情報に基づいて確定され、走行速度にブレーキ性能を考慮し、減速・停止パターンを算出する。走行速度と減速・停止パターンが常時比較され、超過する場合には自動的にブレーキが作動する。レールを介して連続して速度照査ができることで安全性が高い。

応用装置として、車上装置で設定した「急行」や「普通」などの列車情報を地上装置が受けとり、駅誤通過防止、踏切遮断時機の適正化、接近放送の内容を列車に合ったものにするなどの機能がある。

② ATC（自動列車制御装置）

1 ATCとは

ATCは「自動列車制御装置（Automatic Train Control）」の略称である。ATSは運転士が運転操作を誤ったときにだけ自動的にブレーキをかけるのに対し、ATCは通常の運転において、信号現示の変化に対応したブレーキ操作を装置が自動的に行う（WS-ATCを除く）。つまり、列車の速度が信号現示に対する制限速度（指示速度）を超える場合には自動的にブレーキがかかり、指示速度以下になれば自動的にブレーキがゆるむ。

地上装置は、軌道回路式ATS同様、軌道回路などの信号電流を利用する。各信号現示に応じた指示速度の情報を周波数を変えて連続してレールに流し、車上装置がこの信号を受信してブレーキをかけたりゆるめたりする。ATCの登場により、運転士のブレーキ操作が大幅に軽減され、安全度も飛躍的に向上した。

② ATCの歴史

ここでATC導入の歴史を見ておこう。1961年、営団地下鉄（現・東京メトロ）日比谷線に導入されたのがATCの始まりで、この時は地上の信号機に対するバックアップが目的であった。東京オリンピック開催の1964年に開業した東海道新幹線にも続いて採用された。これ以降は、地下鉄を中心に導入線区を拡大していく。

地下鉄が好んでATCを採用したのは、列車の運転密度が非常に高いことに加え、見通しの悪いトンネル内を走るという悪条件を抱えていたためであろう。地下鉄にとって、ATCは保安度向上の切り札であった。現在、全国の地下鉄の95.7％がATCを採用している。

国鉄在来線では、1971年、営団地下鉄千代田線と相互直通運転を行う常磐線（緩行線）綾瀬～我孫子間に初めて導入され、首都圏に広がった。

新幹線に関しては、在来線に乗り入れる区間を除き、全線がATC導入区間である。新幹線開業時、200km/hの高速で走行するため運転士が地上の信号機を見ながら運転することは難しく、停止信号を確認してブレーキをかけたのでは到底間に合わないと考えられた。そこで車内信号機を採用するとともにブレーキ制御の自動化が図られ、ATC導入となった（**図5-32**）。

なお、旧省令では車内信号機を用いる場合にはATCをセットで使うことが定められており、これは現在も変わらない。というのも、地上信号機は信号機内方の状態（列車の有無）を信号機に現示するため、地上信号機までに速度を合わせればよいが、車内信号機は現在運転している区間の指示を現示する。そのため、区間に入らなければ指示速度はわからない。区間に入ってからでは減速が間に合わないこともあり、運転士にとって心理的負担が大きい。車内信号機で運転する際にATCを使うのは自然な考え方であろう。

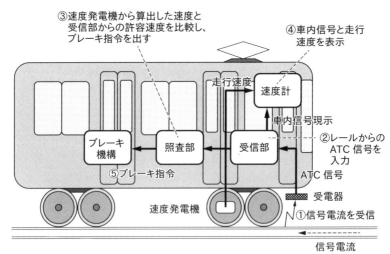

図5-32 ATC車上装置の構造

1 信号方式による分類

ATCは用いる信号機の種類によって2つに大別される。

①WS-ATC

線路上に建植された地上信号機（Wayside Signal）を使う方式である。信号現示に対する指示速度と運転速度を比較し、指示速度を超過するとブレーキを作動させる。ブレーキ扱いは基本的には運転士の操作が優先で、ATCは運転士がブレーキ操作を誤ったときのバックアップ手段である。

WS-ATCは、営団地下鉄（現・東京メトロ）日比谷線は東武鉄道伊勢崎線、東京急行電鉄（現・東急電鉄）東横線との相互直通運転に合わせて、ATS以上の保安度向上を目的として導入された。続いて営団地下鉄東西線でも採用されたが、以降の地下鉄では、車内信号式のCS-ATCが主流となった。日比谷線・東西線とも現在はCS-ATCに変更されている。

②CS-ATC

列車の運転台前面に設けられた車内信号機（Cab Signal）を利用する方式である。車内信号機に運転中の進路の許容速度（指示速度）が現示される。運転速度が指示速度を超えるようであれば、自動的にブレーキがかかる。WS-ATCが人間優先ならば、CS-ATCは機械優先といえる。

地上信号機で警戒信号が現示されると、運転士は「速度制限25km/h」

と頭のなかで置き換えてブレーキ操作をし、速度を落とす。しかし、車内信号機であれば指示速度がダイレクトに「25」と表示され、運転士の間接的判断は不要である。運転速度が超過していれば、25km/hまで速度を落とすことも装置が自動的に行う。こうした点は機械優先といえる。

　車内信号機を利用するため、地上信号機よりも細かく速度指示を出すことができる点も特徴のひとつで、閉そく区間を細分化し、速度指示を割り当てることができる。

　たとえば、首都圏の過密路線などで列車本数を増やす場合、信号機を増設しなければならない。しかし、建築物などとの関係から信号機が見えにくくなるなど増設自体が難しく、閉そく区間を細かく設定しにくい。地下鉄の場合はなおさらである。急勾配や急曲線の連続から見通しの悪い箇所が多いうえに、地上信号機を線路際に建てるとなると、トンネルの直径も拡大しなければならない。このように地上信号機の増設は面倒で費用もかかるが、車内信号方式のCS-ATCならば心配はいらない。

　車内信号機の採用は地上信号機のメンテナンスの簡略化、地上設備のスリム化なども含め、さまざまな観点から有効といえる。現在、ATCといえば、CS-ATCを指すのが一般的である。

2 ATCのブレーキ制御方式

　車内信号によるCS-ATCのブレーキ制御は、大きく分けると「多段ブレーキ制御式」「一段ブレーキ制御式」「車上主体型ATC」がある。

①多段ブレーキ制御式

　列車の運転速度が地上側から受信した指示速度を超える場合、自動的に常用ブレーキが作動し、指示速度以下になるとブレーキがゆるむ。この動作を繰り返し、軌道回路に定められた速度に応じて運転速度を制御する（図5-33）。

　たとえば車内進行信号が「75」の場合、「75」が現示された時点で自列車が速度を超えると、75km/h以下になるまで自動的にブレーキがかかり、その後にゆるむ。

　車内停止信号が「0」のときは、次の区間（進路）に先行列車がいるため、常用ブレーキが作動して列車は停車する。「×」信号は絶対停止で、現在の進路内に先行列車がいることを表す。非常ブレーキがかかり、先へは絶対に進めない。

先行列車に接近すると、75→55→25→0のように段階的に速度が落ちるように制御する。電車に乗っているとき、強めのブレーキが一定の間隔でかかるのを体感するが、それはこのように閉そく区間の境界に入るごとにブレーキがかかっているからである。このような頻繁なブレーキ制御は乗り心地が悪く、時間的にもロスが多い方法といえる。

②一段ブレーキ制御式

混雑率緩和のため複々線化や追い越し駅の新設などが考えられたが、莫大な費用がかかるため、暫定的な緩和策として列車の運転間隔を短縮して列車の本数を増やすことが考えられた。

多段ブレーキ制御式では、速度段階ごとにブレーキがかかるため、減速のたびに空走時間（ブレーキが作動するまでの時間）が発生し、無駄が生じるという問題があった。

そこで、効率よくブレーキをかける一段ブレーキ制御式が開発され、1991年に東京急行電鉄（現・東急電鉄）田園都市線で導入された。

一段ブレーキ制御式では、地上装置から送信された速度情報を車上装置が受け取り、停止信号までに止まれるように効率的なブレーキ制御を行う（図5-34）。また、閉そく区間（進路）の区切りを短くすることで情報を細かく伝達することができるようになっており、停止点まで連続的にブレーキをかけられる。図5-33と図5-34を見比べると、先行列車までの距離は同じであるが、一段ブレーキ制御のほうがブレーキ作動のタイミングが遅く、ブレーキ作動までのあいだ高速で走行できることがわかる。

これにより、先行列車との間隔を短くすることができるようになり、列車の運行本数を増やせるようになった。また、多段階式で見られた、各速度段階でのぎこちない「減速→加速」がなくなり、乗り心地も向上した。

車内信号機の現示は「車内進行信号」（G灯）と「車内停止信号」（R灯・×灯）の2種類で、速度段階は5km/hおきと細かくなった。速度は、多段ブレーキ制御の車内信号機のように数字で表示されず、指示速度まで▽表示灯が点灯する仕様である。

情報伝送については、一段ブレーキ制御式では伝達する情報量が大量になるため、大容量・高品質な情報伝送と処理が可能なデジタル信号が用いられるようになった。こうしたデジタル信号を用いて情報伝送するATCの方式は「デジタルATC」と総称され、つくばエクスプレス、東武鉄道

東上線などで採用されている。デジタルATCは、工事などで臨時に徐行する際の臨時速度情報の伝送や踏切制御などにも応用されている。

③車上主体型ATC

車上主体型ATCは、一段ブレーキ制御のうちのひとつである。これま

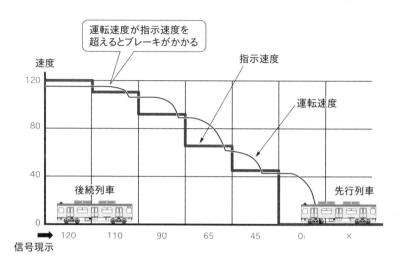

図5-33 多段ブレーキ制御

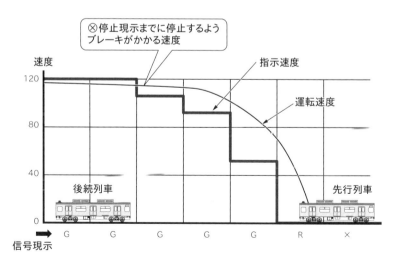

図5-34 一段ブレーキ制御

での方式では、地上装置から車上装置に送られるのは速度情報であったが、車上主体型ATCでは、速度制限の位置または停止すべき位置（停止点）の情報が送信される（図5-35）。

一方、車上装置は、地上装置が送った停止点の位置情報を自列車の位置や速度などとともに認識し、車両性能に合った最適なブレーキパターンを検索して連続的な一段ブレーキ制御を自動で行う。車上装置のデータベースにはあらかじめ線路の曲線や勾配の位置、車両性能といったデータをインプットしているため、効率的な運転ができる。こちらも大量の情報を送るため、やはりデジタル信号が用いられている。

車上主体型ATCを導入するメリットとしては、まず、停止点など目標地点への到着時間を短くできることがある。車上主体型ATCでは停止点に対して最適なブレーキパターンをデータベースから検索するので、効率的なブレーキが可能となり、無駄をなくすことができる。

また、従来のブレーキ制御方式は、その線区を走るブレーキ性能が最も劣る列車に合わせて条件設定を行っていたのに対し、車上主体型ATCでは車両個々のブレーキ性能を加味してパターンを検索するので、各車両のブレーキ性能が最大限に発揮される。これにより、先行列車との間隔をより短くして高密度運転を行え、列車本数を増やすことができる。車上にブレーキパターンを有することから、どこからブレーキ制御を開始し、どこ

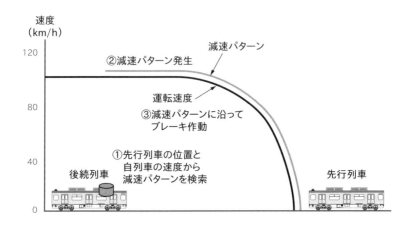

図5-35　車上主体型ATC

までに停止すべきかを車上で把握できるため、乗り心地を考慮したブレーキ制御も可能となる。

さらに、車上主体の装置を採用する場合、地上装置の簡潔化を図ることができ、地上装置のための費用と線路上での保守作業を削減できる（車上装置のメンテナンスは、検査のたびに車両が車庫に戻ってくるので、そのときに行えばよい）。また、線路形状の変更や制限速度変更など条件が変わった場合は、車上装置の改良・改修だけで対処が可能である。

JR東日本では、「D-ATC」の名で2003年に京浜東北線の一部区間に導入された。現在、京浜東北線・根岸線と、山手線、埼京線に導入されている。京王電鉄でもD-ATCと同機能のものが導入されている。

❸ 新幹線のATC

1964（昭和39）年の東海道新幹線開業以来、新幹線は車内信号機とATCがセットで用いられてきた。開業当初は多段ブレーキ制御であったが、一段ブレーキ制御を経て、2001（平成13）年以降は車上主体型のデジタルATCが採用され、現在はすべて車上主体型のデジタルATCとなっている。

北海道新幹線、東北新幹線、上越新幹線、北陸新幹線ではDS-ATC方式が採用されている。DS-ATCはJR東日本の在来線で採用されているD-ATCと同仕様で、車上装置が停止地点を認識して最適なブレーキパターンを検索する方式である。

東海道新幹線、山陽新幹線、九州新幹線、西九州新幹線のATCはJR東海が開発したNS-ATCと共通仕様で、DS-ATCと異なり、車両側でブレーキパターンを随時作成する方式である。日本の新幹線の高速、高密度運転を支える技術といえよう。

❹ ATCとATCの境界

ATSは運転士がミスをした際のバックアップ装置で人間優先、ATCは運転士のミスにかかわらず機械によるブレーキ作動が優先、という考え方があった。また当初は、ATSは停止信号手前に停止させるための装置で、ATCは信号現示に応じて速度制御も行う装置という棲み分けがあった。

しかし、列車本数の増加や省令の改正とともにATSの機能が向上し、そうした線引きは過去のものとなりつつある。初期のATSでは、停止現

301

示の信号機を過ぎようとすると非常ブレーキが作動するだけであったが、現在は、信号現示に応じた制限速度まで減速するとブレーキがゆるみ、曲線など線路の条件に応じた速度制御まで行うようになり、ATCと同じような機能を有するようになっている。海外ではATSとATCをまとめて自動列車防護装置（ATP:Automatic Train Protection）と称しており、ATSとATCを区別していない。ATS、ATCともに、信号の現示、線路の制限によって自動的にブレーキをかける装置と考えてもよいのかもしれない。

③ ATO（自動列車運転装置）

ATOは「自動列車運転装置（Automatic Train Operation）」の略称である。ATCを基盤とする高度なシステムで、列車の運転のすべてを自動的に行い、自動加速・減速機能、自動停止機能などを有する。1976年に札幌市営地下鉄東西線で初めて導入され、1981年には神戸ポートライナーで完全無人運転のATOが導入された。

ATOシステム下では、出発条件が整うと、列車は自動的に定められた速度まで加速し、次いで低速運転に移行する。速度制限箇所では自動的に制限速度まで速度を落とし、過ぎればまた加速、停車駅が近づけば自動的にブレーキがかかり、停止位置にほとんど誤差なく停車する。

ATOは、乗務員が一切乗車しない新交通システムなどの路線で必須であるが、車掌の乗務を省略したワンマン運転路線の一部でも採用されている。東京メトロ丸ノ内線・副都心線、都営地下鉄三田線・大江戸線、京都市営地下鉄東西線などが該当する。また、安全性向上や運転士の負担軽減のため、ホームドアや可動柵を設ける路線でATOが採用される傾向が見られる。これらの路線では、運転士が乗客の乗降終了を確認して戸閉め後に出発ボタンを押せば、次の駅までの自動運転が開始される。

ただし、始発・終電車など他社線との接続を要する場合や、異常時に備えたハンドル訓練などでは、ATCにより運転士が運転する。

ワンマン運転、無人運転は、労働人口の減少や人件費削減の対策として有効な手段である。それらを支えるATOはもはやなくてはならない装置といえるが、車両故障や停電などの異常時にはやはり人海戦術が必要であり、常日頃の教育・訓練が欠かせない。

④ TASC（定位置停止支援装置）

　TASCとは「定位置停止支援装置（Train Automatic Stopping Controller）」の略で、駅などの停止位置を過ぎることがないように停止ブレーキを自動化したものである。

　ATS同様、停止位置の手前にいくつか地上子を設けておき、列車が停止点を越えそうな速度で進入してきた場合、停止位置までの停車パターンを発生させる。そのパターンを走行速度が超えている場合は、自動的にブレーキがかかる。運転士のブレーキ扱いが正常で停止点までに停止すれば、自動でブレーキはかからない。ATCと似ているが、ATCは停止信号、停止制御信号の区間内で停止させるもので、定位置ぴったりに止めるものではない。

　TASCの開発は1950年から1960年代に行われたが、ブレーキの応答性の問題や定位置に停止させる必要性に欠けることから、導入にはいたらなかった。その後ATOの基本性能として組み込まれることはあったが、TASC単体での採用とはならなかった。

　1990年代、東京急行電鉄（現・東急電鉄）池上線がワンマン運転をする際にTASCを導入した。これがTASCの先駆け的導入ともいえる。車掌が乗務していないワンマン運転では、停止位置を過ぎてしまった場合、後退の安全確認が難しく停止位置の修正に時間がかかる。そのため、TASCが導入された次第である。

　現在は地下鉄の路線でも多く採用されている。トンネル内を走る地下鉄はホームの長さに余裕がなく、停止精度の要求が過酷なためである。また、ホームドアが設置された駅でもTASCは必須となっている。これは、ホームドアの位置と車両の扉の位置がずれると扉が開かないしくみとなっているからである。

第4節

これからの列車制御と支える技術

　労働人口の減少にともない、各業種で人手不足が深刻な問題となっている。鉄道業界もまた例外ではなく、運転士不足のために減便を余儀なくされるケースまで出てきている。

　こうしたなか、コンピュータによる自動化や省力化がますます重要になってきている。鉄道の自動運転や無線による列車制御について見てみよう。

① 自動運転

　鉄道の自動運転については、国際電気標準会議（IEC）により自動化レベルが5段階に分類されている（**表5-4**）。

　わが国ではすでに、ゆりかもめや神戸新交通などでGoA4レベル、すなわち係員が乗務しない自動運転が行われている。これは線路が高架で人などが容易に立ち入れず、ゴムタイヤによりブレーキ距離も短縮できるためである。自動運転を行う際は保安装置ATOを使用することが前提である。

表5-4 IEC（JIS）による自動運転レベル

自動化レベル	乗務形態のイメージ
GoA0（目視運転）	運転士（および車掌）
GoA1（非自動運転）	
GoA2（半自動運転）	運転士［列車起動、緊急停止操作、避難誘導など］
GoA2.5（緊急停止操作等を行う添乗員付き自動運転）	列車の前頭に乗務する係員［列車起動、緊急停止操作、避難誘導など］
GoA3（添乗員付き自動運転）	列車に乗務する係員［避難誘導など］
GoA4（自動運転）	係員の乗務なし

　註：GoA2.5はIECおよびJISには定義されていない。［　］内は乗務員の主な作業。
　出典：IEC62267（JIS E3802）：自動運転都市内軌道旅客輸送システムによる定義

304

近年、地下鉄では車掌の乗務を省略したワンマン化によりATOの導入が増えているが、この自動運転は運転操縦のみを自動化したGoA2レベルに該当する。

　GoA2.5レベルでは、前頭に係員を乗務させるが、動力車操縦者運転免許を保有する運転士を乗務させる必要はない。動力車操縦者運転免許取得には期間と費用がかかることから、GoA2.5レベル以上は省人化に効果があるといえる。

1 新幹線

　新幹線は踏切がないため、係員が乗務しない自動運転を比較的導入しやすいといえる。東海道新幹線では2028年度の導入が目標とされており、山陽新幹線でも東海道新幹線と同仕様の自動運転の導入が予定されている。自動化レベルはGoA2レベル（運転士が前頭に乗務し、運転中の速度制御や停車を自動化する）で、運転士は発車、緊急停止、避難誘導や駅での安全確認を行う。新幹線は駅間が長く、速度や時間の調整が難しい。運転を自動化することによって効率的な運転が可能になり、ダイヤ通りの運行をさらに強化することや省電力化も可能となる。

　上越新幹線長岡〜新潟車両センター間では、GoA2レベルの自動運転を2028年に導入し、2030年半ばには東京〜新潟間でGoA3レベル（運転士ではなく添乗員が乗車する）を、回送列車は無人運転導入を計画している。これから10年ほどで新幹線の自動運転も大きく進むことであろう。

2 JR九州香椎線

　JR九州香椎線では、2024年3月から前頭に車掌が乗務する自動運転が開始された。自動化レベルはGoA2.5で、運転士は乗務せず、運転操縦のみを自動化したものである。運転士の養成には約9ヵ月かかるが、自動運転に乗務する車掌の養成は約2ヵ月で済み、養成期間と費用を大幅に削減できる。

　自動運転では、ATCにより先行列車との間隔を空けることや線路条件に対して自動的にブレーキを作動させることで安全を確保する。そして、軌道回路等から常に速度信号などを受信し、ATOまたはATCによって走行制御を行うことが条件である。つまり、連続して先行列車や線路情報な

どを得られなければならない。

香椎線の保安装置はATS-DK形であるが、ATOはATS-DK形をベースとしたFS-ATO形が採用されている。これまでの自動運転は、ATCを基盤としたATOにより連続して加減速を自動で行うことが前提であったが、ATS-DK形は地上子から情報を伝送する点伝送式である。連続して制御できるかが問題だったからであるが、FS-ATO形はこれをクリアした。

ATS-DK形は先行列車の位置や線路情報は点伝送で送られるが、速度照査パターンを発生し、連続して速度を制御できることから、ATSを用いた自動運転が初めて実現した。ATS-DK形はJRで広く使われていたATS-Sx形を改良したものであるから、新規にATCを整備してATOを導入するよりも費用は大幅に削減できる。今後JR各社で自動運転を行う場合には大いに参考になる事例といえる。

JR以外の地下鉄や大手私鉄でも相次いで自動運転の実用化に向けて開発が行われている。在来線は障害物をいかに検知するかという大きなハードルもある。しかし、コロナ禍を経て各社とも人員確保が急務となり、自動運転の開発も加速する必要があろう。

② 無線式列車制御

現在、列車位置の検知には軌道回路が用いられている。軌道回路は100年以上の歴史があり、その信頼性は高い。しかし、軌道回路による列車検知はケーブル、地上信号機や関連器具の装備など大がかりな地上設備を必要とし、メンテナンス量が膨大であるのが難点である。線路上のメンテナンス時間が長いほど、触車事故の危険性も増加する。また、軌道回路を用いた列車検知・列車制御は、軌道回路境界間でしか列車を在線させられず、列車間隔を詰めることができない。

もし、列車検知の信頼度を維持しつつ、地上設備を簡素化し、閉そくという概念にとらわれない列車の運転ができれば、列車の間隔を極力狭めることができる。

無線式列車制御システムであれば、列車検知に軌道回路を使わず、無線通信によって列車位置を細かく検知ができる。つまり、先行列車と後続列車が衝突しないように管理しつつ、間隔を流動的に変えることができる「移動閉

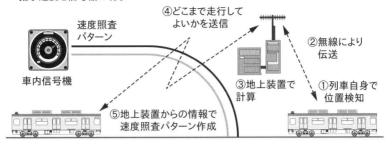

図5-36 無線式列車制御システム

そく式」が可能になり、列車の間隔を狭めることができる（図5-36）。海外ではCBTC（Communications-Based Train Control）とよばれ、すでに実績もある

東京メトロ丸ノ内線では、2024年12月からCBTCの使用を開始した。首都圏の地下鉄は運転間隔が2分未満ときわめて短く、列車間隔をいかに縮められるかが重要なポイントである。これまでは軌道回路の区間を短くしても列車間隔を縮めてきたが、それにも限界があり、無線式列車制御の導入となった次第である。また、東京メトロ半蔵門線も、相互直通する東急電鉄田園都市線と共同でCBTCの導入準備を進めている。同じ仕様であれば、複数種類の車上装置を搭載する必要がなく効率的である。

国内で初めて無線式列車制御を取り入れたのはJR東日本である。ATACS（Advanced Train Administration and Communications System）という名称で、まず2011年に仙石線（あおば通～塩釜間）に導入、その後、埼京線にも導入され、いずれも順調に稼働している。

CBTCは無線による列車制御と運行管理機能をもつが、ATACSは列車制御のみ行い、運行管理機能はない。JR東日本の首都圏の運行管理は、東京圏輸送管理システム（ATOS）というシステムが別に担っている。ATACSはCBTCの一部と考えるとわかりやすい。CBTC、ATACSはいずれも、踏切遮断時間の最適化や、大雨の際などに臨時の制限速度情報を指令からリアルタイムで列車に指示することが可能である。

また、無線式列車制御では、軌道回路や地上信号機、それらをつなぐケーブルといった地上設備を必要としないため、地上設備の大幅な簡略化とメ

ンテナンスの省略が可能になるというメリットもある。

JR東日本小海線でも、無線式列車制御システムが2020年に導入されていることは前述した。

小海線のシステムは、無線により列車検知が行われ、その結果が地上信号機に反映される。同じ無線式列車制御システムのATACSと異なり、車内信号機を使わず、地上信号機を用いる。なお、無線通信のためのアンテナは停車場構内に建つ鉄塔に設置されている。

列車の位置情報をもとに減速パターンが発生し、パターンと列車の速度が常時チェックされるため安全性も高い。地上信号機を活用しつつ軌道回路などは省略する。地上設備を大幅に削減できることから、列車本数の少ない線区への導入に期待がかかる。

2024年現在、西武多摩川線でもCBTCの実証試験が行われている。連続した列車制御、地上設備のスリム化など改善したい内容は会社ごとに違うが、無線式列車制御システムの導入によって大きく改善していくであろう。

③ 携帯無線通信網の活用

JR東日本は、衛星と一般の携帯無線通信網を使って列車制御を行う方法も開発中である。衛星で列車の位置を検知し、それを携帯無線通信で地上装置に送り、停止現示の信号機までに停車できるパターンを発生する、という形式である。

携帯通信網のメリットはコストである。現在、列車無線（列車と指令、乗務員同士などの連絡に用いる）や無線式列車制御システムに使う無線は、鉄道会社独自で所有しているため、大きな負担である。対して携帯通信網は、携帯電話会社が所有するインフラである。これを活用できれば鉄道会社独自で無線設備を所有する必要がないため、大きなメリットとなる。

しかし、デメリットもある。まずはセキュリティ面の問題である。鉄道会社独自の通信設備ではないため、無関係な者がアクセスすることも考えられる。ネットワークに対する外部からの攻撃や侵入に対していかに対策をとるかが重要となる。また、災害時につながりにくくなる可能性もある。

なお、無線式列車制御ではないが、北条鉄道の票券指令閉そく式では携帯無線通信が使われている。

第6章 高速鉄道と地方鉄道

第1節　高速鉄道網の発達
第2節　国鉄改革と第三セクター
第3節　地方鉄道

JR東日本E7系

第 1 節

高速鉄道網の発達

① 新幹線と航空機の競争

　長距離を移動する手段というと、鉄道、航空機、ハイウェイバス、フェリーなどが思い浮かぶ。このうち、国外への移動はさておき、国内の長距離をできるだけ短い時間で移動する手段を考えると、鉄道か航空機のいずれかであろう。

　心理学や人間工学の面から考えると、人間が座席にじっと座っていられるのはせいぜい3時間程度で、頑張っても4時間といわれている。したがって移動手段に「鉄道（新幹線）」が選ばれるか、「航空機」が選ばれるかは、所要時間が4時間を超えるかどうかが分かれ目になるといわれている。いわゆる「4時間の壁」である。

　もちろん所要時間を考える場合、乗っている時間だけではなく、駅・空港までのアクセスや、乗車（搭乗）手続きの時間も含める必要がある。このほか、自宅から出発駅・空港に到着可能な時刻、目的地への到着時刻、運賃や運転本数なども関係してくるが、一般的には所要時間が判断の基準になると考えてよかろう。

　たとえば、東京〜大阪間は「のぞみ」号ならば2時間30分程度である。航空機の場合、羽田空港〜伊丹空港間は1時間10分程度であるが、伊丹空港から大阪中心部に出るのに30分程度かかり、さらに羽田空港までの移動時間や搭乗手続きに要する時間を考慮すると、圧倒的に新幹線が優勢である。実際、国土交通省の旅客地域流動調査（2022年度版）によれば、東京から大阪に移動した1174万人のうち、約837万人が鉄道、約274万人が航空機を利用している。

　以下はデータを省くが、東京〜広島間は新幹線が優勢、東京〜博多間は航空機が圧倒的優勢である。東京〜仙台間は羽田空港〜仙台空港の便がな

いため新幹線が圧倒的優勢。東京〜青森間は新幹線が優勢で、東京〜函館
間は航空機が圧倒的に優勢である。

② 新幹線網の発達

　東海道新幹線は1964（昭和39）年10月1日に世界初の高速鉄道として
開業した。鉄道先進地域のヨーロッパでさえ、当時は時速160km運転が
最高であったから、時速200kmを超える新幹線は世界に衝撃を与え、そ
の後、各国で高速鉄道が開発されるようになった。

　世界に冠たる新幹線であるが、従来の鉄道とどこが異なるのか、どうい
う点が優れているのか。歴史を紐解いてあらためて考えてみよう。

1 弾丸列車計画

　日本で最初の鉄道は1872（明治5）年10月14日に新橋〜横浜間に開業
した。建設はイギリス人技師が主導し、軌間は標準軌（1435mm）よりも
かなり狭い1067mmとされた。この時に狭軌を選択したことが、長年に
わたって日本の鉄道の高速化を妨げることになる。

　その後、日本の鉄道網は順調に拡大し、列車の速度も上がったが、狭軌
ではどうしても限界があった。このため、明治から大正にかけて、スピー
ドアップと輸送力の増強を兼ねて1435mmに改軌する案が何度か検討さ
れたが、改軌よりも既存の鉄道網（1067mm軌間）の充実を主張する意見
が優勢となり、結局、1435mmへの改軌は実現しなかった。

　昭和に入ると、ふたたび高速鉄道の構想が持ち上がった。東京〜下関間
に新たに別線を標準軌で建設し、機関車牽引の時速200km運転の列車を
走らせるというもので、「弾丸列車計画」と名付けられた。これは1939（昭
和14）年に着工され、用地買収やトンネル建設などが進められたが、戦局
の悪化のため工事が中断されてしまった。

2 東海道新幹線の建設

　しかし、弾丸列車計画の構想は東海道新幹線構想の基礎となった。東海
道新幹線の路線は弾丸列車計画路線とほぼ同じであり、新丹那トンネルな
どは弾丸列車時に建設を進めたものが利用された。

東海道新幹線は従来の鉄道とは別規格で計画された。道路などとの平面交差を一切なくし、建築限界、車両限界を従来規格から拡大し、交流の旅客用電車列車を採用されることとなった。

長距離列車といえば、それまでは機関車牽引が当たり前であったが、電車方式にすることで、線路や構造物への負担を減らすことができ、さらに機関車の付け替えが不要であるから、駅や車両基地の線路配線などを簡素化できるというメリットがあった。

信号関係もそれまでのものとは大きく変わった。時速200kmを越える高速運転では、運転士が地上の信号を確認して対応するのは無理があるため、新しい方式が開発された。信号波を連続的にレールに流し車両側でキャッチすることで、運転席に信号を現示する方式が採用された。いわゆる「自動列車制御装置（ATC）」である。

また、従来の鉄道にはなかったさまざまな技術が取り入れられた。車両は、空気抵抗を軽減するために前面形状が飛行機のような丸い形状となり、高速運転時の振動緩和や脱線防止、乗り心地の向上のために台車にも工夫が凝らされた（ちなみにこれらの技術は、戦時中に海軍で航空機の研究に従事し、戦後国鉄に入社した技師たちにより開発された）。

新しいシステムも導入された。それまで列車の管理は、個々の駅において転てつ器や列車の走行位置などを監視していたが、1ヵ所の指令所で全線を集中管理することにより、情報の集約化ができるようになった。また、営業面では新しい座席予約システムMARSが取り入れられ、窓口業務の近代化が図られた。

続いて1965（昭和40）年に山陽新幹線が計画され、1972年に新大阪〜岡山間が、1975年に岡山〜博多間が開業した。

3 全国新幹線鉄道整備法

東海道新幹線の成功はさまざまな影響を社会に与えた。まず、遠隔地への移動時間が大幅に短縮され、新たな旅客需要が生まれた。必然的に生活圏も拡大し、工場の誘致などによる地域産業の発達、観光地へのアクセス強化による旅行客の増加など、さまざまな経済効果も期待された。そのため、全国のさまざまな地域で新幹線建設に期待が寄せられ、自治体や政治が関係することになる。

こうしたなか、1970（昭和45）年に「全国新幹線鉄道整備法」が制定され、新幹線の建設を後押しすることになる。その第1条には「高速輸送体系の形成が国土の総合的かつ普遍的開発に果たす役割の重要性にかんがみ、新幹線鉄道による全国的な鉄道網の整備を図り、もって国民経済の発展及び国民生活領域の拡大並びに地域の振興に資することを目的とする」とあるが、後半の地域振興のくだりは1997年に変更されたものである。

　東海道新幹線、山陽新幹線の建設は、そもそも輸送力の増強を目的としていたが、それ以降の新幹線では輸送力の増強というよりも地方都市の地域発展や地域振興のためにという目的のほうが強くなったといえる。

　全国新幹線鉄道整備法において建設を開始すべきとされている新幹線は**表6-1**のとおり。

表6-1　全国新幹線鉄道整備法基本計画

- 東北新幹線（東京都〜宇都宮市付近〜仙台市付近〜盛岡市〜青森市）
- 上越新幹線（東京都〜新潟市）
- 成田新幹線（東京都〜成田市）※日本国有鉄道改革法等施行法付則第32条2項により失効。
- 北海道新幹線（青森市〜函館市付近〜札幌市〜旭川市）
- 北陸新幹線（東京都〜長野市付近〜富山市付近〜大阪市）
- 九州新幹線（福岡市〜鹿児島市）
- 九州新幹線（福岡市〜長崎市）
- 北海道南回り新幹線（北海道山越郡長万部町〜室蘭市付近〜札幌市）
- 羽越新幹線（富山市〜新潟市〜秋田市〜青森市）
- 奥羽新幹線（福島市〜山形市〜秋田市）
- 中央新幹線（東京都〜甲府市付近〜名古屋市付近〜奈良市付近〜大阪市）
- 北陸・中京新幹線（敦賀市〜名古屋市）
- 山陰新幹線（大阪市〜鳥取市付近〜松江市付近〜下関市）
- 中国横断新幹線（岡山市〜松江市）
- 四国新幹線（大阪市〜徳島市付近〜高松市付近〜松山市付近〜大分市）
- 四国横断新幹線（岡山市〜高知市）
- 東九州新幹線（福岡市〜大分市付近〜宮崎市付近〜鹿児島市）
- 九州横断新幹線（大分市〜熊本市）

第1節　高速鉄道網の発達

基本計画のうち、北海道新幹線（青森〜札幌）、東北新幹線（青森〜函館）、北陸新幹線（東京〜大阪）、九州新幹線・鹿児島ルート（福岡〜鹿児島）、九州新幹線・長崎ルート（福岡〜長崎）の5路線は国の主導で建設を進める路線で「整備新幹線」という。

2024（令和6）年の時点では、東北新幹線、上越新幹線、九州新幹線が全線開業している。また、北海道新幹線、北陸新幹線、九州新幹線（福岡市〜長崎市）が部分開業をしている。奥羽新幹線については、新幹線と在来線の直通運転（新在直通）というかたちで開業している。さらに中央新幹線は、後述するリニアモーターカーとして建設が進められている。

③ 新幹線と在来線の直通運転（新しい形の新幹線）

■ 山形新幹線の建設

全国新幹線鉄道整備法によって東北新幹線と上越新幹線の建設が決まり、東北地方にも新幹線の恩恵がもたらされることになったが、奥羽新幹線と羽越新幹線については、国の財政難や国鉄の赤字のため、まったく建設の目処が立たなかった。

そのため、新幹線建設を熱望する山形市などの関係自治体がJR東日本と協力するかたちで奥羽本線福島〜山形間の在来線を改良し、東北新幹線からの直通運転を行う計画を打ち出した。

新在直通化工事では、奥羽本線福島〜山形間（87.1km）は従来の軌間1067mmから新幹線と同じ軌間1435mmに改軌された。また、途中駅で通過列車が高速で通過できるように、駅構内の配線の改良も行われた。

ただし、既存のトンネルや橋梁といった線路施設を使用するため、車体サイズは在来線の規格に合わせなければならず、フル規格の東北新幹線と比べてひとまわり小さい車体となった（東北新幹線は3列席・2列席、山形新幹線は2列席×2）。なお、車体サイズの違いにより、東北新幹線の駅では乗降口とホームとのあいだに広い隙間ができてしまうため、可動式ステップが設けられている。

山形新幹線は、仙台方面行きの東北新幹線の列車に併結（連結）して走行し、途中福島で切り離して運転する。そのため、分割作業を行う福島駅の新幹線ホームには、車内信号機を用いるATC路線であるにもかかわら

ず、ATS-P形に対応した（新在直通化工事によってATS-S形から改良）在来線用の色灯式地上信号機がある。

さらに、列車の分割・併合を短時間で行えるように連結装置も工夫されている。併合時はあとからホームに進入した山形新幹線列車が安全確認

JR東日本E3系新幹線

後、先行列車である東北新幹線列車との距離をセンサーで測り、ブレーキパターンを発生させることで万が一の追突を防止している。連結器などの機器も自動で先頭部のカバーが開き中から出てくる。したがって運転士はセンサーによる距離表示を見ながら連結作業を行えばよく、それまでの作業に比べてかなり負担が軽減されている。

2 秋田新幹線の建設

山形新幹線の成功を受け、秋田新幹線も同様の方式で建設された。田沢湖線（75.6kmの単線区間）は1067mmから1435mmに改軌した。一方、奥羽本線大曲〜秋田間（51.7km）は全線を複線化し、その片側を標準軌に改軌した単線並列とした。神宮寺〜峰吉川間12.4kmは、新幹線列車同士の行き違いを考慮して標準軌用車両と狭軌用車両の両方が走行できる三線軌道となっている。

ちなみに、秋田新幹線の工事にはJR東日本がアメリカのメーカーに発注した連続軌道更新機、通称「ビッグワンダー」が国内で初めて使用された。これにより工事の省力化と工期の短縮が実現した。

東京〜秋田間はそれまで4時間30分以上かかっていたが、秋田新幹線の開業と、それに合わせた東北新幹線の最高運

JR東日本E6系新幹線

転速度の向上（240km/h→275km/h）により、ついに4時間を切れるようになった。

山形新幹線と秋田新幹線は、新幹線内を走る車両をそのまま在来線に直通運転をする方式であって、いわゆるフル規格の新幹線ではない。かつて旧運輸省が整備新幹線建設促進のために出した建設試案のひとつ「新幹線鉄道直通線（ミニ新幹線方式）」と同じことから、国の新幹線建設事業のひとつと思われがちであるが、あくまでもJR東日本と地元自治体の共同事業なのである。

なお、高速鉄道と在来線の直通運転は、フランスやドイツでは早い時期から行われている。これらの国は高速運転が可能な高速新線と在来線の軌間が同じ1435mmであるため、都市の中心部の在来線を出発した列車が郊外から高速新線を走行し、また終着の都市部に入ると在来線を走ることで、国を跨いだ高速鉄道ネットワークを築いている。

④ リニアモーターカー（中央新幹線）

■ リニアモーターカーのしくみ

序章でも触れたように、リニアモーターカーとは愛称であり、正式には「超電導磁気浮上式鉄道」という。リニアモーターカーの走行原理は次のようになる。

ある種の金属をきわめて低い温度に冷やしたとき、金属の電気抵抗がゼロになる現象を「超電導現象」という。この現象を応用すると、その金属で作ったコイルは電気抵抗がゼロのため、発熱によるエネルギーロスを出さずに大電流を通すことができる。さらに電源を断ってもコイル内を電気が永久に流れ続けるため、強力な永久電磁石（超電導磁石）ができあがる。

この超電導磁石を利用して強力な磁場をつくり、車両を浮上させて走行するのが「超電導磁気浮上式鉄道」であり、一般的には「マグレブ（Maglev）」とよばれている。

「リニア」は「直線上の」という意味で、円形ではなく平らで直線状の形をしたモーターを用い、浮上する力を加えた車両を直線運動させるというしくみである。

リニアモーターカーには超電導式以外にも、普通の常電導磁石のみを用

いる「常電導磁気浮上式鉄道」がある。中国の「上海トランスラピッド」はドイツ製リニアモーターを用いる常電導式の一種である。

超電導式リニアモーターカーの線路は、車両を左右の壁が誘導する格好の凹形断面のガイドウェイである。新交通システムの線路と似ているが、新交通システムとの違いは、車両を浮上、案内、推進させるための常電導コイルが壁に延々と設置されていることである。

リニアモーターカーの車両がどうやって浮上するのかというと、まず車両は低速時に車輪を使って走行する。やがてある程度の速度になると、この車輪を飛行機のように車体内部に格納する。このときに車両が少々沈み込むが、ここでガイドウェイの浮上・案内コイルと車両側の超電導磁石のあいだに高さのズレが生じ、浮上力が発生する。

車両が左右の壁に案内（誘導）される原理も同じようなものである。ガイドウェイ中心と車両中心にズレが生じると、左右の壁の浮上・案内コイルをつなぐヌルフラックス・ケーブルに案内電流が流れる。この電流により、浮上・案内コイルと車両の超電導電磁石とのあいだに、車両を中心に戻そうとする案内力が発生する。

車両の推進については、ガイドウェイにU・V・Wの推進コイルを設置して三相交流を流す。それぞれの推進コイルから発生する磁界が重なると、N極とS極が交互に連続的に変化する形の移動磁界ができる。この移動磁界と車両の超電導磁石とのあいだには、同極対面時の反発力、異極対面時の吸引力が生じるので、車両は移動磁界と同じ速度で移動・推進することになる。つまり、推進コイルに流す三相交流を制御することにより、車両の推進力や加速力を変化させて列車の運転が行われる。

② 粘着式鉄道の限界

一般的な鉄道は鉄のレール上を鉄の車輪で走行する。このような方式を「粘着式鉄道」という。粘着式鉄道ではどれくらいの速度が出せるのであろうか。

日本では、JR東海が導入した高速試験用車両300Xが1996（平成8）年に米原～京都間で443.0km/hを記録している（先頭車両2両のうち1両が愛知県のリニア・新幹線館に保存されている）。世界で見ると、フランスのTGVが2007年に東ヨーロッパ線で574.8km/hの世界記録を出している。

この記録はあくまで高速走行試験の結果であり、線路や構造物の条件、駅間の距離、列車の運転間隔や停車時間、電気車の場合は集電方式など、さまざまな条件を考慮しなければならないが、ともあれ粘着式鉄道で500km/hの運転が可能であることが示されている。

したがって「非粘着式鉄道」であるリニアモーターカーでは500km/h以上での走行が求められる。そうでなければ、リニアモーターカーである必要がない。日本でのリニアモーターカーの高速走行試験記録は、JR東海が2015年に山梨県の実験線で記録した603km/hである。

③ 中央新幹線（リニア中央新幹線）

現在リニアモーターカーによる運行が計画されているのは、全国新幹線鉄道整備法の基本計画にあげられている「中央新幹線」である。中央新幹線は、2011（平成23）年に整備計画が決定し、JR東海が建設するように指名された路線である（計画決定の時期が遅いため整備新幹線には含まれない）。

中央新幹線が開通すると、計画では最高速度505km/hで東京〜名古屋間が最速40分、東京〜大阪間が最速67分で結ばれることにより、首都圏、中京圏、近畿圏の三大都市がひとつとなり、人口約6600万人が集まる巨大都市圏が形成されるという。

中央新幹線のもうひとつの役割として、東海道新幹線のバイパスとしての働きがある。東海道新幹線は開業から半世紀を超え、さまざまな施設を更新する必要がある。さらに東海道新幹線の走っている区間は沿岸部も多く、将来発生が予想されている巨大地震など災害への備えも必要とされる（国はこれに北陸新幹線も加えて、東京〜大阪間の交通網を三重に確保することを計画している）。

区間は、東京都、神奈川県、山梨県、静岡県、長野県、岐阜県、愛知県を通り、静岡県を除いて6駅が設置される計画である。山梨県内の42.8kmは現在走行実験が行われている山梨リニア実験線がそのまま使用される。

全線の86%がトンネルであり、とくに都市部や山岳地域には長大トンネルが複数含まれる（東京〜神奈川：第一首都圏トンネル36.9km、山梨〜静岡〜長野：南アルプストンネル25km、長野〜岐阜：中央アルプストンネル23.3km、岐阜〜愛知：第一中京圏トンネル34.km。トンネル名はすべて仮称）。いずれも非常に難易度の高い工事で、なかでも南アルプストンネルは地表からトン

ネルまでの深さが最大1400mに及ぶ、かつてない規模のトンネルとなる。また第一首都圏トンネルと第一中京圏トンネルは、営業中の路線直下で列車を停めずに複雑な工事をしなければならず、かなり大規模な工事となる。

品川～名古屋間は2015年に着工され、2016年には品川駅、名古屋駅で工事が始まったが、大井川の水量問題などのため予定よりも遅れている。当初予定では、東京～名古屋間の開業は2027（令和9）年以降であったが、2034年以降になるとみられている。

超電導磁気浮上式鉄道の技術開発を続けているのは日本だけである。中央新幹線が開業し、安全安定かつ快適な運行が実現すれば、世界の鉄道市場にとって画期的なこととなろう。日本の技術力が世界的に評価されるだけでなく、大規模なビジネスのチャンスになることは間違いない。

しかし、そのためには乗り越えなければならない壁がいくつかある。まずは安全面では、ルート状に複数の活断層が存在していることである。主に山岳トンネル内で活断層を横切ることになるが、果たして高速で列車が通過するトンネルが活断層の影響を受けずに済むのか。また、都市部や山岳トンネルなどの大深度区間で万が一列車が停止したとき、安全に避難ができるのかという点もある。

環境への影響も考慮されねばならない。前述した川の水系問題や湧水系に与える影響だけでなく、動植物などに与える影響への配慮、工事によって発生した残土処理の問題もある。

経営面の課題もある。東海道新幹線と中央新幹線という巨大な系統を同時に経営するリスクである。東京～名古屋間、東京～大阪間の利用者が相当に増えなければ、利益が出ずに経営が苦しくなる可能性もある。

鉄道は固定費の割合が高く、乗客が乗る、乗らないにかかわらず、機器のメンテナンスやエネルギーなど一定の費用が必要である。ましてや超電導磁気浮上式鉄道では、東海道新幹線の3倍の電力を必要とするといわれる。脱炭素化、カーボンニュートラルが叫ばれている時代にこれだけの電気を確保することは容易なことではない。

中央新幹線は一鉄道会社の事業ではあるが、国家規模の大プロジェクトである。さまざまな方向から知恵を出し合い、最善の道を探っていく姿勢が求められる。

第2節

国鉄改革と第三セクター

　1980（昭和55）年から1990（平成2）年までの10年間、国鉄および国鉄を承継したJR各社により「いい旅チャレンジ20000km」というキャンペーンが展開された。国鉄（民営化後はJR旅客会社各社）の旅客営業線を全線完全乗車するというもので、その名のとおり、キャンペーン開始当初の国鉄の路線は242線区20000kmであった。しかし、キャンペーン終了時は167線区にまで減少していた。

　国鉄（日本国有鉄道）が発足したのは1949（昭和24）年のことである。それまでは国が建設し管理する鉄道路線は、鉄道省などの政府官庁によって経営されていた。それが国鉄となり、政府が全額を出資する特殊法人である公社となり、独立採算制の公共事業を行う国の外郭団体という位置付けとなった。

　昭和30年代以降、モーターリゼーションの進展や高速道路網の整備に伴い、鉄道は自動車や航空機との激しい競争にさらされた。旅客輸送のシェアは、1955（昭和30）年には国鉄が55%を占めていたが、分割民営化直前の1986年には23%にまで減少した。貨物輸送の落ち込みはそれ以上で、1955年には52%であったが、1986年にはわずか5%になった。

　当然、収益が悪化したが、経費削減のために列車の運行本数を減らすなどといったことはできない。運賃を上げられればよいが、運賃改定は国会での承認が必要であり、そう簡単にはできなかった。また、政治的な理由により、収入が見込めない路線が各地で建設されたことも国鉄の足かせとなり、国鉄の収支は悪化の一途をたどった。

　国鉄の経営は1957年から1963年までは黒字であったが、1964年に赤字に転落して以降は、累積赤字が積み重なる厳しい経営状況が続いた。とく1980年代以降は、毎年国から数千億円の補助金等を受けながら1兆円以上の赤字を出すありさまで、分割民営化直前の1986年には長期の債務

が25.1兆円に達し、実質的に経営破綻の状態にあった。

　このような厳しい経営状況のなか、国が何も手を打たなかったわけではない。1969年以降、4回にわたって経営再建のための対策を実施している。1980年には「日本国有鉄道経営再建促進特別措置法（略して国鉄再建法）」が制定され、輸送力のコスト削減、職員数の適正合理化、適切な運賃改正、設備投資の抑制などと合わせて地方交通線対策が強化された。

　具体的には、これまで全国で同じ扱いをしていた路線を「幹線」と「地方交通線」に分け、利用者の少ない地方交通線に割増運賃を設定することで収益の確保が図られた（国鉄の運賃はもともと全国一律であったが、この時から複雑な運賃計算をしなければならなくなった）。

　また、地方交通線のうち、1日の輸送密度が4000人未満の路線を「特定地方交通線」とし、路線廃止や第三セクターやバス路線への転換対象とした。このような「特定地方交通線」対策は、国鉄の分割民営化後の1990年まで続き、特定地方交通線83路線のうち、38路線が第三セクター等による鉄道に、45路線がバス輸送に転換された（表6-2）。

　一方、日本鉄道建設公団によって新たに建設されていた地方開発線と地方幹線のうち、開業後の輸送密度が4000人未満とされた38線区の工事が休止された（うち14線区は、国鉄以外の第三セクターが事業の免許を得て開業に至ったが、24線区は開業までは至らずに計画止まりとなった）。

　しかし、経営再建はならず、1986年に国鉄改革関連法案が国会に提出され、1987年に国鉄は6つの旅客会社と1つの貨物会社に分割民営化されることとなった。

　国鉄の最終的な長期債務は37.1兆円にのぼり、このうち5.9兆円をJR東日本、JR東海、JR西日本、JR貨物が引き継ぎ、5.7兆円を新幹線鉄道保有機構（新幹線鉄道に関する鉄道施設を一括して保有し、旅客鉄道に貸し付けることを目的として設立された組織）が引き継いだ。残りの25.5兆円は、国鉄の移行体である国鉄清算事業団が引き継いだ。

表6-2 全国新幹線鉄道整備法基本計画

第一次特定地方交通線（1981年承認）

都道府県名	路線名	区間	営業キロ	輸送密度	転換日	転換後の交通手段	鉄道に転換後の路線名
北海道	相生線	美幌～北見相生	36.8	411	1985.4.1	バス	
	岩内線	小沢～岩内	14.9	853	1985.7.1	バス	
	興浜南線	興部～雄武	19.9	347	1985.7.1	バス	
	興浜北線	浜頓別～北見枝幸	30.4	190	1985.4.1	バス	
	渚滑線	渚滑～北見滝ノ上	34.3	398	1985.4.1	バス	
	白糠線	白糠～北進	33.1	123	1983.10.23	バス	
	美幸線	美深～仁宇布	21.2	82	1985.9.17	バス	
	万字線	志文～万字炭山	23.8	346	1985.4.1	バス	
青森	大畑線	下北～大畑	18	1,524	1985.7.1	鉄道	下北交通（民鉄）
	黒石線	川部～黒石	6.6	1,904	1984.11.1	鉄道	弘南鉄道（民鉄）
岩手	久慈線	久慈～普代	26	762	1984.4.1	鉄道	三陸鉄道
	盛線	盛～吉浜	21.5	971	1984.4.1	鉄道	
	宮古線	宮古～田老	12.8	605	1984.4.1	鉄道	
宮城・福島	丸森線	槻木～丸森	17.4	1,082	1986.7.1	鉄道	阿武隈急行
	日中線	喜多方～熱塩	11.6	260	1984.4.1	バス	
秋田	角館線	角館～松葉	19.2	284	1986.11.1	鉄道	秋田内陸縦貫鉄道
	矢島線	羽後本荘～羽後矢島	23	1,876	1985.10.1	鉄道	由利高原鉄道
新潟	赤谷線	新発田～東赤谷	18.9	850	1984.4.1	バス	
	魚沼線	来迎寺～西小谷	12.6	382	1984.4.1	バス	
千葉	木原線	大原～上総中野	26.9	1,815	1988.3.24	鉄道	いすみ鉄道
静岡	清水港線	清水～三保	8.3	783	1984.4.1	バス	
岐阜・富山	神岡線	猪谷～神岡	20.3	445	1984.10.1	鉄道	神岡鉄道
岐阜	明知線	恵那～明智	25.2	1,623	1985.11.16	鉄道	明知鉄道
	樽見線	大垣～美濃神海	24	951	1984.10.16	鉄道	樽見鉄道
滋賀	信楽線	貴生川～信楽	14.8	1,574	1987.7.13	鉄道	信楽高原鉄道
兵庫	高砂線	加古川～高砂	8	1,536	1984.12.1	バス	
	北条線	粟生～北条町	13.8	1,609	1985.4.1	鉄道	北条鉄道
	三木線	厄神～三木	6.8	1,384	1985.4.1	鉄道	三木鉄道
鳥取	倉吉線	倉吉～山守	20	1,085	1985.4.1	バス	
	若桜線	郡家～若桜	19.2	1,558	1987.10.14	鉄道	若桜鉄道
徳島	小松島線	中田～小松島	1.9	1,587	1985.3.14	バス	
福岡・佐賀	甘木線	基山～甘木	14	653	1986.4.1	鉄道	甘木鉄道
福岡	香月線	中間～香月	3.5	1,293	1985.4.1	バス	
	勝田線	吉塚～筑前勝田	13.8	840	1985.4.1	バス	
	添田線	香春～添田	12.1	212	1985.4.1	バス	
	室木線	遠賀川～室木	11.2	607	1985.4.1	バス	
	矢部線	羽犬塚～黒木	19.7	1,157	1985.4.1	バス	
大分・熊本	宮原線	恵良～肥後小国	26.6	164	1984.12.1	バス	
熊本	高森線	立野～高森	17.7	1,093	1986.4.1	鉄道	南阿蘇鉄道
宮崎	妻線	砂土原～杉安	19.3	1,217	1984.12.1	バス	

第二次特定地方交通線（1981年承認）

都道府県名	路線名	区間	営業キロ	輸送密度	転換日	転換後の交通手段	鉄道に転換後の路線名
北海道	士幌線	帯広～十勝三股	78.3	493	1987.3.23	バス	
	広尾線	帯広～広尾	84	1,098	1987.2.2	バス	
	勇網線	中湧別～網走	89.8	267	1987.3.20	バス	
	羽幌線	留萌～幌延	141	789	1987.3.30	バス	
	歌志内線	砂川～歌志内	14.5	1,002	1988.4.25	バス	
	幌内線	岩見沢～幾春別／三笠～幌内	20.8	1,090	1987.7.13	バス	
	富内線	鵡川～日高町	82.5	378	1986.11.1	バス	
	胆振線	伊達紋別～倶知安	83	508	1986.11.1	バス	
	瀬棚線	国縫～瀬棚	48.4	813	1987.3.16	バス	
	松前線	木古内～松前	50.8	1,398	1988.2.1	バス	
	標津線	標茶～根室標津／中標津～厚床	116.9	590	1989.4.30	バス	
	池北線	池田～北見	140	943	1989.6.4	鉄道	北海道ちほく高原鉄道
	名寄線	名寄～遠軽／中湧別～湧別	143	894	1989.5.1	バス	
	天北線	音威子府～南稚内	148.9	600	1989.5.1	バス	
福島	会津線	西若松～会津高原	57.4	1,333	1987.7.16	鉄道	会津鉄道
秋田	阿仁合線	鷹ノ巣～比立内	46.1	1,524	1986.11.1	鉄道	秋田内陸縦貫鉄道
群馬・栃木	足尾線	桐生～間藤／間藤～足尾本山	46	1,315	1989.3.29	鉄道	わたらせ渓谷鉄道
茨城・栃木	真岡線	下館～茂木	42	1,620	1988.4.11	鉄道	真岡鉄道
静岡	二俣線	掛川～新所原	67.9	1,518	1987.3.15	鉄道	天竜浜名湖鉄道
岐阜	越美南線	美濃太田～北濃	72.2	1,392	1986.12.11	鉄道	長良川鉄道
三重	伊勢線	河原田～津	22.3	1,508	1987.3.27	鉄道	伊勢鉄道
山口	岩日線	川西～錦町	32.7	1,420	1987.7.25	鉄道	錦川鉄道
福岡	漆生線	下鴨生～下山田	7.9	492	1986.4.1	バス	
	上山田線	飯塚～豊前川崎	25.9	1,056	1988.9.1	バス	
福岡・佐賀	佐賀線	佐賀・瀬高	24.1	1,706	1987.3.28	バス	
長崎・佐賀	松浦線	有田～佐世保	93.9	1,741	1988.4.1	鉄道	松浦鉄道
宮崎	高千穂線	延岡～高千穂	50.1	1,350	1989.4.28	鉄道	高千穂鉄道
鹿児島・宮崎	志布志線	西都城～志布志	38.6	1,616	1987.3.28	バス	
鹿児島	大隅線	志布志～国分	98.3	1,108	1987.3.14	バス	
	宮之城線	川内～薩摩大口	66.1	843	1987.1.10	バス	
鹿児島・熊本	山野線	水俣～栗野	55.7	994	1988.2.1	バス	

第三次特定地方交通線（1986 ～ 1987年承認）

都道府県名	路線名	区間	営業キロ	輸送密度	転換日	転換後の交通手段	鉄道に転換後の路線名
愛知	岡多線	岡崎～新豊田	19.5	2,757	1988.1.31	鉄道	愛知環状鉄道
石川	能登線	穴水～蛸島	61.1	2,045	1988.3.25	鉄道	のと鉄道
高知	中村線	窪川～中村	43.4	2,289	1988.4.1	鉄道	土佐くろしお鉄道
山形	長井線	赤湯～荒砥	30.6	2,151	1988.10.25	鉄道	山形鉄道
京都・兵庫	宮津線	西舞鶴～豊岡	84	3,120	1990.4.1	鉄道	北近畿タンゴ鉄道
兵庫	鍛冶屋線	野村～鍛冶屋	13.2	1,961	1990.4.1	バス	
島根	大社線	出雲市～大社	7.5	2,661	1990.4.1	バス	
福岡	伊田線	直方～田川伊田	16.2	2,871	1989.10.1	鉄道	平成筑豊鉄道
	糸田線	金田～田川後藤寺	6.9	1,488	1989.10.1	鉄道	
	田川線	行橋～田川伊田	26.3	2,132	1989.10.1	鉄道	
	宮田線	勝野～筑前宮田	5.3	1,559	1989.12.23	バス	
熊本	湯前線	人吉～湯前	24.9	3,292	1989.10.1	鉄道	くま川鉄道

第3節

地方鉄道

　鉄道は都市圏だけではなく、地方都市においても重要な移動手段である。地方都市によっては、すでに自動車が中心となっているところも少なくないが、運転ができない子供や学生、高齢者にとっては鉄道が果たす役割はまだまだ大きいし、豪雪や豪雨により道路が通行できなくなった場合は鉄道が貴重な移動手段となる。また、貨物輸送にも鉄道は欠かせない。

　しかしながら、地方鉄道の経営状況は概して厳しく、なかには存続が危ぶまれる路線もある。以下で、地方鉄道の現状と課題をみてみよう。

① 地方鉄道（第三セクター鉄道）の現状

　ここでは、以下の2つの成り立ちによる地方鉄道を取り上げる。ひとつは、日本国有鉄道経営再建促進特別措置法（国鉄再建法）で特定地方交通線とされ、第三セクターの鉄道会社に転換された会社である。もうひとつは、整備新幹線の開業に伴い、並行在来線がJRから経営分離されて第三セクター鉄道となった会社である（**表6-3**）。

　2014（平成26）年度の輸送人員の実績を見ると、特定地方交通線からの転換33社は計4万8443人、新幹線並行在来線からの転換2社は計7920人で、合計5万6363人である。経常損益は、黒字額合計25億400万円に対して赤字額合計が49億1700万円、黒字経営は35社中4社のみで、残りは赤字経営である。

　同様に2023（令和5）年度の数字を見ると、特定地方交通線からの転換32社は計4万567人、新幹線並行在来線からの転換8社は計4万5274人で、合計8万5841人である。経常損益は、黒字額合計2億300万円に対して赤字額合計が88億600万円、黒字経営は40社中4社のみで、依然として経営状況は大変厳しい。

表6-3 新幹線開業に伴って第三セクター鉄道となった路線

新幹線名	会社名	区間	営業キロ	転換日
北海道新幹線	道南いさりび鉄道	木古内〜五稜郭	37.8	2016.3.26
東北新幹線	青い森鉄道／青森県	目時〜青森	121.9	目時〜八戸 2002.12.1／八戸〜青森 2010.12.4
東北新幹線	ＩＧＲいわて銀河鉄道	盛岡〜目時	82	2002.12.1
北陸新幹線	しなの鉄道	軽井沢〜篠ノ井／長野〜妙高高原	102.4	軽井沢〜篠ノ井 1997.10.1　長野〜妙高高原 2015.3.14
北陸新幹線	えちごトキめき鉄道	妙高高原〜直江津／直江津〜市振	97	2015.3.14
北陸新幹線	あいの風とやま鉄道	市振〜倶利伽羅	100.1	2015.3.14
北陸新幹線	ＩＲいしかわ鉄道	倶利伽羅〜大聖寺	64.2	倶利伽羅〜金沢 2015.3.14／金沢〜大聖寺 2024.3.16
北陸新幹線	ハピラインふくい	大聖寺〜敦賀	84.3	2024.3.16
九州新幹線	肥薩おれんじ鉄道	八代〜川内	116.9	2004.3.13
西九州新幹線	一般財団法人佐賀・長崎鉄道管理センター	江北〜諫早	60.8	2022.9.23

註：西九州新幹線は、一般財団法人佐賀・長崎鉄道管理センターが第三種鉄道事業者、JR九州が第二種鉄道事業者。

　輸送人員を見ると、並行在来線から転換した会社は、会社数が増えたこともあるが堅調に増えているのに対して、特定地方交通線から転換した会社はかなり減少していることがわかる。開業時から予想されていたことではあるが、地方鉄道の経営はもはや地元自治体からの支援なしには難しいといえよう。

② ローカル線や地方鉄道の存続問題

　経営状況が厳しいのは、第三セクターの会社に限ったことではない。JR旅客会社各社でも喫緊の課題となっている。

2022（令和4）年にJR西日本とJR東日本が相次いで線区別収支計数を発表したのは、その危機感の表れであろう。JR旅客各社は、これまで大都市圏の在来線や新幹線などで得た利益でローカル線の赤字を支えていたが、コロナ禍を機に一部業種でリモートワークが定着したことで定期券収入が減少し、ローカル線の維持がこれまで以上に負担となっている。

JR西日本のデータは17路線30区間が対象で、1987（昭和62）年と比較すると、24の区間で利用者が3割以下に減少している。なかでも、芸備線・東城～備後落合間の営業係数は1万5516円と突出して大きい（営業係数：路線の収支状況を表す指数。各線区の営業費用を運輸収入で割り100を掛けた値で、100円の収入を得るのにかかった費用を表す）。

JR東日本のデータは2019年度のもので、平均通過人員が1日2000人未満の34路線62区間を対象としている。1987年と比較すると、46の区間で利用者が3割以下に減少し、営業係数も久留里線・久留里～上総亀山間が1万6821円、陸羽東線・鳴子温泉～最上間が1万5184円、磐越西線・野沢～津川間が1万3980円と、厳しい路線が目立つ。

これだけ利用者が減少したうえに収益が得られなければ、民間企業である以上、対策を考えなければならない。2000年に改正された鉄道事業法では「鉄道事業者は、鉄道事業の全部又は一部を廃止しようとするとき（当該廃止が貨物運送に係るものである場合を除く）は、廃止の日の一年前までに、その旨を国土交通大臣に届け出なければならない」とされ、「届出」で廃止が認められることになった（それ以前は、国からの「許可」が必要であった）。

つまり、国や沿線自治体などから同意が得られなくても、届出をして1年経てばその路線を廃止にできる。しかしこれには続きがあって、国土交通省が沿線自治体などに意見を聞き、問題がないと認められたら廃止にしてもよいと事業者に伝えることになっている。逆に言えば、沿線自治体が「廃止にされると困る」という合理的な理由を示したら、国土交通省は廃止を認めない可能性があることになる。

実際、2000年の法改正以降、大手鉄道では名古屋鉄道が2001年から2005年にかけて9線区92.4kmを廃止し、中小私鉄の長野電鉄河東線や日立電鉄、第三セクターののと鉄道（七尾線の一部と能登線）、北海道ちほく高原鉄道などでも廃止が相次いだ。

こうした厳しい状況のなか、2023（令和5）年に「改正地域公共交通活

性化再生法」が施行され、地方鉄道の再編に向けた議論を国が後押しする制度が設けられた。鉄道事業者や沿線自治体の要請があった場合、国がほかの交通事業者や関係者を集めて地域公共交通のあり方を話し合う「再構築協議会」を設置し3年以内を目安に再編案をまとめ、財政支援も行うしくみである。同法施行後、JR西日本が芸備線の一部について協議会の設置を求めたのが初めての事例である。

　廃線問題については、鉄道事業者と沿線自治体のあいだで、現在の鉄道の維持が果たして妥当なのか、地域の交通網の将来像において鉄道をどう生かすのかをよく検討し、鉄道以外の代替手段も含め、地域住民の移動手段を確保することが重要である。すでにいくつかの事例がある。

　青い森鉄道や、台風による災害で全線開業が危ぶまれたJR東日本の只見線などでは、いわゆる「上下分離方式」が採用された。線路や駅設備など固定費の負担が掛かるものを自治体が負担し、列車の運行を鉄道事業者に行わせる方式である。

　また東日本大震災で被災したJR東日本の気仙沼線や大船渡線はBRT（Bus Rapid Transit）に転換され、利便性が向上した。

　JR西日本の富山港線はLRT（Light Rail Transit）に変わり、公共交通活性化を軸としたコンパクトで持続可能なまちづくりを成功させたといえる。

　地方の鉄道では、利用者減、経費の高騰、従業員の不足など経営が苦しい状況が続くと思われる。しかし、比較的安価で定時で大量輸送ができる鉄道は、車を運転できない学生や高齢者の数少ない「足」であり、生活に欠かせないものである。地方の第三セクター鉄道では、JRから転換した際に運賃（通学定期代）が値上がりしたため高校の志望先を変更したという事例も出ている。

　鉄道がほぼ民営会社となったいま、事業を通して利益を出す企業努力を期待するのと同時に、将来の交通機関を確保する意味で国や地域が支えていく姿勢も重要であると思われる。観光列車を走らせることで観光客を誘致したり、公立高校の校舎移転に伴って駅を新設したり、通学定期券購入者に対して自治体が一定の補助金を出している自治体があるなど、いろいろな工夫がされている。関係者がそろって知恵を出し合うことが重要である。鉄道は、一度廃止したら復活することはまず無理なのであるから。

第7章 鉄道の運転取扱いと鉄道係員

第1節 鉄道の運転取扱いに関する規則
第2節 鉄道係員の使命

東京メトロ丸ノ内線四谷駅

第1節

鉄道の運転取扱いに関する規則

　道路で車を運転する場合には道路交通法を守らなければならないように、線路上で列車、車両を運転する場合にも守らなければならない運転取扱いの規則がある。鉄道の安全かつ安定的な運行には、これらの規則を遵守することが不可欠である。

① 鉄道事業者に求められること

　鉄道は利用者にとってどのような存在であるのか。言い換えれば、どのような存在であるべきなのか。

　日本では一般的に、鉄道は時間どおりに運行するのが「当たり前」で、よほどのことがなければ、自分の列車が目的地に無事に着くかと不安に思う人はいないであろう。鉄道は、それだけ「時間に正確」な交通機関という認識が浸透している。

　こうした正確な運転を実現するうえで最も大切なことは、言うまでもなく「安全」である。鉄道事業法でも「鉄道事業者は、輸送の安全の確保が最も重要であることを自覚し、絶えず輸送の安全性の向上に努めなければならない」（第18条の2）と定められているように、鉄道事業者がまず心がけるべきは「安全」なのである（ちなみに同条は2005年に発生した複数の鉄道事故を受けて追加されたものである）。

　また「鉄道に関する技術上の基準を定める省令」では、鉄道事業者による係員への教育や訓練などについて次のように定めている。

　　第10条　鉄道事業者は、列車等の運転に直接関係する作業を行う係員
　　　　並びに施設及び車両の保守その他これに類する作業を行う係員に対
　　　　し、作業を行うのに必要な知識及び技能を保有するよう、教育及び

訓練を行わなければならない。

2　鉄道事業者は、列車等の運転に直接関係する作業を行う係員が作業を行うのに必要な適性、知識及び技能を保有していることを確かめた後でなければその作業を行わせてはならない。

3　鉄道事業者は、列車等の運転に直接関係する作業を行う係員が知識及び技能を十分に発揮できない状態にあると認めるときは、その作業を行わせてはならない。

繰り返しになるが、鉄道事業では「安全」が最も重要である。その「安全」を実現するため、係員はその作業を行うのに必要な「知識」や「技能」と「適性」を保有しなければならないのである。

② 鉄道に関する技術上の基準を定める省令

鉄道の運転取扱いに関する規則は、鉄道に関する技術上の基準を定める省令に定められている（26頁参照）。同省令の第2節「列車の運転」、第3節「車両の運転」には、最大連結両数、列車のブレーキ、停車場の境界や停車場外の本線の運転、列車間の安全確保といった鉄道の運転取扱いに関する基本的な内容が定められている。

■ 「鉄道に関する技術上の基準を定める省令」と「解釈基準」

鉄道に関する技術上の基準を定める省令は旧5省令（普通鉄道構造規則、特殊鉄道構造規則、新幹線鉄道構造規則、鉄道運転規則、新幹線鉄道運転規則）を統合したものであるが、条数は大幅に減っている。

旧省令の2つの運転規則は、それぞれの運転基準について数字を交えて事細かく規定していたため「仕様規定」とよばれた。これに対して現省令は、基本的な性能のみを定め、その仕様については事業者の判断に委ねるというもので、「性能規定」とよばれる。つまり、国としては運転取扱いの基本的な考え方を示すにとどめ、細かい部分については鉄道事業者の実情や技術力に任せるという考え方に変わっている。

とはいえ、すべてを鉄道事業者の判断に任せると、鉄道事業者が判断に迷う事態が生じるおそれもある。そのため、現省令とは別に「解釈基準」

（国土交通省鉄道局長通知「鉄道に関する技術上の基準を定める省令等の解釈基準」）が示されている。

② 「鉄道に関する技術上の基準を定める省令」と「鉄道営業法」

「鉄道営業法」は1900（明治33）年制定とかなり古い法律であるが、現在でも鉄道関係の規則の根幹を担う重要な法律である。

鉄道営業法の第1条では「鉄道ノ建設、車両器具ノ構造及運転ハ国土交通省令ヲ以テ定ムル規程ニ依ルヘシ」とされている。この「国土交通省令ヲ以テ定ムル規程」が「鉄道に関する技術上の基準を定める省令」である。

③ 鉄道事業者が定める運転取扱いの規程

先に述べたように、鉄道に関する技術上の基準を定める省令は、運転取扱いに関する基本的な考え方を示したものであり、省令に基づいて各鉄道事業者が自社の実情に応じて規程を定めている。これを「運転取扱実施基準」という。

実施基準については同省令の第3条に規定されており、鉄道事業者が実施基準を定めそれを遵守すること（第1項）、実施基準を定める、または変更するときは地方運輸局長に届け出ること（第4項）、地方運輸局長が省令の規定に適合しないと認める場合は実施基準の変更を指示できること（第5項）などとされている。

したがって、旧5省令の一本化により鉄道会社の裁量（自身で判断し処理すること）部分は増えたが、依然として国によるチェックが機能しているといえる。

③ 鉄道の運転取扱い

鉄道の運転取扱いにはどのような規則があるのか。主な内容を見てみよう。

① 列車と車両の違い

列車と車両は一般には同じようなもので、とくに区別することなく使われがちであるが、運転取扱い上は明確な違いがある。

「列車」は、停車場の外を運転する目的で編成（組成）された車両の状態

を指す。したがって、客が乗車して駅の外を走行しているものはすべて「列車」である（軌道は除く）。

「車両」は、停車場外を運転する目的ではない状態を指す。つまり、車両基地や駅の留置線に停車している車両、駅構内の仕訳線、引上線などを入換のために行ったり来たりしている状態は「車両」である。この区別には連結両数は関係しない。

「車両」を「列車」という状態に整備することを「列車を組成する」という。鉄道に関する技術上の基準を定める省令によれば、列車の組成には以下の条件を満たす必要がある。

- 動力装置を備えて自走できる状態であり、操縦するための場所（いわゆる運転席）が最前部（最も安全確認に適した箇所）にある。
- 最大連結両数や牽引定数を超えていない。
- 列車を操縦する係員が乗務している（ただし近年は、操縦する係員が乗務しない「ドライバーレス」の列車が走る路線も登場している）。
- 車両同士が相互にしっかり連結されている。
- 運転士の操作で、連結した車両全部に一斉にブレーキが作用し、かつ連結した車両が分離した場合に自動的に非常ブレーキがかかるブレーキ装置（これを貫通ブレーキという）を備えていなければならない。
- 最前部の運転席で1人の運転士が操作することで、編成全体の複数の動力装置を制御できなければならない（これを総括制御という）。
- 列車防護に対応する係員が乗務しているか、列車防護を行うことができる装置を備えていなければならない。

さらに同省令98条では「車両は、列車としてでなければ停車場外の本線を運転してはならない。ただし、車両の入換えをするときは、この限りでない」と定められている。つまり、停車場外の本線を走るには「列車」でなければならないのである。

② 定時運転

鉄道に関する技術上の基準を定める省令では、列車の運転時刻についても定められている。「列車の運転は、必要に応じ、停車場における出発時刻、

通過時刻、到着時刻等を定めて行わなければならない」（99条）。

　列車が所定の時刻通りに運転されることを「定時運転」という。定時運転を行うことは、旅客の利便性だけではなく、列車の間隔を適切に保つことで列車の運転の安全確保や、係員の作業の安全確保につながる。

　とはいえ、常時複数の列車が高速で運転されている場合、些細なことでも列車の遅れにつながってしまう。一方、同条2項には「列車の運行が乱れたときは、所定の運行に復するように努めなければならない」とある。列車の運行が乱れてしまった場合はどのように対応するのか。

　たとえば、決められた最高運転速度の範囲内で少しでも所定の運転時刻に戻るようにしたり（これを「回復運転」という）、列車の運転順序の変更、行き違い駅の変更、運転の取り消しなどを行ったり（これを「運転整理」という）する。いずれも規則を遵守したうえでの対応であるが、乗客に迷惑がかかるうえ、元のダイヤに戻すには手間もかかる。なるべくこうしたことにならないよう、常に定時運転を行うことが大切である。

③ 列車間の安全確保

　列車の衝突や追突を避けるには、列車間の距離を常に適切に保つ必要がある（単線区間では、さらに運転する方向も制限する必要がある）。鉄道に関する技術上の基準を定める省令では、列車間の安全確保のため、次のいずれかの方法をとることとされている（101条）。

①閉そくによる方法

　本線を一定の区間に分け、各区間を1本の列車に占有させることによって列車間の安全を確保する方法である（250頁参照）。

　さまざまな閉そく方式があるが、通常時に使用する最も安全度が高い方式を「常用閉そく方式」といい、鉄道事業者ごとに（場合によっては線区ごとに）どの閉そく式を使用するかが決められている。

　複線運転をする場合は、先行列車がいる「閉そく区間」までの状態を、各区域の入口に設置した信号機などによって示す「自動閉そく式」「車内信号閉そく式」が用いられる。

　単線運転をする場合は、原則として転てつ器（ポイント）のある駅から転てつ器のある駅までのあいだが1つの閉そく区間となり、その区間のどちらの方向に列車を進入させるのかを明確にする必要がある。そのため、

列車を運転する方向のみに承認を与え、先行列車の有無を確認することに加えて列車の運転許可を出す方式が用いられる。

複線区間の場合、閉そく区間が安全な状況であることを信号機などで自動的に係員に知らせるシステムが用いられる。一方、単線区運転の場合、係員が閉そくの安全を確保するための操作を行わなければ閉そく区間の安全確保ができないしくみの閉そく式が用いられることもある。閉そく式の種類としては「特殊自動閉そく式」「連動閉そく式」「連査閉そく式」「タブレット閉そく式」「票券閉そく式」「スタフ閉そく式」などがある。

列車の運転には、各鉄道事業者が常時用いる常用閉そく方式を使用することが望ましいが、装置の故障などで使用できない場合に列車の運転がまったくできなくなると困る。こうした事態にそなえ、各鉄道事業者は「代用閉そく方式」などよばれる閉そく方式を用意している。

「代用閉そく方式」では、閉そくの取扱を行う停車場を決めて、その取扱を行う両停車場間を1つの閉そく区間とする。閉そく区間の列車の有無は、その停車場の運転取扱責任者あるいは全体の運転状況を把握している運転指令などが専用電話などで確認し、列車の運転を許可する。複線運転の場合は「通信式」「指令式」「検知式」などがあり、単線運転の場合はこれに列車の運転方向を確定させるための目印となる「指導者」を加えた「指導通信式」「指導指令式」「指導検知式」「指導式」などを使用する。

なお、「代用閉そく方式」を実施すると、閉そく区間が通常よりも長くなるため、列車の運転本数が減少する。またその結果として、都市圏の鉄道では、ホームに乗客が溢れてしまうといったことも考えられる。そうした事態を避けるため、故障した閉そく区間一区間だけ臨時の取扱いを行い、それ以外の区間では通常の常用閉そく方式で運転することが認められている。

②列車間の間隔を確保する装置による方法

列車間の間隔を確保する装置とは、先行列車との間隔や進む先の条件に応じて、列車の運転速度を連続して自動的に減速または停止できる安全側への制御機能があり、かつ単線運転の場合は両方向から同時に列車進入をさせない機能をもつ装置を指している。

この装置を使用することで、先行列車との間隔を常に適切に確保することが可能になり、安全な運転を行うことができる。

③動力車を操縦する係員が前方の見通しその他列車の安全な運転に必要な条件を考慮して運転する方法

　動力車を操縦する係員、つまり運転士が自分自身の注意力のみで列車の運転を行う方法である。当然、機械的バックアップがないため安全度が低い。したがって何かあればすぐに停止できるよう、運転速度をかなり低くしなければならない（ちなみに、一般的な軌道はこの方法によって運転されている）。

　この方法は、閉そくによる運転ができなくなった場合の「閉そく準用法」として設けられていた。同方向に運転する列車を、時間の間隔を決めて、何かあればすぐに止まれる一定の速度で運転する方式である。複線運転では「特殊隔時法」、単線運転では「指導隔時法」などがある。

　この方法は、運転速度は低いが、列車の運転本数を多くすることが可能になるという利点がある。そのため、多客時に閉そく方式を変えなければならないような場面で、あえて代用閉そく方式をとらず、閉そく準用法を行うこともある。運転本数が増えれば、駅に滞留する乗客が減り、駅の混雑が緩和される。

　またこの方法は、自動閉そく式を行っている区間で、途中にある閉そく信号機が1機だけ故障した場合などに、信号機が故障している（つまり停止信号のまま）区間だけ臨時にこの方法により停止信号の現示を越えて運転されることがある。以前は運転士の判断のみで行う「無閉そく運転」とよばれていたが、現在は運転指令からの許可を受けて行う「閉そく指示運転」に代わっている。

　運転速度は、保安装置などの安全に対するバックアップがない状態で、運転士自身の注意力のみで列車を運転するため、新幹線を除き、25km/h以下とされている（以前は15km/h以下であったが、車両のブレーキ性能の向上などによって制限が緩和された。ただし、臨時に停止信号を超える取扱いをする場合は15km/h以下）。

4 推進運転と退行運転

　編成の両端に運転席がある電車列車の場合、終端駅や引き込み線、車庫線などで行き止まりになっていても、運転士が乗務位置を変えることによって常に先頭車両の最前部が運転席となる。このとき、動力車の位置がどこであっても（通常は走行時のバランスなどを考えて配置されている）、列車

として必要な総括制御法と貫通ブレーキになっていれば、列車はスムーズに動くので問題はない。

列車の操縦位置については、「動力車を操縦する係員は、最前部の車両の前頭において列車を操縦しなければならない。ただし、列車の安全な運転に支障を及ぼすおそれのない場合は、この限りでない」とされている（鉄道に関する技術上の基準を定める省令102条）。但し書き部分は、先頭車両のみが動力車である機関車列車の場合や緊急時に適用される。以下で具体的に見てみよう。

①推進運転

たとえば、行き止まり構造の終端駅に機関車列車が進入した場合（機関車は進入方向にのみ連結）、折り返し運転をしようにも、先頭車両（進入時の最後尾車両）の前部を運転席にはできない。また、先頭部の運転席が故障あるいは動けなくなった列車を動力車（機関車）の前に連結して車両基地まで収容するときなども、先頭車両（進行方向）の前部が運転席にならない。工事列車の場合、機関車の前に資材を積んだ車両を連結するほうがその後の作業が効率よくなる場合もある。

このように、先頭車両の前部以外の運転席で列車を運転することを「推進運転」という。

推進運転時には、進行方向側最前部の車両で別の係員が手旗や無線機などを使用して運転士に合図（推進運転合図）を送ることになっている。また、運転士が直接安全を確認することができないので、列車を即座に停止しなければならない場合など、緊急時の対応が遅れる可能性がある。したがって運転速度を抑えなければならず、解釈基準では一般的な鉄道は25km/h以下、新幹線は45km/h以下とされている。

ただし進行方向側の車両に別の運転士が乗務し、貫通ブレーキの扱いができるような場合は、運転速度の規制が少し緩和される。

②退行運転

列車の進行方向は、複線運転では原則として左側の線路、単線運転では信号または駅長・指令など運転取扱いの責任者から指示された方向にのみ運転することによって安全が保たれている。運転方向を逆にすることは即重大な事故につながるため、禁止されている。

しかし、駅間の途中で線路や電気設備、車両に故障が発生してそれ以上

337

前方に進めなくなってしまった場合は、後方の駅などに戻らざるを得ない。この場合運転士は（車掌が乗務している場合は車掌も）運転席の位置を変えて、後戻りする側の運転席で運転することになる。

このように本来運転される方向と反対側に運転することを「退行運転」という。

本来の進行方向と逆向きに走る退行運転は大変危険であり、鉄道に関する技術上の基準を定める省令では「列車は、退行運転をしてはならない」（104条）と定められており、原則としては禁止されている。

退行運転をしなければならない状況になったとき、絶対にやらなければいけないことは、退行運転をする方向の停車場に連絡して後続の列車を確実に停止させることである。退行運転が可能となるのは、対向運転を行う範囲に列車がいないことを確かめたあとである。前述の省令104条には続きがあり、「ただし、列車が退行する範囲内に後続列車を進入させない措置その他列車の安全な運転に支障を及ぼさない措置を講じた場合は、この限りでない」と定められている。

複線運転区間での退行運転は、踏切保安装置などが正常に動作しないおそれや、工事の際に資材運搬などを行う場合は付近に作業員がいることも考えられるため、運転速度を抑える必要がある。解釈基準では一般的な鉄道は25km/h以下、新幹線は45km/h以下とされている。

ただし、事前に退行運転を予定しており、退行運転の行われる区間に列車がいない状態になっているなどの手続きがされている場合には、運転速度の規制は緩和される。

5 列車の同時進入進出

単線運転の区間で（行き違いができる設備のある）停車場に同時に列車を進入させる場合、あるいは複線運転の区間で（退避扱いができる設備のある）停車場で列車の進入と進出を同時に行う場合、いずれかの列車がブレーキ操作を誤って過走すると、重大な衝突事故につながる。

鉄道に関する技術上の基準を定める省令では「二以上の列車が停車場に進入し、又は停車場から進出する場合において、過走により相互にその進路を支障するおそれがあるときは、これらの列車を同時に運転してはならない」（105条）とされている。

しかし都市圏の鉄道では、ラッシュ時に列車の運転間隔を縮めるために、待避設備のある駅で同時進入進出を行っている路線や、単線運転区間の行き違い駅で双方向から同時に列車が進入している路線もある。こうした運転取扱いが可能であるのは「過走による相互支障のおそれがない」、つまりお互いの列車を支障してしまう位置までに絶対に停止できるという条件を満たしているからである。

では、どのような条件なら「同時進入進出」が可能になるのか、図7-1を使って説明する。

①自動的に列車を停止させることができる装置がある場合

停車場内の所定位置までに列車を自動的に停止させることができる装置が設けられている場合は、同時進入進出が可能である。この場合の装置とは、信号の現示や線路の条件などによって自動的に速度を減速または停止させることができるもので、運転条件の速度と自列車の速度を常に比較する「速度照査機能」をもつ装置である。

②進入側の場内信号機に警戒信号を現示している場合

進入側の場内信号機が警戒信号を現示していれば、進入する列車の速度は25km/h以下となる。この速度は、停止しなければならない位置までの距離がとても短い（過走余裕距離が短い）箇所で確実に停止させる目的の速度である。したがってお互いの列車を支障する前に停車できると考えられる。

③出発信号機先にある転てつ器に安全側線が設けてある場合

安全側線とは、転てつ器が本線側に開通していない状態で列車や車両が誤って進入した場合、その列車を本線側と違う方向に進入させることで本線の支障を防ぐための施設である。安全側線があれば、たとえ進入した列

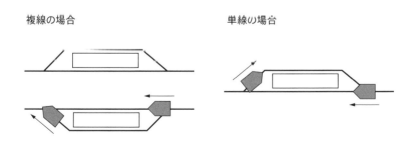

図7-1 同時進入進出

車が停止しなければいけない位置を超えてしまっても、本線側を支障しない方向に脱線して停止する。したがって列車を相互に支障しない。

④出発信号機等の位置から列車を支障する箇所までの距離が長いとき

進入側の出発信号機（または列車停止標識、つまり列車が停止しなければいけない限界の位置）からお互いの列車を支障する箇所までの距離が100m以上あれば、場内信号機の警戒信号現示により25km/h以下で進入させなくても、支障箇所までには確実に停止できると考えられる。

6 列車防護

突発的な事故が発生したため、列車を停止させなければならない場合もある。脱線事故により隣の線路がふさがれてしまったとき、あるいは線路点検中の係員が土砂崩れや架線の切断などを発見したときには、接近中の列車を緊急に停止させなければならない。このような場合に行われる列車を停止する手配を「列車防護」という（図7-2）。

列車防護とは、列車が非常ブレーキによって停止できるだけの距離をとった位置で、発炎筒（信号炎管）による停止信号の現示により対向列車と続行列車を緊急停止させて二重衝突事故を防止するための取扱いである。

では、列車防護は支障箇所からどのくらい離れた地点で行えばよいのか。旧鉄道運転規則では、新幹線以外の列車は非常制動による停止距離を600m以下にしなければならないと定められていた。これは、鉄道初期の列車防護に用いられていた信号雷管（列車が踏むと大きな音を発する爆竹のようなもの）の装着距離800mから余裕距離200mを差し引いた距離といわれている。したがって、支障箇所から600m以上離れた地点で、接近してくる列車が異常に気づき非常ブレーキをかければ二重事故は防げることになる。

列車防護の基本は、発炎筒（信号炎管）をレール上に設置することであるが、これに加えて、2本のレールの信号電流を短絡することで近くの信号機を停止現示に変える「軌道短絡器」も併用することがある。

いずれにしても、運転士、車掌ともに防護を行うために相当な距離を走らなければならず、都市部のように列車の運転本数が多い区間では列車防護が間に合わないおそれがある。そのため近年では、瞬時に周辺列車に異常を知らせることができる「列車防護無線」が使用されている。これは「発

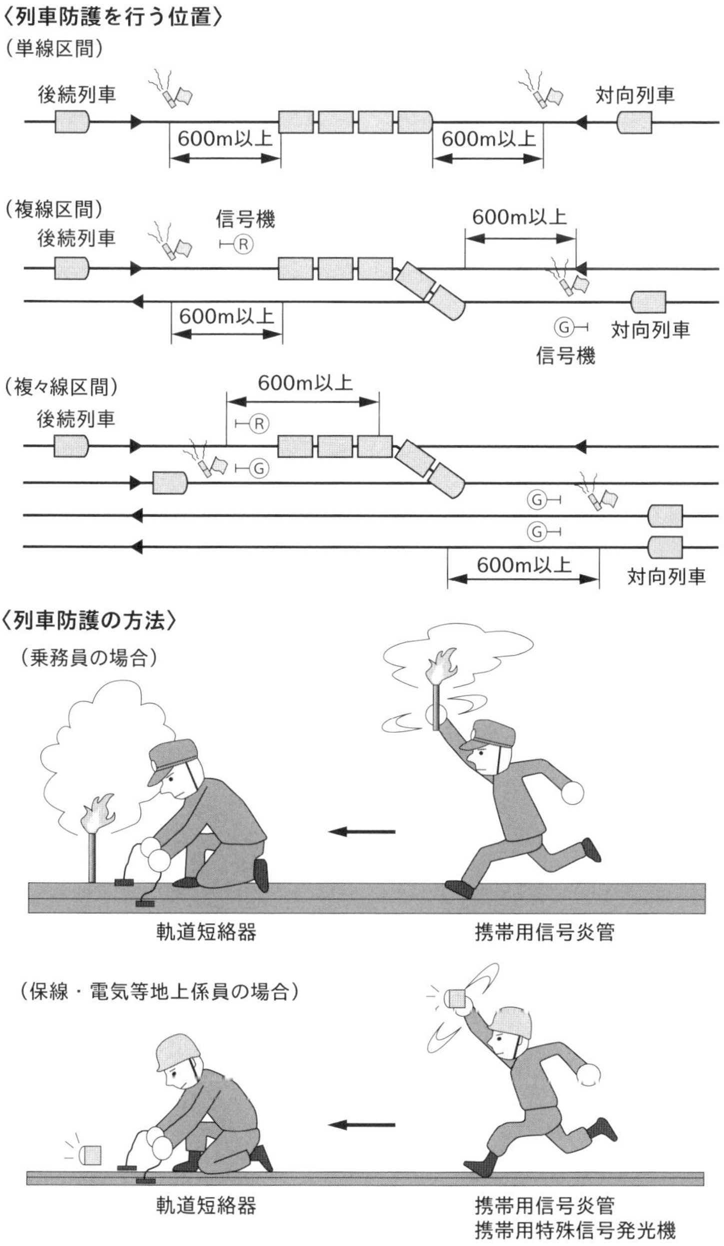

〈列車防護を行う位置〉

（単線区間）

後続列車 ← 600m以上 → 600m以上 → 対向列車

（複線区間）

信号機
─®
後続列車
600m以上
600m以上

®─
対向列車
信号機

（複々線区間）

600m以上
後続列車
─®
600m以上

─®
─®

600m以上
対向列車

〈列車防護の方法〉

（乗務員の場合）

軌道短絡器 ← 携帯用信号炎管

（保線・電気等地上係員の場合）

軌道短絡器 ← 携帯用信号炎管
携帯用特殊信号発光機

図7-2　列車防護

第1節　鉄道の運転取扱いに関する規則

報信号」ともよばれ、運転席のボタンを押すと周囲1 ～ 2kmの列車に一斉警報が発信され、受報した列車は非常ブレーキにより停止するしくみである。

　なお列車の条件でも述べたように、列車防護を行う際は、支障列車の進行方向から来る列車（対向列車）と、後方から来る列車（後続列車）の双方に対して防護する必要がある。そのために列車には、運転士のほかに車掌などの「列車防護要員」を乗務させることが定められている。

第2節

鉄道係員の使命

① 鉄道係員に求められる心構え

運転業務に従事する係員にとって最も大切な心構えは「安全」に対する意識である。しかし、個々人が安全を意識するだけでは、安全を確保したことにはならない。安全のための共通認識をもち、安全を担保するしくみがなければならない。

鉄道の安全に関する法令のひとつに、1951（昭和26）に制定された「運転の安全の確保に関する省令」がある。この省令は、同年4月24日に桜木町駅構内で発生し、106名の乗客が死亡した列車火災事故、いわゆる「桜木町事故」を受けて制定されたものである。

この事故の原因は国鉄職員の教育と訓練の不足、規律の荒廃にあることが指摘されたため、「運転の安全の確保に関する省令」では運転の安全に関する規範（基準）が定められ、綱領として以下の3点が示されている。

(1) 安全の確保は、輸送の生命である。
(2) 規程の遵守は、安全の基礎である。
(3) 執務の厳正は、安全の要件である。

この綱領を具体的行動として示したものが、以下の一般準則である。

(1) **規程の携帯** 従事員は、常に運転取扱に関する規程を携帯しなければならない。
(2) **規定の理解** 従事員は、運転取扱に関する規定をよく理解していなければならない。
(3) **規定の遵守** 従事員は、運転取扱に関する規定を忠実且つ正確に守

らなければならない。

(4) **作業の確実**　従事員は、運転取扱に習熟するように努め、その取扱に疑いのあるときは、最も安全と思われる取扱をしなければならない。

(5) **連絡の徹底**　従事員は、作業にあたり関係者との連絡を緊密にし、打合を正確にし、且つ、相互に協力しなければならない。

(6) **確認の励行**　従事員は、作業にあたり必要な確認を励行し、おく測による作業をしてはならない。

(7) **運転状況の熟知**　従事員は、自己の作業に関係のある列車（軌道にあつては車両）の運転時刻を知つていなければならない。

(8) **時計の整正**　従事員は、職務上使用する時計を常に整正しておかなければならない。

(9) **事故の防止**　従事員は、協力一致して事故の防止に努め、もつて旅客及び公衆に傷害を与えないように最善を尽さなければならない。

(10) **事故の処置**　従事員は、事故が発生した場合、その状況を冷静に判断し、すみやかに安全適切な処置をとり、特に人命に危険の生じたときは全力を尽してその救助に努めなければならない。

　鉄道・軌道の経営者はこれらの規範に従い、会社ごとの規程を定めるのみならず、常に従事員を指導・監督することが求められている。

　しかしさまざまな規定があっても、当の鉄道係員がそれを理解していなかったり、実行に移したりできなければ、安全を確保することはできない。鉄道係員に対する教育や訓練が必要であり、鉄道に関する技術上の基準を定める省令では次のように定められている（10条）。

　まず鉄道事業者は、運転に直接関係する作業に携わる係員や、施設、車両の保守などに携わる係員に対し、作業を行うために必要な知識、技能を維持できるように教育や訓練を行うことが義務づけられている。さらに、これらの係員が作業を行うために必要な適性、知識、技能などが備わっていることを確認したあとでないとその作業を行わせてはならず、それらを十分に発揮できない状態のときは作業を行わせてはならないとされている。

② 乗務員の職務と乗務形態

列車に乗務して直接運転取扱に携わる係員のことを「乗務員」という。ここでは、乗務員の職務や乗務形態について見ていく。

■ 職務の種類

旅客列車には、通常、3つの仕事をする係員が乗務している。

ひとつめは「動力車を操縦する（運転）する係員」で、国土交通省が定めた「動力車操縦者運転免許」を所持する係員を指す。「運転士」と呼ばれる人たちである。

ふたつめは「旅客（乗客）扱い業務を担当する係員」で、乗客への案内や乗車券類の検札・精算、車内の秩序保持、異常時の避難誘導など、乗客対応の業務を行う係員である。旧国鉄の特急・急行列車には「乗客専務」と記された赤い腕章を腕に巻いた「乗客専務車掌」が必ず乗っていたが（新幹線は「客専」と書かれたワッペンを着用）、現在のJRでは「車掌」に統一されている。

3つめは「運転扱い業務を担当する係員」で、列車防護や非常時のブレーキ操作（運転士が扱うものとは別）、運転上必要な合図などを行う係員に当たる。運転士と共同・分担して非常時に付近の列車を緊急停止させたり、必要があれば自ら非常ブレーキ（手ブレーキ）を操作したりする。列車の分割・併合のある駅では、手旗で入換合図を出すこともある。一般に「車掌」と称する人たちで、旧国鉄では「運転車掌」とよばれていた時期もある。

乗務員には以上の3つの仕事があるが、通常は、車掌が「旅客扱い業務」と「運転扱い業務」の係員を兼務しているため、運転士と車掌の2人しか列車に乗っていない。JRの新幹線や特急列車のように「旅客扱い業務」の車掌が複数乗務している列車でも（最近は車掌1人乗務が増えているが）、必ず1人は「運転扱い業務」の係員の役目を担っている。なお、運転業務に携わる「動力車を操縦する係員」と「運転扱い業務」の係員は、その業務に対する適性の有無を確認するため、検査を受けなければならない。

■ 乗務形態

かつては常に複数の乗務員が乗っていたが、近年では大きく変わりつつ

ある。新幹線や長距離の特急列車には、たいてい運転士と複数の車掌が乗務している。車掌は、乗客対応の「乗客専務車掌」と、列車の運転のために乗務する「運転車掌」であり、いずれも旧国鉄の職名であるが、役割分担自体はいまもある。さらに、これらの車掌の上に立つ列車の最高責任者である「車掌長」が乗務することもある。JR東海の新幹線乗務員のように車掌長を明確にしている場合もあれば、車掌の一部に車掌長的な責任をもたせている場合もあり、対応は会社によってまちまちである。

　線路が2本以上並行する区間（複線以上の区間）を走る列車では、運転士以外に列車防護要員（車掌）が原則として必要であり、こうした二人体制を「ツーマン運転」という（ただし単線でも、利用率の高い路線の場合、車掌を乗務させることがある）。

　近年は、運転士のみが乗務する「ワンマン運転」と、運転士も乗務しない「ノーマン運転」が増えている。

　並行する線路がなく（すなわち単線）、かつ駅間（1つの閉そく区間内）に2本以上の列車を走らせることが絶対にない路線では、少しの工夫で「ワンマン運転」が可能となる。このため、昭和50年代ぐらいから、地方の中小私鉄でワンマン運転を実施するところが目立つようになった。

　ところがいまは、複線や複々線でもワンマン運転の列車を随所で見るようになった。東北本線や鹿児島本線などの複線の幹線でも、地方都市や農村部の普通列車はワンマン運転が増えている。都市部のJR線でも、特急列車の回送列車はワンマン運転である。そもそもJR貨物の列車はほとんどがワンマン運転である。これを可能にしたのは「列車防護無線」の導入である。

　このようにワンマン運転は、ローカル線や地方幹線に留まらず、大都市の多客路線でも実施されるようになっている。さらに一歩進めた「ドライバーレス運転」も増えている。ドライバーレス運転とは、係員は乗務しているが運転操作をすることはなく、列車の運行を監視しているだけの形態である。まったく係員が乗務しない「ノーマン運転」は、都市部の新交通システムなどで運行されている。

　大都会のワンマン運転やドライバーレス運転、ノーマン運転路線は、当初からそれに対応するように、駅や車両などの設備を整えたものが多数を占めている。

③ 運転士になるには

■ 運転士養成課程

　鉄道の運転士を志す人は、まずは鉄道会社に就職しなければならないが、じつはこれが難関である。たいていの鉄道会社では、駅係員を数年間経験したのち、社内の車掌登用試験を受け、車掌となるコースを進む。そして運転士になるには、車掌経験を最低でも1年程度積み、運転士への登用試験を受け、運転士養成課程へと進む。

　なお、動力車運転免許の受験資格は長らく20歳以上であったが、2024（令和6）年に18才以上に引き下げられた。しかし運転士の養成課程が変わったわけではなく、高等学校を卒業して入社した人がすぐに運転士になることはない。さまざまな職種を経験し、業務知識を身につけてから運転士に登用されるのが一般的である。

　「動力車操縦者運転免許に関する省令」では、運転士の登用に際し、学科試験だけでなく動力車の操縦に関して必要な身体検査、適性検査を行うことを規定している。身体検査の項目はおおよそ以下のとおりである。

- **視機能**……視力が矯正で1.0以上あるか、色覚に異常がないか、視野が正常に確保できているか、ほか視機能に何か異常がないかなど。
- **聴力**……両耳とも5m以上先でささやく言葉を確実に聞き取れるか。
- **身体機能**……心臓疾患、神経や精神の疾患、運動機能の障害、言語機能の障害などがないか。
- **中毒**……アルコール中毒、麻薬中毒などがないか。

　適性検査は、省令でクレペリン検査、反応速度検査を行うことが定められているが、ほかに注意配分検査なども行われ、受験者の運転業務への適性を厳格に審査する。

　以上の検査、筆記による運転士登用試験に合格して、初めて運転士養成課程に進むことができる。この教育は、国土交通大臣から指定を受けた各鉄道会社の養成所で最低でも4ヵ月にわたり実施される。

　指定養成所では、以下のような科目を学び、すべての科目の試験に合格しなければならない。

- 鉄道一般：21時間　● 検査修繕：18時間　● 鉄道電気：40時間
- 鉄道車両（車体、電気機器、制動装置）：119時間

- 運転法規：92時間　●作業安全：8時間
- 運転理論：60時間　●信号線路：42時間／合計400時間

　各科目の時間は国土交通省の通達による最低の講習時間であるが、実際はどの会社も、これ以上の講習時間を設けているようである。さらに、科目についても、各社は鉄道係員としての意識を高めるための独自の社員教育を加えているようである。

　全科目の試験に合格すると、実際の車両を扱う技能講習（いわゆる見習運転士）に進む。運転士は直接人命をあずかる職種であるから、この課程でも、豊富な業務知識と責任感が要求される。

② 技能講習、技能試験

　技能講習には、運転技術を習得するための講習（営業列車を使用）と、車両故障や異常時の対処法を身につけるための講習（車庫線内などで実施）がある。どちらの講習も、受講者1人に指導者1人がつくマンツーマンである。技能講習の科目と時間基準は以下のとおり。

- 基本講習：14時間　●出区点検：7時間
- 乗務講習：344時間　●応急処置：35時間／合計400時間

　合計で400時間であるが、学科講習同様、実際は各鉄道会社とも基準以上の講習時間をとっている。

　なお、技能講習中の見習運転士はまだ免許を取得しておらず、営業列車を運転する資格がないと思われるかもしれないが、省令には例外規定があり、免許を受けた者（指導者）とその免許に関わる動力車（無軌条電車は除く）に同乗して直接指導を受ける場合は営業列車を運転してもよいことになっている。

　技能講習が終わると、最終関門の技能試験が待っている。技能試験の項目は、省令により以下のように定められている。

- **速度観測**……速度計を見ずに体感で正確に速度を測れるか。
- **距離目測**……およその距離感が身についているか。
- **制動機の操作**……決められたブレーキのかけ方を守っているか、駅での停止位置は正確かなど。
- **制動機以外の機器の取扱い**……主幹制御器の取扱いや終端駅の機器取扱いなど。

●**定時運転**……駅を発車してから次の駅に停車するまでにかかった時間が、所定の時間どおり正確なのかを秒単位で確認。

●**非常時の措置**……車両が故障したときの応急措置や異常時の対応など。

　営業線上で技能試験を実施する区間を定めている鉄道会社が多く、「制動機の操作」「制動機以外の機器の取扱い」「定時運転」に関しては、その区間で営業列車を使って試験が行われている。技能試験には複数の試験官が同乗し、途中、速度計が紙などで隠され「速度観測」が実施されることもあるため、受験者はとくに緊張する。

　営業線での試験が終わると、車庫線で「距離目測」「非常の場合の措置」の試験を受け、これをもってすべての技能試験が終了する。

　技能試験をすべて合格した人には、「動力車操縦者運転免許証」（以下「免許証」）が公布され、いよいよ単独での乗務が可能となる。免許証は、必要事項を記入した申請書を国土交通省の地方運輸局長に提出して交付を受ける。

　鉄道ではどの職種も重要な仕事であるが、とくに運転士は乗客の命を直接的に預かるので、各社とも非常に厳しい教育を実施している。また、単独乗務となった運転士に対しても、定期的に適性検査や集合教育を実施している。

　なお、免許の有効期間や更新の規定はないが、著しい法律違反や命令違反などを犯したり、身体的な条件を満たせなくなったりしたときには、地方運輸局長により免許を取り消される。免許を取り消された場合、1年以上の期間をおかないと再取得はできない。

　人命をあずかる仕事とはそれだけ重責であり、誰でもいいという仕事ではないのである。

❖参考文献一覧（順不同）

天野光三、前田泰敬、三輪利英『図説鉄道工学 第2版』丸善

飯田秀樹、加我敦『インバータ制御電車概論』電気車研究会

飯田真『電気鉄道』電気書院

伊原一夫『鉄道車両メカニズム図鑑』グランプリ出版

運転関係技術基準調査研究会『解説 鉄道に関する技術基準（運転編）第9版』

上浦正樹、須長誠、小野田滋『鉄道工学』森北出版

来住憲司『関東の鉄道車両図鑑①②』創元社

久保田博『鉄道車両ハンドブック』グランプリ出版

──『鉄道工学ハンドブック』グランプリ出版

見城尚志『モーターのABC』講談社ブルーバックス

国土交通省鉄道局監修『数字で見る鉄道2024』運輸総合研究所

国土交通省鉄道局監修『注解 鉄道六法〔令和6年版〕』第一法規出版

国土交通省鉄道局監修『鉄道要覧 令和5年度版』電気車研究会

佐々木雅夫『鉄道マンの法律教室』中央書院

塩沢寛『電車の知識』日本鉄道図書

所澤秀樹『鉄道の基礎知識［増補改訂版］』創元社

新星出版社編集部編『徹底図解鉄道のしくみ カラー版』新星出版社

直流電車研究会編『直流用新型電車教本』東日本旅客鉄道

電気学会編『最新 電気鉄道工学』コロナ社

電車研究会編『205・201系直流電車』交友社

中西昭夫『安全の仕組みから解く鉄道の運転取扱いの要点』鉄道運転協会

日本機械学会編『高速鉄道物語』成山堂

日本国有鉄道『日本国有鉄道百年史』日本国有鉄道

鉄道総合技術研究所鉄道技術推進センターほか『わかりやすい鉄道技術1（鉄道概論・土木編）』
　鉄道総合技術研究所鉄道技術推進センター

──『わかりやすい鉄道技術2（鉄道概論・電気編）』（同上）

──『わかりやすい鉄道技術（鉄道概論・車両編・運転編）』（同上）

──『鉄道信号なるほど事典』日本鉄道電気技術協会

ブレーキ研究会編『わかりやすい電気指令式ブレーキ』交友社

松本雅行『電気鉄道』森北出版

宮本昌幸『図解 鉄道の科学』講談社ブルーバックス

──『ここまで来た！鉄道車両』オーム社

和久田康雄『やさしい鉄道の法規──JRと私鉄の実例』成山堂書店

『車両』（昭和鉄道高等学校教科書）

「平成27年度 鉄道電気セミナー（信号部門）予稿集」

『鉄道電気街論 信号シリーズ7 ATS・ATC（改訂2版）』日本鉄道電気技術協会

『信号技術講習会テキスト ATS・ATC（第3版）』日本鉄道電気技術協会

『日本国有鉄道運転規則逐条解説』日本鉄道図書

『民鉄信号保安装置概説』日本鉄道電気技術協会

『RRR』各号、鉄道総合技術研究所

『R&M』日本鉄道車両機械技術協会

『運転協会誌』2012年2月〜2014年2月/2021年6月/2023年3月、鉄道運転協会

『JR EAST Technical Review』No.51

『鉄道と電気技術』各号、日本鉄道電気技術協会

※鉄道事業者および車両・設備機器メーカー、関係機関ウェブサイト

編者紹介

昭和鉄道高等学校

1928（昭和3）年創立。以来、鉄道業界を中心に2万1000名を超える人材を輩出。全員が「鉄道科」に在籍し、1年次は共通履修、2年次以降は「運輸サービスコース」と「運輸システムコース」を選択し、それぞれの専門教育を受ける。専門科目では、鉄道現場で使用されていた機器類を教材として、自分の目で見て、感じて、考える実践形式の学びを重視する。鉄道会社などへのインターンシップや工場見学研修、各業界のエキスパートによる講演などを通して職業観と責任感を培う。

執筆者紹介 ＊役職等は執筆時点。

樋口昌明（ひぐち まさよし）：序章、第2章、第3章6節、第6章、第7章担当

鉄道会社で駅係員、車掌、運転士、指導運転士として勤務ののち、鉄道専科専任教諭として奉職。進路指導部就職主任。

川澄典央（かわすみ のりお）：第3章1節〜5節担当

鉄道会社で駅係員、車掌、運転士、主任運転士として勤務ののち、鉄道専科専任教諭として奉職。鉄道専科教科主任。

小林　誠（こばやし まこと）：第1章、第4章担当

鉄道会社で駅係員、車掌、運転士、指導操縦者として勤務ののち、鉄道専科専任教諭として奉職。鉄道研究部顧問。

中島麻紀（なかじま まき）：第3章7節、第5章担当

鉄道会社で貨物駅係員、運転士、動力車操縦者養成所講師として勤務ののち、鉄道専科非常勤講師として奉職。

［資料写真提供］所澤秀樹、来住憲司

〈図解〉鉄道の教科書
——しくみと走らせ方

2025年4月30日　第1版第1刷発行
2025年7月30日　第1版第2刷発行

編　者　　昭和鉄道高等学校

発行者　　矢部敬一

発行所　　株式会社 創元社
　　　　　https://www.sogensha.co.jp/
　　　　　〒541-0047 大阪市中央区淡路町4-3-6
　　　　　Tel.06-6231-9010　Fax.06-6233-3111

印刷所　　TOPPANクロレ株式会社

©2025 Showa Tetsudo High School, Printed in Japan
ISBN978-4-422-24114-2　C0065

［検印廃止］
本書を無断で複写・複製することを禁じます。
乱丁・落丁本はお取り替えいたします。

JCOPY　〈出版者著作権管理機構 委託出版物〉
本書の無断複製は著作権法上での例外を除き禁じられています。複製される場合は、そのつど事前に、出版者著作権管理機構（電話 03-5244-5088、FAX03-5244-5089、e-mail: info@jcopy.or.jp）の許諾を得てください。

鉄道手帳［各年版］

来住憲司監修／創元社編集部編　全国鉄軌道路線図、各社イベント予定、豆知識入りダイアリー、数十頁の資料編など、専門手帳ならではのコンテンツを収載。　B6判・248頁　1,400円

鉄道の基礎知識［増補改訂版］

所澤秀樹著　車両、列車、ダイヤ、駅、きっぷ、運転のしかた、信号・標識の読み方など、あらゆるテーマを蘊蓄たっぷりに解説した鉄道基本図書の決定版！　A5判・624頁　2,800円

東京の地下鉄相互直通ガイド［第2版］

所澤秀樹、来住憲司著　世界一複雑かつ精緻な相互直通運転を徹底解説。車両運用、乗務範囲、事業者間の取り決めなど、直通運転にまつわる謎を解く。　A5判・192頁　2,200円

車両の見分け方がわかる！関東の鉄道車両図鑑

①JR／群馬・栃木・茨城・埼玉・千葉・神奈川・伊豆の中小私鉄
②大手私鉄／東京の中小私鉄

来住憲司著　現役車両のほぼ全タイプを収録した車両図鑑。性能諸元、車両を識別するための外観的特徴やポイントを簡潔に解説。オールカラー。四六判・288頁／256頁　各巻2,000円

車両の見分け方がわかる！関西の鉄道車両図鑑［第2版］

来住憲司著　関西で見られる現役車両の全タイプを収録した車両図鑑。性能諸元、車両を識別するための外観的特徴やポイントを簡潔に解説。　オールカラー。四六判・328頁　2,500円

鉄道快適化物語 ── 苦痛から快楽へ　＊第44回交通図書賞［一般部門］受賞

小島英俊著　安全性やスピード向上はもとより、乗り心地の改善、座席・照明・トイレ等の車内設備、果ては豪華列車まで、日本の鉄道の進化の道筋をたどる。　四六判・272頁　1,700円

EF58 昭和末期の奮闘

所澤秀樹著　昭和50年3月ダイヤ改正から昭和末期にかけて撮影された、著者秘蔵の写真を収録。同時代の記録としてさまざまな記憶を呼び起こす。　A5判・224頁　2,400円

EF58 国鉄民営化後の残像

所澤秀樹著　国鉄民営化以降のゴハチ臨時列車の記録写真集。その最後の勇姿を記憶と記録にとどめるべく、全国各地で撮影。厳選写真230点を収録。　A5判・208頁　2,400円

飯田線のEF58

所澤秀樹著　天竜川に沿って峻険な山間部を縫うように進む飯田線。この興趣に富んだ路線をEF58が駆け抜けた時代があった。著者蔵出しの写真360点を収録。　A5判・192頁　2,400円

鉄道の誕生 ── イギリスから世界へ　＊第40回交通図書賞［歴史部門］受賞

湯沢威著　蒸気機関以前から説き起こし、本格的鉄道の登場の秘密と経緯、経済社会へのインパクトを詳述。比較経営史の第一人者による待望の草創期通史。　四六判・304頁　2,200円

行商列車 ──〈カンカン部隊〉を追いかけて　＊第42回交通図書賞［歴史部門］受賞

山本志乃著　知られざる鉄道行商の実態と歴史、さらに行商が育んできた食文化、人々のつながりを明らかにする。後世に遺すべき唯一無二の行商列車探訪記。　四六判・256頁　1,800円

価格には消費税は含まれていません。